U0227163

科技部国家科技基础性专项重点项目资助成果（2013FY111500-1-5）
吉首大学"生态学"湖南省重点学科资助项目（JSU0713）

武功山地区种子植物区系及珍稀濒危保护植物研究

肖佳伟　陈功锡　向晓媚　著

科学技术文献出版社
SCIENTIFIC AND TECHNICAL DOCUMENTATION PRESS

·北京·

图书在版编目（CIP）数据

武功山地区种子植物区系及珍稀濒危保护植物研究 / 肖佳伟，陈功锡，向晓媚著. —北京：科学技术文献出版社，2018.6
ISBN 978-7-5189-4315-9

Ⅰ.①武… Ⅱ.①肖… ②陈… ③向… Ⅲ.①武功山—种子植物—植物区系—研究 ②武功山—珍稀植物—濒危植物—研究 Ⅳ.① Q949.408 ② Q948.527.83

中国版本图书馆 CIP 数据核字（2018）第 090740 号

武功山地区种子植物区系及珍稀濒危保护植物研究

策划编辑：孙江莉 责任编辑：张 红 李 晴 杨瑞萍 责任校对：文 浩 责任出版：张志平

出 版 者	科学技术文献出版社	
地　　　址	北京市复兴路15号　邮编 100038	
编 务 部	（010）58882938，58882087（传真）	
发 行 部	（010）58882868，58882870（传真）	
邮 购 部	（010）58882873	
官 方 网 址	www.stdp.com.cn	
发 行 者	科学技术文献出版社发行　全国各地新华书店经销	
印 刷 者	北京虎彩文化传播有限公司	
版　　　次	2018 年 6 月第 1 版　2018 年 6 月第 1 次印刷	
开　　　本	787×1092　1/16	
字　　　数	327千	
印　　　张	17.5　彩插 8 面	
书　　　号	ISBN 978-7-5189-4315-9	
审 图 号	GS（2018）3916号	
定　　　价	88.00元	

前　言

　　植物区系是某一地区，或者某一时期、某一等级分类群、某一植被区域等所有植物的总称。植物区系的形成是在一定自然地理环境条件下特别是自然历史条件综合作用下，种系长期分化、繁衍、发展的结果，并能反过来反映地质、古地理、古气候的状况。植物区系学是研究一个地带、一块大陆、一个国家及地区的植物区系组成、发展及分布规律等问题的科学。它不仅有助于认识古地理、古气候的变迁，阐明植被起源和群落之间的相互关系，而且可为植物资源的开发利用、珍稀濒危植物的保护及植物的引种驯化、育种栽培等提供最基本的资料。由于植物区系学研究不仅具有理论和实践意义，并且在当今生物多样性研究中发挥着十分重要的作用，因而已成为一门充满生机的学科。

　　关于植物区系的研究，自 19 世纪以来一直就是国际植物学家争相探讨的热点，并一度成为植物学的领头学科。我国植物区系学研究起步较晚，20 世纪 90 年代以来，在吴征镒院士主持下，开展了全国范围的植物区系研究，获得了大量高水平重要成果，完成了对中国植物区系性质、起源演化和区划等的全面探索和评价，特别是对各大区域的代表性植物区系、重点地区植物区系等进行了深入研究，从而使我国植物区系研究处于国际先进水平。但事实上，我国植物区系的研究并未结束，某些重点地区、研究薄弱地区尚有待深入调查，大量特殊生境地区，由于过往的采集非常薄弱，仍有进一步深入研究的必要。

　　武功山地区位于江西省与湖南省边境的罗霄山脉中段，位于东经 113°10′~115°21′和北纬 26°18′~28°10′。东、西分别与武夷山地区、武陵山地区相望，南、北分别与万洋山区和九岭山区相接，是华东、华中、华南 3 个地区的交汇地带。整体呈东南高、西北低的特点。相对高差较大，最高为武功山金顶海拔1918.3 m，最低为湖里湿地沼泽海拔150 m左右。地形复杂、山势险峻，有山地、峡谷、丘陵等地形，伴有溶沟、洼地孤峰等。武功山地区与幕阜山脉、九岭山脉、万洋山脉和诸广山脉共同形成罗霄山脉，屹立于湘赣边界，构成一道天然屏障，夏季拦截东南方的海洋暖气流，冬季截留西北方的南下寒潮，使罗霄山脉地区具有各种典型的中亚热带山地森林植被类型，并且该区也是中国大陆东部第三级阶梯重要的生态和气候交汇区。正是由于特殊的地理环境，使得这里植物类型丰富多样。

为了更好地认识武功山地区植物多样性组成，自2013年以来在科技部国家科技基础性专项重点项目"罗霄山脉地区生物多样性综合科学考察"子课题"武功山地区植物多样性与植被调查"（2013FY111500-1-5）支持下，课题组经过连续5年来的实地调查、采集和标本鉴定，积累了大量一手资料。共计采集植物标本8000余号、30 000余份，本书即是该项目的部分理论成果之一。

全书共9章，第1章、第2章综述植物区系及其研究进展和武功山地区自然概况及研究方法；第3章、第4章、第5章根据FOC系统分别从科、属、种的层面全面分析阐述了该区种子植物区系的基本组成特点、地理成分和性质；第6章详细介绍了本项目研究中的新发现尤其是新物种的发现与研究结果；第7章基于定量分析结果阐述了武功山地区种子植物与我国南方其他15个地区种子植物区系的区别与联系；第8章研究了该区珍稀濒危和国家重点保护植物及其保护问题；第9章进行理论总结，重点讨论了区系性质、归属、起源等理论问题。书内具有20个数据表格和36幅地理分布图，书末附有武功山地区全部的种子植物系统名录及8面彩插。全书内容丰富、论点明确、资料翔实、文字精练、结构紧凑，具有很强的基础性和学术性。可供从事植物学及相关分支学科教学、科研的高校师生和科研机构的研究人员参考，可作为从事区域植物多样性保护与利用的政府管理人员及有关机构、团体组织的基础资料，也可供从事园林园艺应用的广大技术人员和广大爱好者参考借鉴。

本书是吉首大学植物资源保护与利用湖南省高校重点实验室"十三

五"系列专著之一，是植物区系地理研究领域又一代表性理论成果，凝聚了全体作者的辛劳汗水。除此之外，重点实验室顾问张永康教授、李克纲教授及张代贵高级工程师、袁志忠副教授、周强副教授、田向荣副教授给予了大力支持，研究生孙林、王冰清及本科生单署芳、胡叠等协助整理资料和处理图片。出版方科学技术文献出版社孙江莉编辑提出了大量宝贵指导性意见。吉首大学生态学湖南省重点学科、武陵山区发展研究院、植物资源保护与利用湖南省高校重点实验室等给予部分资助，在此致以诚挚谢意！

植物区系研究是生物多样性研究的基础，而珍稀濒危保护植物研究又是当今热点之一。衷心希望本书的出版能够对我国区域植物多样性研究与保护，对植物区系地理研究及相关基础学科人才培养尽到绵薄之力。

作　者

2018 年 3 月

内容摘要

根据武功山地区种子植物多样性调查资料，整理出《武功山地区种子植物名录》，在此基础上对该地区种子植物区系特征进行全面系统分析，并利用聚类分析法将武功山地区种子植物区系与其他 15 个地区进行比较，揭示该地区植物区系的区划及起源问题。主要结果如下。

（1）种子植物类群丰富。武功山地区共有种子植物 165 科 804 属 2068 种，分别占江西省种子植物（228 科 1332 属 4120 种）科属种总数的 72.37%、60.36%、50.19%。其中裸子植物有 7 科 14 属 17 种，分别占江西裸子植物（9 科 23 属 35 种）的 77.78%、60.87%、48.57%；被子植物有 158 科 790 属 2051 种，分别占江西被子植物（219 科 1309 属 4058 种）科属种的 72.15%、60.35%、50.54%。禾本科 Poaceae、菊科 Asteraceae、豆科 Fabaceae、蔷薇科 Rosaceae、百合科 Liliaceae、莎草科 Cyperaceae、唇形科 Lamiaceae、樟科 Lauraceae 等是该区种数较多的科。冬青属 Ilex、蓼属 Polygonum、悬钩子属 Rubus、薹草属 Carex、菝葜属 Smilax、堇菜属 Viola、榕属 Ficus、卫矛属 Euonymus 等是该地区种类较多的属。

（2）区系地理成分复杂、过渡性强。武功山地区 165 科种子植物包含 12 种中国植物分布区类型（共 15 种），其中热带分布型 69 科（占该地区非世界性分布科的 58.47%，下同）、温带分布型 45 科（38.14%）。该地区 804 属种子植物从属于 14 个分布区类型，其中泛热带分布型 143 属（19.35%）、北温带分布型 130 属（17.59%）、热带亚洲分布型 83 属（11.23%）所占优势较大，其他成分也有一定比例，反映出该区系的复杂多样及与世界各区系之间的广泛联系。武功山地区 2068 种种子植物，从属于 14 个分布类型，其中热带分布型 612 种（30.31%）、温带分布型 646 种（32.00%）。区系中热带向温带过渡且二者相互交融、渗透。此外，武功山地区种子植物科与安徽黄山、闽粤赣交界梁野山的相似系数较大，联系较为紧密，但又存在一定的差异，在一定程度上反映了武功山地区种子植物区系具有显著的过渡性特点。

（3）地区物种古老，特有成分丰富。武功山地区裸子植物种类丰富，它们大多数是中生代遗留下来的物种，如南方红豆杉 Taxus wallichiana var. mairei、粗榧 Cephalotaxus sinensis、竹柏 Nageia nagi、铁杉 Tsuga chinensis 等。被子植物中如大血藤 Sargentodoxa cuneata、伯乐树 Bretschneidera sinensis、鹅掌楸 Liriodendron chinense、喜树 Camptotheca acuminata 等都是古老被子植物的代表。此外，只含 1 种的属类型较

多，有 406 属，占总属数的 50.49%，在一定程度上反映了该地区种子植物区系的古老性、残遗性。该地区分布有中国特有科 4 科，且都为单型科。特有属 24 属，隶属于 23 科，含 25 种，其中不仅存在着杜仲属 *Eucommia*、大血藤属 *Sargentodoxa*、青钱柳属 *Cyclocarya* 等古老残遗的属，还存在着阴山荠属 *Yinshania* 等新分化形成的属。中国特有种共 761 种，如赣皖乌头 *Aconitum finetianum*、华西俞藤 *Yua thomsoni* var. *glaucescens*、武当菝葜 *Smilax outanscianensis*、华南悬钩子 *Rubus hanceanus*、多脉青冈 *Cyclobalanopsis multinervis*、东南葡萄 *Vitis chunganensis*、毛冬青 *Ilex pubescens* 等。江西省特有种包括武功山异黄精 *Heteropolygonatum wugongshanensis*、武功山阴山荠 *Yinshania hui*、武功山冬青 *Ilex wugongshanensis*、江西杜鹃 *Rhododendron kiangsiense*、常绿悬钩子 *Rubus jianensis*、美丽秋海棠 *Begonia algaia* 等 8 种。其中，江西杜鹃是武功山地区的特有种，其分布范围极为狭窄。

（4）通过与其他 15 个地区的种子植物种类进行比较分析表明，武功山地区种子植物种类较为丰富，在 16 个地区中处于中等水平，其种子植物物种丰富度远低于云南西双版纳、高黎贡山、重庆金佛山等地区，而与福建武夷山、海南吊罗山等地区基本持平，但远高于江西庐山、闽粤赣交界梁野山等地区。武功山地区种子植物区系与安徽黄山、江西庐山、福建武夷山、江西井冈山等地区的关系最为密切，与秦岭、西双版纳和高黎贡山的区系关系最为疏远。

（5）通过调查，发现新物种 1 个，即武功山异黄精 *Heteropolygonatum wugongshanensis*；江西省新记录种 14 种，即皱叶繁缕 *Stellaria monosperma* var. *japonica*、峨眉繁缕 *Stellaria omeiensis*、莽山绣球 *Hydrangea mangshanensis*、腺鼠刺 *Itea glutinosa*、华西俞藤 *Yua thomsoni* var. *glaucescens*、小花柳叶菜 *Epilobium parviflorum*、鄂西前胡 *Peucedanum henryi*、打铁树 *Myrsine linearis*、枝花流苏树 *Chionanthus ramiflora*、川西黄鹌菜 *Youngia pratti*、湘南星 *Arisaema hunanense*、细叶日本薯蓣 *Dioscorea japonica* var. *oldhamii*、疏花虾脊兰 *Calanthe henryi*、台湾吻兰 *Collabium formosanum*。

（6）武功山地区珍稀濒危及国家重点保护植物共有 113 种，分别隶属于 58 科、92 属。其中，被《中国物种红色名录》收录的有 105 种，占全国濒危物种红色名录的 1.97%；近危（NT）物种有 43 种、易危（VU）物种有 36 种、濒危（EN）物种有 21 种、极危（CR）物种有 5 种。国家重点保护植物 27 种（一级保护植物 6 种、二级保护植物 21 种），占全国重点保护植物的 9.47%。113 种植物中草本占优势（草本 52 种，乔木 37 种，灌木 14 种，藤本 10 种）。在地理成分上，中国特有分布种（54 种）远高于其他类型。在分布格局上，水平方向上物种丰富度最高的是安福县，达到 85 种。其他依次是芦溪县（28 种）、茶陵县（20 种）、袁州区（17 种）、分宜县（16 种）、莲花县（13 种）、上高县（6 种）、渝水区（6 种）、攸县（3 种）；垂直方向上，在海拔 600~700 m 区段分布的种数最多，达到 56 种。

Abstract

The *list of seed plants in Mt. Wugong areas* was sorted out byfield surveys and relevant literatures, the characteristics of the flora in this region were summarized and analyzed. In this book, the clustering analysis method was used to compare the flora of Spermatophyta in Mt. Wugong areas with the other 15 flora, for revealing the compartment and origin of flora in this region. The main results are show as follows.

(1) The species diversity of Spermatophyta is high in these areas. There are 2068 species, which belongs to 804 genera and 165 families, accounting for 72. 37%, 60. 36% and 50. 19% in family, genera and species of Spermatophyta of Jiangxi Province (228 families, 1332 genera, 4120 species) respectively. Among them, there are 7 families, 14 genera and 17 species of gymnosperms, accounting for 77. 78%, 60. 87% and 48. 57% of gymnosperms in Jiangxi (9 families, 23 genera, 35 species) respectively, and there are 158 families, 790 genera and 2051 species of angiosperms, which have the proportion of 72. 15%, 60. 35% and 50. 54% of gymnosperms in Jiangxi (219 families, 1309 genera, 4058 species) respectively. Poaceae, Asteraceae, Fabaceae, Rosaceae, Liliaceae, Cyperaceae, Lamiaceae, Lauraceae, etc. are those families with more species. *Ilex*, *Polygonum*, *Rubus*, *Carex*, *Smilax*, *Viola*, *Ficus*, *Euonymus*, etc. are the Genera with more species.

(2) The flora of seed plants is complex and transitional. In Mt. Wugong areas, 165 families of seed plants are found in 12 plant distribution regions of China (15 regions in total), of which 69 families (58. 47% of non-worldwide distribution in this region) of tropical distribution, 45 families (38. 14%) of temperate zone distribution. The 804 genera contained 14 distribution types, 143 genera (19. 35%) of the pantropic distribution, 130 genera (17. 59%) of the temperate zone distribution, and 83 genera (11. 23%) of the tropical Asia distribution. Other components also occupy a certain proportion, which reflect the flora is complex, diverse as well as the close relationship with the world flora. There are 2068 species of seed plants in Mt. Wugong areas, including 14 distribution types. There are 612 species (30. 31%) of tropical distribution and 646 species (32. 00%) of the temperate zone distribution. Elements of tropical and temperate were blended and showed the transition characters. In addition, the similarity coefficient of seed plants in Mt. Wugong areas is relatively with Huang Mountain and Liangye Mountain. However, there are some differences, which also reflect the unique characteristics of the floristic flora in Mt. Wugong areas.

(3) The flora of Mt. Wugong areas are ancient and unique. The species of gymnosperms are rich in this region, most of them are the legacy of the Mesozoic, such as *Taxus wallichiana* var. *mairei*, *Cephalotaxus sinensis*, *Nageia nagi*, *Tsuga chinensis*, etc. *Sargentodoxa cuneata*, *Bretschneidera sinensis*, *Liriodendron chinense*, *Camptotheca a-cuminate*, etc. are the symbol of ancient species of angiosperm. Furthermore, there are 406 genera of only one specise, accounting for 50.50% of the total number of genera, which reflects the ancient and relic feature of the regional seed plants. There are 4 Chinese endemic families, and all of them are monotypic. 24 Chinese endemic genera (23 families) with 25 species are found, such as *Eucommia*, *Sargentodoxa*, *Cyclocarya*, *inshania*, etc. 761 Chinese endemic species exist, such as *Aconitum finetianum*, *Yua thomsoni* var. *glaucescens*, *Smilax outanscianensis*, *Rubus hanceanus*, *Cyclobalanopsis multinervis*, *Vitis chunganensis*, *Ilex pubescens*, etc. There are 8 Jiangxi endemic species, such as, *Heteropolygonatum Wugongshanensis Yinshania hui*, *Ilex wugongshanensis*, *Rhododendron kiangsiense*, *Rubus jianensis*, *Begonia algaia*. The *Rhododendron kiangsiense* a unique species of Wugong Mountain region, which has a narrow distribution range.

(4) Compared with 15 other flora, the results showed that the flora of the seed plants in Mt. Wugong areas are abundant. It is of medium number of plants in 16 areas, through the abundance of seed plant species are much lower than that of Xishuangbanna, Gaoligong Mountain and Jinfo Mountain. However, there is no difference with Wuyi Mountain, Diaoluo Mountain, much higher than Lushan Mountain, Liangye Mountain and other regions. The flora in the areas of Wugong Mountain region has closest relationship with Huangshan Mountain, Lushan Mountain, Wuyi Mountain and Jinggang Mountain, while it has the most distant from the Qinling Mountain, Xishuangbanna and Gaoligong Mountains.

(5) New species and new records found in Mt. Wugong areas. The new species is *Heteropolygonatum wugongshanensis*. Fourteen new record species in Jiangxi are *Stellaria monosperma* var. *japonica*, *Stellaria omeiensis*, *Hydrangea mangshanensis*, *Itea glutinosa*, *Yua thomsoni* var. *glaucescens*, *Epilobium parviflorum*, *Peucedanum henryi*, *Myrsine linearis*, *Chionanthus ramiflora*, *Youngia pratti*, *Arisaema hunanense*, *Dioscorea japonica* var. *old-hamii*, *Calanthe henryi*, *Collabium formosanum*.

(6) According to investigation results on the rare and endangered species in Mt. Wugong areas, a total of 113 species including 92 genera in 58 families were recorded. Among them, 105 species were in the China Species Red List, which accounted for 1.97% of the endangered species red list, which including 43 NT, 36 VU, 21 EN, and 5 CR. There are 27 species of plants in the state, which accounts for 9.47% of the major protected plants in the country (6 species of first-class protection plants, and 21 species of secondary protection plants). Those plants are mainly herbs (herbs: 52 species, trees: 37species, shrubs: 14 species, vine: 10 species). In the distribution pattern, Anfu county has the highest species in the horizontal direction, which reaches 85. In other order, Luxi country

(28), Chaling country (20), Yuanzhou district (17), Fenyi country (16), Lianhua country (13), Shanggao country (6), Yushui district (16), Youxian country (3). In the vertical direction, the total number of species in the 600 ~ 700 m elevation range is the most. Geographically, China's endemic species (56 species) are much higher than other types.

目　　录

图表目录

第1章　植物区系及其研究进展

1.1　植物区系的概念、研究对象、内容和方法

1.1.1　植物区系的概念

植物区系（Flora）是一个传统概念，但也处于不断发展之中。Good（1953）曾认为植物区系仅仅是一个纯粹的科学名称，因为植物区系（Flora）和植物志（Flora）均来自于拉丁文花 Flos（flos，floris，m. 花），没有具体的含义。但随着人们对植物生命尤其宏观植物世界的深入了解，Flora 已不再只是一个简单名词，而是延伸为更为丰富的含义，即便是最为常见的植物志，其本质也"就是对一个地区或国家的植物区系成分的研究报告（张宏达，1994a）"。

我国植物区系的定义普遍采用吴征镒和王荷生的观点。吴征镒、王荷生（1983）将植物区系定义为一定地区或国家所有植物种类的总和，是植物界在一定的自然地理条件下，特别是在自然历史条件综合作用下发展演化的结果。王荷生（1992）进一步归纳为"是某一地区或时期，某一分类群，某类植被等所有植物种类的总称"，"它是植物界在一定的自然条件下，特别是在自然历史条件综合作用下发展演化的结果"。左家哺（1996）认为上述定义"至少是不全面的"，提出"植物区系是一个自然地理区域或行政区域某一时期内所有植物分类单位的总和；它是植物界在长期的自然条件影响下，特别是植物种遗传与变异对立统一的综合作用下发生发展、演化扩散的时空产物"。可以预见，随着现代科学的发展，植物区系的含义将更为深刻。

1.1.2　植物区系的研究对象

植物区系的研究对象可以从学科，即植物区系学的角度进行理解。关于植物区系学（Floralogy 或 Florastic），张宏达（1994a）给出的定义是"研究一个地带、一块大陆、国家及地区的植物区系组成发展及分布等问题的科学，简而言之，即植物区系学是研究某一具体植物区系的植物"。植物区系学的研究对象至少可以理解为 4 个方面：①特定地域植物分类群的总和，大到全球、一个洲、一个国家、某一省份，小到一个山地都可以作为一个植物区系的研究对象。但至少不能少于 1 个特有物种，否则

就不能称之为一个植物区系的基本单元。②特定分类单元植物分类群的总和，既可以是特定的门、纲、目、科、属甚至特定的物种，如裸子植物区系、被子植物区系、菊科植物区系、兰科植物区系等。③特定时间植物分类群的总和，大致可以分为如侏罗纪植物区系、白垩纪植物区系、第三纪植物区系、第四纪植物区系及现代植物区系等，前者相当于通常所说的历史植物区系。④研究特定功能群（生态系统）植物分类群的总和，如森林植物区系、草原植物区系，以及阔叶林植物区系、针叶林植物区系等。

在当下生活中，随着人类社会的发展，人与自然的关系也越来越密切、越来越复杂，形成了人与自然相互影响的格局。因此，植物区系的研究对象又可以延伸至人与植物相互影响的层面，出现了诸如伴人植物区系、入侵植物区系等，也属于植物区系学研究的对象。但这不是植物区系学原意，不能将自然植物区系学与植物区系学混为一谈。

1.1.3　植物区系的研究内容和方法

从学科的角度，植物区系学的内容简单理解就是"科、属、种在一定区域现代和过去的分布规律及起源和演化（吴征镒，2006）"，包括区系丰富度、相似性、古老性和种系发育性，以及区系地理成分复杂性和特有性（左家哺，1996）。张光富（2001）作了进一步归纳，认为至少应包括如下 7 个方面：①区系性质。它可以通过统计植物区系的地理成分、优势科、优势属的数目来反映。②特有现象。为了获得有关该地区植物居群的起源及年龄的任何结论，这种标准是不可缺少的。它使我们更善于了解曾经发生过的转变，也为我们提供方法去评价这些转变的程度和出现的大约时期，以及对植物区系和植被发展所产生的影响。因此，特有属、种的研究对于了解一个特定地区的植物区系的发展和现状，无疑是十分重要的。③地理联系。将其与邻近的相关区系加以比较，有助于揭示这一区系的性质、特点。④替代现象。一个属的不同种或同一种内各地理种（亚种）具有相互排斥、各自独立的分布区，有时候稍微交叉重叠，在空间上相互替代，它的分析能更好地了解该区的性质和特点。⑤在植物区系区划中的位置。在划分植物区系的低级分区单位时，应主要依据特征种，更多地考虑和依据现代的地理条件。⑥与古地理、古环境的关系：植物区系是自然历史条件综合作用下长期发展演化的结果。因此，要深入探讨植物区系的演变和来源，就必须结合该区系的古植物、古地理、古气候等资料，将地质历史发展与植物区系的演化有机地结合起来进行分析。⑦该区系的起源与演化。

上述定义及归纳，对于初学者理解植物区系基本概念确有一定帮助，但仍有问题值得思考。例如，植物区系的性质，实际上与起源密切相连，甚至是一个问题的两个方面，不能将二者割裂为并列关系。我们通常所说某某区系是热带性质或者温带性质，一定程度上就是指该区系起源于热带或者温带。又如，替代现象也属于研究范畴，但并不是所有的具体植物区系所固有。

针对某一具体植物区系，其研究内容主要包括：①区系组成分析。它是研究植物区系的首要任务，主要是调查构成植物区系具体的植物科属种组成，统计各类群所占的比例，找出优势和特征性科属，结合系统发育关系揭示它们的现代分布区、边界和分布中心，阐明本区系的分布区、边界和分布中心方面的科学意义等。②区系成分分析。植物区系成分可分为地理成分、发生成分、迁移成分、历史成分和生态成分，其中最主要的是地理成分即任何一个区系都含有多种地理成分，共同组成某一特定区系的分布型结构或者分布型谱。吴征镒就曾将中国植物区系划分为15个分布型和31个变型，以此为主要依据阐明中国植物区系的特征与性质。③特有现象分析。特有现象（Endemic）是植物区系的突出特征，是区别于其他区系的重要标识，特有现象的丰富程度是该区系特殊性的重要体现。由于植物区系要反映的是该区系自然历史的发生及特点，植物区系的标志就应该表现在这个特定对象植物组成上的统一性方面，并与其他区系具有明显的特点。④区系的起源和演化。植物区系是自然历史条件综合作用下长期演化的结果，因此，要深入探讨区系的来源和演化就必须结合该区系的古植物、古地理、古气候等资料，将地质历史发展与植物区系的演化有机结合起来进行统计和分析。⑤区系的区划。根据各地植物区系与生态条件变化的一致性，以及区系的形成、发展的共同性等特征，划分出从小到大、彼此从属的单位，如植物区系区、植物区系亚区、植物区系地区等。这几个方面是植物区系学的核心内容，是不可回避的基本问题。其他还可包括诸如替代现象、岛屿区系、历史植物区系地理等。

实际上，任何植物区系都不是孤立存在的，而是处于特定的生态系统当中，因此，研究区系植物的生态功能就显得非常重要。植物区系与植物群落是相互区别而又相互联系的，任何一个科属种必然从属于某一特定的群落，在其中充当不同角色和发挥不同生态功能。例如，有的是建群种、有的是优势种，而有的则属于重要伴生种等。研究某地主要群落尤其是地带性植被群落建群种、优势种和伴生种的区系组成对于认识群落特征和认识该地植物区系特征，乃至植物区系的起源与演化都是至关重要的。

任何一个植物区系都与其他植物区系发生这样那样程度不一的区系联系，对特定植物区系与其他区系进行比较分析可进一步深化对该区系特征与性质的了解，更加有助于阐明该植物区系的区划等问题。这些也都是植物区系的重要内容，并且在某些时候显得更加重要。

关于植物区系研究的方法，长期以来以传统的经典植物区系研究方法为主，主要包括：①统计和分析法。在研究某一植物区系时，我们可以计算出这一植物区系所含有的各分类单位（科、属、种）的具体数字，再把这些数字和另外一个或几个地区的植物区系做比较时，就可以大致了解这个区系是丰富还是贫乏。同时，结合这个区系所在地的地理位置和环境条件，就可以大致了解这个区系之所以丰富或贫乏的原因。②分布区图绘制法。确定种或其他分类单元的分布区域，必须以各地的植物志或其他的资料为基础，找出它们的生长地点，最好还得进行实地考察。根据不同的目的要求，绘制出分布区图。其中绘图的方法有点图法、涂斑图法、周界图法、剖面法、植物区系线等。③分布区型谱法。这是研究一个地区分布类型或地理成分结构的一种新方法，用图解表示某一地区所有的地理成分及它们各自所占的比例。④植物历史的分布图法。常见的有植物分布历史图、植物迁移图、特有种图。⑤地理学—形态学方法。创立的地理学—形态学方法广泛应用于区系学和分类学的研究中，地理学—形态学方法可以分为等种线法和等特征线法。等种线是种类数目相等的连线，用以表示高一级种系内低一级种系的方法，而等特征线是特征数量相等的连线，用以表示高一级种系内低一级种系的方法。此外，植物区系的研究要以植物分类学、植物系统学、植物分布学等学科为基础（吴征镒 等，2006），并综合考虑古植物、古地理、古气候、染色体细胞地理学、分子系统学、亲缘地理学等多学科研究结果（张宏达，1995）。

随着科学技术的发展，现代植物学研究方法取得了重要发展，并对植物区系研究产生积极的促进作用。20世纪50年代后，在细胞层面运用染色体资料研究植物的起源、演化等方面已积累了一定的基础，如 C. D. Darlington（1963）发表的《染色体的植物学和栽培植物的起源》，G. L. Setbbins（1971）发表的《Chromosomal Evolution in High Plants》及 R. H. Raven（1975）发表的《细胞学和被子植物系统学基础》等。数学方法也更多地运用到区系的统计、比较等方面，开辟了定量植物区系或数值植物区系研究的新领域。例如，左家哺（1996）提出了用相似系数及应用数值分析的某些方法和原理进行植物区系基本成分的统计、地理成分划分及其分区。又在定量分析方面提出在植物区系分析时，对区系丰富性、区系间相似性、区系古老性、区系成分复杂性和区系成分特有性等特征参数的定量化分析，是植物区系研究所不可缺少的，这些参数有助于从数学角度分析植物区系的特征。21世纪以来，分子生物学逐步引入植物区系地理研究领域，尤其是结合植物系统发育、分子系统进化、生命之树及分子生物地理学等揭示植物区系的起源和进化问题，使古老的植物区系学焕发出青春。

1.2　国内外植物区系研究进展

1.2.1　国外植物区系研究进展

从远古时期至19世纪中叶，植物区系研究主要集中在植物种类调查和发现，特别是18世纪以后，随着社会生产力的提高，积累了丰富的植物地理知识和资料，植物区系研究得到了快速发展。公元前 334 年—公元前 327 年，Theophratus 整理出的《植物历史》被认为是最早的西方植物区系学著作，它是 Theophrastus 跟随亚历山大·马其顿东征印度时，沿途记述了植物与植被而编写出版的专门著作。德国人 Alexander von Humboldt 被认为是植物区系地理学的真正创始人，于 1870 年发表了《植物地理学概念》，该书阐述了植物地理学的 3 个主要研究方向和植物区系的起源问题，利用植物地理学的原理揭示了非洲与南美洲的分离发生于生物发展之前，同时还指出东亚与墨西哥、加利福尼亚等地的植物具有相似性等问题。其后，丹麦植物学家 J. F. Schouw 在《普通植物地理学原理》一书中总结了各国研究学者的资料，第一次明确阐述了植物地理学的 3 个基本方向。并将世界划为 25 个"域"，再将"域"划分"省"，他的研究结果为该学科的正式建立奠定了基础（Tahktajan，1986）。瑞士植物学家 Aug. P. de Candolle（1820）出版的《植物地理学初论》一书中详细地指出植物地理学的研究任务。美国植物学家 Asa Gray（1964）开创了研究洲际植物间断分布的先河，第一次提出东亚和北美间断分布理论。

从 1859 年达尔文发表《物种起源》到 20 世纪初，是植物区系深入发展的时期。这期间，出现了许多植物地理学大师，如 J. D. Hooker、Christ、A. Engler 等，都采用进化的理论来研究世界植物区系的分布和历史等问题，他们对植物区系地理学的发展做出了巨大贡献，推动了植物区系地理学的发展。

20 世纪以来，随着相关学科新理论的产生和技术的不断进步，植物区系学也取得了巨大发展。例如，澳大利亚物理学家魏格纳（Alfred Lothar Wegener，1912）创立的大陆漂移学说和《海陆起源》与陆桥学说和植物区系北极第三纪起源学说产生了巨大矛盾，进一步发展了植物区系学并产生了现代植物区系地理学。吴鲁夫（Wulff，1943、1944）出版的《历史植物地理学引论》和《历史植物地理学（世界植物区系史)》利用大陆漂移理论解释历史植物地理学的经典著作，在其著作中详细论述了全球 14 个地区的历史植物地理，辩驳了以北极起源学说和迁移理论为研究基础的植物区系。

苏联植物学家塔赫他间（A. Takhtajan，1954）为植物区系学的发展做出了重大贡献。20 世纪 50 年代在其《被子植物起源》一书公布的系统中，首先打破了传统把双子叶植物分为离瓣花亚纲和合瓣花亚纲的分类，在分类等级上增设了"超目"一级分类单元（图 1.1）。60 年代发表的《有花植物的起源和散布》，从系统发育和植物地理分布等方面阐述了世界有花植物的起源并提出被子植物起源于东南亚至斐济群岛地区（Talchtajan，1969）。70 年代又提出新的世界植物区系区划方案，并指出生物区系区划的基本原则，应以分类学和地理学分类单元为基础，从而将植物区系地理学研究推向一个新的高峰。

从 20 世纪 50 年代后，微观生物学的迅速发展，也在一定程度上促进了植物区系

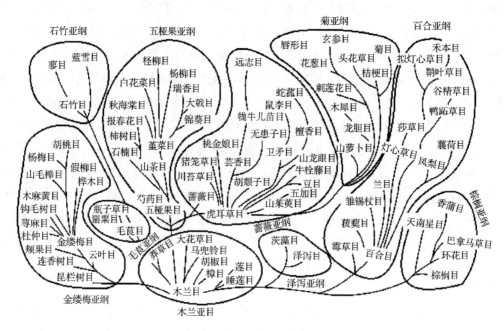

图 1.1　塔赫他间系统

学的发展，使其进入一个崭新阶段，尤其是利用分子生物学的方法对植物的起源、演化等方面进行分析研究。例如，C. D. Darlington（1963）发表的《染色体的植物学和栽培植物的起源》，G. L. Setbbins（1971）发表的《Chromosomal Evolution in High Plants》及 R. H. Raven（1975）发表的《细胞学和被子植物系统学基础》等。他们不仅把染色体的机能和特征用于探讨植物的起源与演化，而且还把生态环境和地理分布联系起来，从此基因和染色体地理学诞生了（Pielou，1979）。

1.2.2　国内植物区系研究进展

中国是一个植物区系既丰富又复杂的国家，拥有热带、亚热带、温带和寒温带气候的国家，不仅起源古老而且是研究植物区系起源的重要地区之一，很早就已被外国学者所关注。因此，最早研究中国植物区系的是外国学者，如 L. Diels（1901、1913、1929）和 H. Handel-Mazzetti（1931）等，对我国部分地区进行植物调查和研究。而我国植物区系研究起步较晚，胡先骕是我国植物区系研究的创始人之一，他率先对我国东南地区植物区系及分区进行分析，并将我国和北美东部木本植物区系进行对比分析（Hu，1936；胡先骕，1948；胡先骕，1958）。刘慎谔（1934、1985a、1985b）对秦岭植物区系及植被进行了研究，为我国植物分区提供了参考资料，将我国植物区系划分为 8 个区，并对我国西北、西南和东北植物区系进行了研究。李惠林（1944）根据五加科来探讨我国植物地理的分区，并对一些地区的亲缘关系进行了研究（李惠林，1957；Li H L，1953、1950）。以上中外学者为我国植物区系研究奠定了一定基础。

19 世纪 50 年代以后，我国才针对植物专科、专属等特殊类群进行研究并取得了一些成果。例如，钟补求等（1984）对马先蒿属的系统分布研究，建立了马先蒿属的一个新系统；钱崇澍等（1956）出版的《中国植被区划草案》，将我国植被划分为 12 个植被带；陈嵘（1962）出版的《中国森林植物地理学》阐明了中国森林植物和分布与世界其他各地的相互关系，以及造成这种情况的原因等一系列问题；吴征镒等（1987）出版的《西藏植物志》记载了高等植物 208 科 1258 属 5766 种，为研究该区植被提供了资料；吴征镒等（1988）对中国北方的 14 种麻黄属植物的 DNA（cpD-NA）trnT-trnF 和 TRNS-trnfM 序列来研究亲缘关系，结果表明主要有青海—青藏高原东部、青海—青藏高原南部和中国北部 3 个分支；中国科学院长春地理研究所（1989）出版的《中国植物区系分区图》将我国分为 12 个带 21 个地区，并绘制了一系列图纸，为以后的研究提供了详细的资料；等等。

20 世纪 60 年代以来，吴征镒（1965）发表了《中国植物区系的热带亲缘》一文，正式将中国种子植物属划为 15 个分布区类型和 31 个变型，并指出我国南部、西南部和印度支那地区是最富有古老科和属的地区。随后他又将中国分为 2 个植物区、7 个植物亚区和 22 个植物地区（吴征镒，1979）。这些重要原始创新工作为中国植物区系地理学构建了基本骨架，产生了积极而深远的影响。与此同期，张宏达（1962）在广东省植物区系研究的基础上，进一步研究形成了华夏植物区系的理论框架，1980年发表了《华夏植物区系的起源与演化》一文，正式提出华夏植物区系理论的构想。在随后的系列研究中，对被子植物起源中心、植物区系分区、全球植物区系间断分布等问题进行分析，使得华夏植物区系学说更加完善。华夏植物区系理论认为有花植物的祖先来源于种子蕨类，起源时间不迟于三叠纪，以东亚地区为主体的华夏古陆是有花植物的起源地，中国种子植物区系本身就是在中国亚热带地区起源且发展而来的，应成立华夏植物界；喜马拉雅地区植物区系特点具有次生性，是华夏植物区系的后裔，是印度板块与欧亚大陆碰撞之后形成的（张宏达，1984、1986b、1994b、1999）。

王文采（1992）提出了东亚一些种子植物的间断分布式样和迁移路线的观点，根据有关古植物学的研究，以及李慧林和吴征镒等学者对我国植物区系的起源、性质等方面的重要论断，推测出云贵高原和四川一带可能是在中白垩纪，被子植物在赤道地区起源后向北半球扩展到达上述地区形成的一个重要发展中心，在这里发生了强烈的演化辐射，而迁移路线就是这个辐射出现后的产物。汤彦承和李良千（1996）提出了东亚和我国种子植物区系的第三纪源头观点。应俊生（1984）对我国特有现象进行了研究和分析，在所出版的《中国种子植物特有属》（1994）中确定了特有属的概念和类型，分析了其性质、特点和分布规律，论述了中国三大自然地理区对种子植物特有属分布的影响；提出中国3个特有现象的中心，并对其成因、性质和相互联系进行了论述，从而揭示了中国植物区系中特有现象和实质，这一研究对于阐明中国种子植物区系的性质、特点和发生发展规律等具有重要意义。

吴征镒、王荷生（1983）出版的《中国自然地理——植物地理》和王荷生（1992）出版的《植物区系地理》两部著作，对我国植物区系研究和人才培养做出了巨大贡献。2004年《中国植物志》的全部出版标志着全国大范围的植物区系调查已基本结束，这一划时代巨著不仅对我国植物区系乃至世界植物区系的研究意义重大，同时也为合理开发利用植物资源提供了极为重要的基础信息和科学依据，对陆地生态系统研究将起到重大促进作用，对科研和经济建设都有重要价值。2013年《中国植物志》英文版的全部出版，使我国的植物区系研究达到一个新的高度。

吴征镒等（2003b）发表《世界种子植物科的分布区类型系统》及其修订，随后2010年《中国种子植物区系地理》一书中将我国植物区系分为4个区、7个亚区、24个地区、49个亚地区（表1.1），这表明我国现代植物区系的理论基本形成。吴征镒（2010）所建立的植物区系研究思想方法，尤其是他所提出的科、属分布区类型，对我国区系植物地理学研究产生深远的影响。同期应俊生和陈梦玲（2011）出版专著《中国植物地理》专著，结合植被对我国种子植物区进行系统阐述。经过我国植物学家的不懈努力，使得我国植物区系理论研究达到了世界先进水平。

表1.1　中国植物区系分区系统

编号	分区系统	编号	分区系统
Ⅰ	**泛北极植物区**	ⅡC5b	准噶尔亚地区
ⅠA	欧亚森林亚区	ⅡC6	喀什噶尔地区
ⅠA1	大兴安岭地区	ⅡC6a	西南蒙亚地区
ⅠA2	阿尔泰地区	ⅡC6b	柴达木盆地亚地区
ⅠA3	天山地区	ⅡC6c	喀什亚地区
ⅠB	欧亚草原亚区	Ⅲ	**东亚植物区**
ⅠB4	蒙古草原地区	ⅢD	中国—日本森林植物亚区
ⅠB4a	东北平原森林草原亚地区	ⅢD7	东北地区
ⅠB4b	内蒙古东部草原亚地区	ⅢD8	华北地区
ⅠB4c	鄂尔多斯、陕甘宁荒漠草原亚地区	ⅢD8a	辽宁—山东半岛亚地区
Ⅱ	**古地中海植物区**	ⅢD8b	华北平原亚地区
ⅡC	中亚荒漠亚区	ⅢD8c	华北山地亚地区
ⅡC5	准噶尔地区	ⅢD8d	黄土高原亚地区
ⅡC5a	塔城伊犁亚地区	ⅢD9	华东地区

续表

编号	分区系统	编号	分区系统
ⅢD9a	黄淮平原亚地区	ⅢE15	东喜马拉雅亚地区
ⅢD9b	江汉平原亚地区	ⅢE15a	独龙江—缅北亚地区
ⅢD9c	浙南山地亚地区	ⅢE15b	藏东南亚地区
ⅢD9d	赣南—湘东丘陵亚地区	ⅢF	青藏高原亚区
ⅢD10	华中地区	ⅢF16	唐古特地区
ⅢD10a	秦岭—巴山亚地区	ⅢF16a	祁连山亚地区
ⅢD10b	四川盆地亚地区	ⅢF16b	阿尼玛卿亚地区
ⅢD10c	川、鄂、湘亚地区	ⅢF16c	唐古拉亚地区
ⅢD10d	贵州高原亚地区	ⅢF17	西藏、帕米尔、昆仑地区
ⅢD11	岭南山地亚地区	ⅢF17a	雅鲁藏布江上中游亚地区
ⅢD11a	闽北山地亚地区	ⅢF17b	羌塘高原亚地区
ⅢD11b	粤北亚地区	ⅢF17c	帕米尔—喀喇昆仑—昆仑亚地区
ⅢD11c	南岭东段亚地区	ⅢF18	西喜马拉雅地区
ⅢD11d	粤、桂山地亚地区	Ⅳ	**古热带植物区**
ⅢD12	滇、黔、桂地区	ⅣG	马来西亚亚区
ⅢD12a	黔、桂地区	ⅣG19	台湾地区
ⅢD12b	红水河亚地区	ⅣG19a	台湾高山亚地区
ⅢD12c	滇东南石灰岩亚地区	ⅣG19b	台北亚地区
ⅢE	中国—喜马拉雅植物亚区	ⅣG20	台湾南部亚地区
ⅢE13	云南高原	ⅣG21	南海地区
ⅢE13a	滇中高原亚地区	ⅣG21a	粤西—琼北亚地区
ⅢE13b	滇东亚地区	ⅣG21b	粤东沿海岛屿亚地区
ⅢE13c	滇西南亚地区	ⅣG21c	琼西南亚地区
ⅢE14	横断山脉地区	ⅣG21d	琼中亚地区
ⅢE14a	三江峡谷亚地区	ⅣG21e	南海诸岛亚地区
ⅢE14b	南横断山脉亚地区	ⅣG22	北部湾地区
ⅢE14c	北横断山脉亚地区	ⅣG23	滇、缅、泰地区
ⅢE14d	洮河—岷山亚地区	ⅣG24	东喜马拉雅南翼地区

随后，全国各个区域植物区系的研究被大量报道，典型的如西南地区：李恒等（2000）对高黎贡山的研究；彭华（1995）对无量山种子植物区系的研究；李仁伟对

四川种子植物区系的研究。华南地区：廖文波等（1994）对广东省植物区系的研究；苏志尧等（1994）、韦毅刚等（2008）对广西壮族自治区植物区系的研究；张宏达（2001）对海南省植物区系的研究；等等。华中地区：祁承经等（1994）对八大公山种子植物区系的研究；应俊生（1994a）对秦岭植物区系与植被的研究；陈功锡等（2001、2003、2004）对武陵山地区维管束植物区系的分析。华东地区：陈征海等（1995）对浙江海岛植物区系的研究；丁炳扬等（2000）对凤阳山植物区系的研究。华北地区：李跃霞（2007）对山西省植物区系的研究；上官铁梁（2001）对恒山植物区系的研究。东北地区：傅沛云等（1995）对长白山植物区系的研究。西北地区：冯建孟等（2009）对西北地区植物区系的分析；武素功等（1995）对青藏高原高寒地区植物区系的研究。

近年来，随着分子生物学的迅速发展，一方面众多学者结合植物系统发育、分子系统进化、生命之树及分子生物地理学等揭示区系的起源和进化，涌现出了不少研究成果。如聂泽龙（2008）通过对东亚—北美间断分布的天南星科亚科 Orontioideae、木兰科 Magnoliaceae、透骨草科 Phrymataceae、漆树属 Toxicodendron、檫木属 Sassafras、爬山虎属 Parthenocissus 和钩毛草属 Kelloggia 7 个类群进行系统发育重建及分子生物地理分析，探讨了东亚—北美间断分布格局的形成历史。他们（2016）还以菊科鼠曲草族（Gnaphalieae）为例，通过核基因 ITS 和 ETS 数据和基于化石的分子钟校正的生物地理研究表明，鼠曲草族大约在 3400 万年前起源于非洲南部，随后是在中新世期间多次迁移扩散到非洲其他区域和地中海等地区，特别是在中新世后期到上新世，快速扩散分布到全球各个角落，从而形成了今天的分布格局。研究还进一步指出这种更近期的全球扩散分布模式具有重要的普遍意义，可以用来解释许多其他类似的开放生态系统生物的全球分布格局。李嵘和孙航（2017）基于云南种子植物 1983 个属的系统发育关系，结合其地理分布，从进化历史的角度分析了不同地理单元的分类群组成、系统发育组成及其相似性，探讨了各个地理单元的系统发育结构及地理单元间的系统发育相似性。王家坚等（2017）收集了青藏高原与横断山的染色体资料，对其分布型、生活习性及海拔分布等方面进行统计分析，结果表明新多倍体在该地区只占约 23% 的比例，远低于其他高山地区；其中低基数的二倍体占有近一半的比例（43.3%），反映了二倍体水平上的染色体结构和核型进化是本地区物种分化的另一重要机制（孙航，2017a）。

另一方面，众多学者结合利用物种信息数据库，融合生态学、古植物学及地质历史等探讨区系空间地理格局的成因。如 Jacques 等（2013）利用整个中国已经发表的 74 个地点的 144 个化石群对新近纪整个中国的植被进行了重建，并推测气候变冷及季风的变化是影响中国不同地区植物区系演变的重要因素。Zhang M G 等（2016）利用物种分布模型（Species Distribution Modeling，SDM）将中国植物区系分为 5 个主要的植物地理区域和11个亚区域，补充和修订了原有的植物地理分布，同时还发现年降水量是影响植物区系丰富度的核心因素（孙航，2017b）。周浙昆等（2017）通过亚热带常绿阔叶林主要组成成分（如壳斗科、樟科、木兰科、豆科、金缕梅科等）和子遗特有成分地质历史的变迁，讨论了若干重要地质事件如古新世—始新世极热事件、青藏高原隆升、季风气候形成、干旱带演变和第四纪冰期等对生物多样性的影响，为植物区系形成与演变提供了重要的地质背景（孙航，2017b）。如上这些，是我国植物区系研究的重要进展，代表了新的发展方向。

1.2.3 江西植物区系研究现状

经过几代科学家及大量地方科技工作者的共同努力，已经对涉及江西全境的许多地区开展了植物调查和区系地理研究，取得了丰硕成果，奠定了进一步全面深入研究的基础。

在赣东地区，刘信中等（2001）对武夷山自然保护区进行考察，整理出该区共有种子植物183科876属2305种。彭少麟等（2008）对三清山的调查和研究表明，该区共有裸子植物7科12属15种，被子植物有144科681属1629种。在赣西地区，刘小明等（2008）的调查表明，齐云山自然保护区裸子植物有9科17属20种、被子植物有169科830属2402科。李振基等（2009）记载九岭山自然保护区裸子植物有7科10属14种、被子植物有198科765属1789种。在赣东北部地区，郭英荣等（2010）对阳际峰自然保护区植物的调查和研究结果表明，裸子植物有5科10属13种、被子植物有151科629属1453种；该区植物区系具有特有现象较为突出、起源古老等特点。在赣中地区，李彦连（2005）对江西马头山自然保护区攀缘植物区系进行研究，结果表明该区系中热带性地理成分占主导地位；区系成分相对古老，特有类群丰富；华东区系特征明显，南北区系过渡等特点。刘信中（2006）对马头山级自然保护区种子植物进行了整理和分析，表明该区共有176科794属2074种，且稀有植物较为丰富（国家保护18种、稀有植物8种），该区系和植被具有明显的热代性特点。

在罗霄山脉南部，廖文波等（2014）对井冈山自然保护区进行了调查，发现该区裸子植物有9科19属23种，被子植物有201科986属2935种，典型地带性植被是中亚热带常绿阔叶林。邓贤兰等（2003、2007a、2007b）调查井冈山自然保护区的木本植物、藤本植物等，发现该区栲属群落有维管植物75科132属214种，保留有大量第四纪冰前期区系成分，地理成分复杂，以热带亚热带成分为主；木本植物由裸子植物8科13属15种、被子植物87科292属976种组成，区系起源古老，保留有大量第四纪冰前期区系成分；藤本植物共有64科190属429种。藤本植物科属组成中，寡种科和寡种属较多。区系分析表明，藤本植物区系来源广泛，地理成分复杂，以热带性成分为主。在罗霄山北部，蒋志刚等（2009）调查整理出桃红岭自然保护区种子植物共有139科529属1034种，在区系区划上该地属于泛北极植物区系，中国—日本植物亚区。吴英豪等（2002）报道鄱阳湖自然保护区野生植被主要分为沙丘阶地和红壤阶地植被、湿地植被，如常绿阔叶林、落叶阔叶林、湿地草本植物群落；种子植物包括裸子植物5科8属14种和被子植物110科337属447种。刘信中（2010）报道庐山自然保护区种子植物共有191科3309种，区划上属于泛北极植物区系、中国—日本植物亚区、华东地区；刘信中（2002）报道九连山自然保护区裸子植物有8科11属15种，植物区系属于华南植物区系的北缘。

此外，在珍稀濒危植物的调查研究方面，刘仁林（1993）分析了井冈山稀有濒危植物39个种的地理分布和35个属的分布区类型及其区系特征，认为该区演化具有一定的连续性，泥盆纪至侏罗纪可能是该区系发生的重要时期，与华南联系紧密，与华东次之，起源与古热带区系有重要关系。贺利中（2009）通过调查和整理资料发现，七溪岭自然保护区裸子植物有5科8属9种、被子植物有162科657属1600种；该区的野生国家重点保护植物、江西级珍稀濒危植物共77种，其中，被子植物35科54属70种（其中双子叶植物32科49属65种、单子叶植物3科5属5种）。

无疑，上述各研究为江西植物多样性深入研究、保护奠定了良好基础。但总的看来，研究工作还不够系统，许多地区尤其是赣西的罗霄山脉地区的调查研究显得不够深入，而该区又是具有全国乃至世界意义的关键地区，实需亟待加强。

1.2.4 武功山地区植物区系研究概况

长期以来对江西省植物研究的积累中，已有一些著作如《江西植物志》《江西种子植物名录》《江西湿地植物图鉴》对武功山地区有所涉及，在《萍乡市种子植物名录》中武功山地区是重点，《大岗山植物名录》研究范围也属于武功山地区范畴。此外，还有专家学者对武功山草甸与土壤、气候等做了大量研究（赵晓蕊 等，2013；李晓红 等，2016），而关于武功山地区植物区系的分析也有一些专题研究工作，如高贤明等（1991）对木本植物区系的研究，以及肖宜安等（2009）对珍稀濒危植物的研究，调查出武功山有国家保护珍稀濒危植物共计35科52属68种，得出该区具有明显的温带—亚热带过渡性质、特有性强、起源古老的特征这一结论。对武功山地区研究得比较充分的当属位于茶陵县的湖里湿地和分宜县的大岗山自然保护区。

关于湖里湿地植物的调查研究，汪小凡等（1994）曾采集鉴定到该地有维管植物62种，其中，普通野稻、长喙毛茛泽泻等为珍稀濒危植物，总种数和珍稀濒危植物种数多于我国大部分湖泊、沼泽。物种多样性程度之高与其水生生境的复杂性与稳定性有关。建议对这些珍稀濒危水生植物及其生境采取保护措施。陈中义等（1997）对该地分布的长喙毛茛泽泻致濒机制和保护措施进行了研究，结果表明一方面是因为该物种可能处于系统演化的衰亡阶段，易发生正常灭绝；另一方面是因为该物种种子苗存活率低、种群竞争能力差、种群扩散困难，这样一些内在原因加上外部环境的破坏（如农药污染、翻挖、养鱼等），使得该种濒危。关于保护措施，一方面是尽快保护好原生境，并实施一定的干扰，人为创造适当小生境；另一方面可进行迁地保护和组织培养工作。刘华贵等（2004）对该植物种子库与地表植被的关系进行研究，结果表明种子库在湿地保护和受损湿地的恢复中具有不可替代的作用。进一步研究种子库的小尺度空间格局，发现其种子库由 17 个物种组成，多年生的锐棱荸荠 *Eleocharis acutangula* 和龙师草 *Eleocharis tetraqueter* 是种子库中密度最大的物种。两个格局指数显示 7 个分布频率大于 10% 的物种的种子全部为聚集分布。Moran 统计分析显示其中只有 3 个物种为显著的正的空间自相关（刘华贵 等，2006）。雷驰等（2006）对该区野生稻的原生境现状进行了调查并提出了保护对策。

对大岗山的研究，代表性工作如常红秀（1988）对该区的植被主要类型及植物区系特征的调查和研究，结果表明该区具有明显的中亚热带性质。李海静等（2005）研究该地森林植物区系，发现该地种子植物共有 782 属 1796 种，植物区系具有典型亚热带性质，并具有由热带成分向温带成分过渡的特点，同时也是许多热带性属的分布北界。王兵等（2005）研究该地亚热带常绿阔叶林物种多样性，结果表明物种丰富度指数、多样性指数和均匀度指数在群落梯度上的分布趋势基本一致，较好地反映了不同植物群落类型在物种组成方面的差异。大岗山常绿阔叶林群落物种多样性的大小与立地条件、林分郁闭度及受干扰的状况有关。

然而，就武功山地区而言，对其研究还远远不够，尤其是缺乏对武功山地区植物区系的全面系统性调查及总体区系特征性质的理论阐述，这既是未来研究的重点，也是本研究的主要立足点。

第2章 武功山地区自然概况及研究方法

武功山地区是罗霄山脉的重要组成部分。在罗霄山脉的 5 个山体脉构成中，武功山脉位居中间，其南部为万洋山脉、褚广山脉，北部为九岭山脉、幕阜岭山脉。该区地形复杂、山势险峻，有山地、峡谷、丘陵等地形，伴有溶沟、洼地孤峰等。它们共同组成一道天然屏障，夏季截留了东南方的海洋暖湿气流，形成大量降雨；冬季阻挡了西北方南下的寒潮，带来丰厚雪水，使罗霄山脉地区具有各种典型的中亚热带山地森林植被类型，并且该区也是中国大陆东部第三级阶梯重要的生态和气候交汇区。正是由于特殊的地理环境，使得这里植物资源丰富。

由于 20 世纪 50—60 年代"大跃进"时期大炼钢铁导致植物资源遭到很大程度破坏，近几年虽然相关部门进行了治理，但该地区旅游业发展迅速且滥牧、滥伐现象仍存在，导致很多植物未曾调查清楚却已遭破坏，该区的植物种类亟待全面的调查研究。为了能更加全面和准确地反映出目前该区的植物种类和历史演化，我们选取这一特殊地区，通过多次野外考察、采集标本和查阅资料，对本区的植物进行了完整的调查和研究。

2.1 武功山地区自然概况

2.1.1 地理位置

武功山地区位于江西省与湖南省边境的罗霄山脉中段，位于东经 113°10′~115°21 和北纬 26°18′~28°10′，呈东北西南走向，由武功山、明月山森林公园、羊狮幕自然保护区、高天岩自然保护区、锅底潭自然保护区、湖里湿地自然保护区、蒙山等及其周边地域组成，行政区划上包括江西省的袁州区、安福县、芦溪县、莲花县、分宜县、上高县、渝水区，以及湖南省茶陵县、攸县的一部分，总面积约 17 000 km²。相对高差较大，最高为武功山金顶 1918.3 m，最低为湖里湿地不足 200 m。东、西分别与武夷山地区、武陵山地区相望，南、北分别占万洋山区和九岭山区相接，是华东、华中、华南 3 个地区的交汇地带（图2.1、图2.2）。

2.1.2 地质地貌

武功山脉位于华夏地块与扬子地块碰撞缝合带南侧（陆松年，1984）和华南加

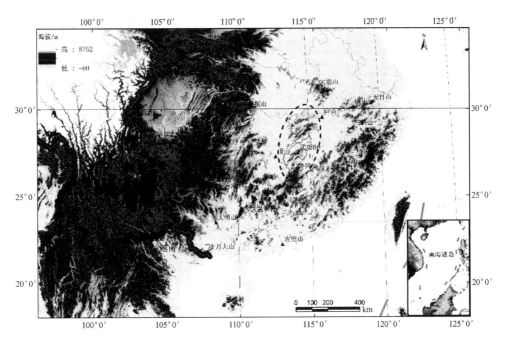

图 2.1　武功山地区的地理位置

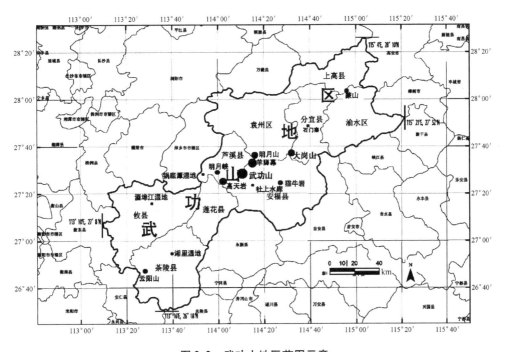

图 2.2　武功山地区范围示意

里东褶皱带中段北缘（汤加富，1991）。该区出露有寒武纪、奥陶纪、志留纪、泥盆纪等时期发育的各类完整而古老的地层。武功山脉主体山地的岩层构造主要为寒武

15

纪、奥陶纪沉积变质岩，以燕山晚期火成岩为主，在印支—燕山期板块多次的碰撞过程中，通过重熔、多次岩浆强力底辟侵位引起地壳局部隆升，形成穹隆状构造，并发生伸展滑覆构造现象（刘细元 等，2016）。武功山地区整体地貌以中山为主，并逐级向中低山、低山过渡，整个山势呈东南高、西北低，蕴含诸多天然溶洞、飞瀑、绝岩等特殊生境（吴新雄，2009）。该区以峰崖地貌、花岗核杂岩构造为主，有溶沟、洼地、孤峰等发育，在地下又形成了形状奇特、大小不一的暗河和溶洞（罗成凤，2014）。

2.1.3 气候特征

武功山属于亚热带湿润季风气候，受特殊地形影响，具有冬寒夏凉，春秋相连的特点（廖铅生，2008）。年平均气温为 14.237 ℃，最高月平均气温为 24.468 ℃（7 月），最低月平均气温为 3.211 ℃（1 月），年均雨量 1723.336 mm，相对湿度 81.788%，年总辐射量为 4356.795 MJ/m² （孙林，2016a、2016b）。具有雨量充沛、气候温凉、空气潮湿、日照较少的特点。赣江流域的袁水、禾水，湘江流域的萍水贯穿其间，形成的袁水、萍水河谷是湘赣间重要的天然通道（林燕春 等，2010）。

2.1.4 土壤特征

武功山地区土壤共有 9 个土类，16 个亚类，55 个属，由 12 类成土母质构成了 150 个土种，最常见的成土母质有花岗岩、砂岩、片麻岩、千枚岩，构成了以高山草甸土、山地黄壤土、山地黄棕壤土、红壤土及紫色土为主的土壤类型（林燕春 等，2010）。

2.1.5 植被概况

武功山地区的地带性植被是亚热带常绿阔叶林（程晓，2014）。主要植被类型有：①常绿阔叶林。垂直分布于 800 m 以下，主要是由樟科、山茶科、金缕梅科、蔷薇科、冬青科等常绿树种组成，终年常绿。如人工林有毛竹、枫香、杉木、樟树等，在安福县等区域也存在大量野生的樟树林；野生林主要有青冈林、甜槠林、蚊母树林、木荷林等，多存在于人迹罕见、地形较为陡峭或受保护的地区。②常绿—落叶阔叶混交林。主要分布于海拔 600～1500 m，常见的有青冈林、木荷林、赤杨叶林、宜昌润楠林等，落叶树种以朴属、榆属、青檀属、黄连木属、榉属等种类为主。③灌丛和灌草丛主要分布在海拔 1200 m 以上区域，如明月山地区由西施花、圆锥绣球、吊钟花等植物组成的山地灌丛，武功山景区有柃叶连蕊茶群落、高天岩山顶的杜鹃灌丛等。④针叶林。分布于海拔 600～1500 m 的地区，在武功山地区分布较少，只在明月山、羊狮幕等地区有分布，如黄山松林、柳杉林等。羊狮幕地区北坡分布有一定面积的铁杉群落。⑤山顶草甸。主要分布在武功山金顶（白鹤峰）1500 m以上地区。分为禾草草甸、薹草草甸和杂草类草甸（罗成凤，2014）。植物主要类群为禾本科、莎草科、菊科。

2.2　研究的意义、内容和方法

2.2.1　研究意义

根据华夏植物区系理论，二叠纪以来在华南地台及毗邻地区有着丰富的大羽羊齿 Gigantopteris 类种子蕨植物群（张宏达，1980），它们极有可能是有花植物的先驱（张宏达，1986a）。武功山脉地处华夏板块与扬子板块的交界地带，所属范围内的萍乡晚二叠纪地层中就曾发现烟叶大羽羊齿 Gigantopteris nicotianaefolia 化石，具有单叶、不规则网脉等特点，张宏达认为烟叶大羽羊齿、心叶大羽羊齿 Gigantopteris cordata 应属于被子植物的原始代表（张宏达，1980）。此外，武功山地区还发现有中生代裸子植物化石，如吉安枝羽叶 Ctenozamites jianensis （吉安晚三叠世）、假敏思侧羽叶 Pterophyllum pseudomunsteri （萍乡晚三叠至早侏罗纪）化石等（孙克勤 等，2016；王士俊 等，2016）。这表明武功山地区在我国早期种子植物演化过程中起到了重要的作用。

罗霄山脉是冰期避难所，孑遗种、珍稀种的聚集地，也是中国大陆东部第三级阶梯最为重要的生态和气候交汇区。武功山地区位于江西省与湖南省边境，地质地貌复杂，存在溶沟、洼地、孤峰等特殊生境，有着丰富的植物资源，不仅是罗霄山脉重要组成部分，且居于5个重要山体的中间，承接东西南北生物多样性在此汇聚。对该区种子植物进行系统调查和区系分析具有重要的理论意义和实践价值。

（1）通过对武功山地区进行比较全面彻底的调查，明确其植物种类、优势群落的组成，为将来植物资源的开发利用和保护提供理论依据。

（2）通过探究武功山地区植物区系成分和与相邻地区植物区系进行比较，揭示该区植物区系的特征和性质，同时还能进一步明确武功山地区在我国乃至整个东亚植物区系中的作用和地位，为种子植物的分区和自然区划提供理论依据。

（3）一个地区的植物区系是在特定自然历史条件下形成的，因此对武功山地区植物区系进行研究，有助于进一步认识该区植物区系来源、演化过程。同时，也有利于我们对该区的自然历史过程和人为影响程度的了解，进而对开展生物多样性保护与利用具有重要的指导意义。

2.2.2　研究内容

（1）对武功山地区植物进行本地调查，并采集标本和分类鉴定。对植物科属种组成和地理成分组成进行分析，包括对该区的优势科和表征科的确定、地理分布及它们的区系分析，对属组成和分布区类型分析，对种的分布区类型分析。

（2）对武功山地区植物区系中植物特有现象分析，包括中国特有的科和属的统计分析，以及对中国特有种分为华东—湖南—华中、华东—华中、华南—华东、华南、华东、华中、江西特有 7 个分布区进行统计和分析。

（3）武功山地区植物区系与其他地区植物区系的关系研究，通过物种丰富度、相似性、区系分区（聚类分析）进行分析，以明确武功山地区种子植物区系的归属问题。

（4）武功山地区珍稀濒危及国家重点保护植物的研究，通过对濒危物种及国家重点保护植物的组成和分布格局分析，对其致危的原因进行分析及提出合理的保护建议。

2.2.3 研究方法

（1）植物野外调查、标本采集与鉴定。分春、夏、秋、冬不同季节，对武功山地区进行植物调查和标本采集，并拍摄带 GPS 标记的野生照片作为虚拟标本。2014年 7 月至 2017 年 7 月，笔者多次前往武功山地区植被保存较好的各级自然保护区、森林公园、自然山地等进行考察。整个项目对该区考察前后共 16 次，达 151 天，采集标本 8849 号（表 2.1）。参考《Flora of China》《中国高等植物》《中国植物志》和《江西植物志》对其进行鉴定。对于疑难标本，先查阅国内标本馆同类标本，进行形态学比较，再请相关领域的专家进行鉴定，保证分类的科学性和准确性。对疑难物种及其同属物种进行分子学研究，采集 DNA 材料，便于将来做分子鉴定或其他相关研究。

表 2.1　武功山地区种子植物考察情况

时间	天数	地点	标本号数
2013 年 8 月 10 日—8 月 29 日	20	吉安市安福县、莲花县等	831
2014 年 1 月 11 日—1 月 18 日	8	武功山、高天岩、羊狮幕等	216
2014 年 3 月 14 日—3 月 27 日	14	武功山金顶、发云界、羊狮幕等	289
2014 年 7 月 12 日—7 月 18 日	7	茶陵县（桃坑镇、火田镇、八团乡等）	773
2014 年 9 月 27 日—10 月 21 日	25	猫牛岩、新余蒙山、锅底潭、明月山、三天门等	738
2014 年 11 月 4 日—11 月 9 日	6	湖里湿地、武功山金顶、锅底潭、羊狮幕等	128
2015 年 4 月 21 日—5 月 1 日	11	明月山、高天岩、武功湖、湖里湿地、新余蒙山	593
2015 年 5 月 26 日—6 月 6 日	12	坳上林场、锅底潭等	816
2015 年 9 月 21 日—10 月 12 日	22	猫牛岩、锅底潭、明月山、三天门、新余蒙山等	4012

续表

时间	天数	地点	标本号数
2016 年 4 月 27 日—4 月 30 日	4	茶陵、攸县、武功山金顶等	150
2016 年 6 月 13 日—6 月 14 日	2	攸县凉江村	10
2016 年 8 月 19 日—8 月 20 日	2	攸县凉江村	6
2016 年 6 月 20 日—6 月 26 日	7	武功山、明月山、羊狮幕等	150
2017 年 5 月 4 日—5 月 9 日	6	羊狮幕、明月山、武功湖等	125
2017 年 5 月 17 日—5 月 18 日	2	羊狮幕	2
2017 年 7 月 5 日—7 月 6 日	2	武功山红岩谷	10
合计	151		8849

（2）名录整理。通过室内 30 000 余份标本的整理和鉴定，以此为基础，同时为补充野外考察采集工作的不完整性，进一步查阅、核实和整理文献资料完善武功山地区种子植物名录。查阅《江西植物志》（第二卷、第三卷、第四卷），《湖南植物志》（第二卷、第三卷）中物种分布区的记载资料，以及《中国数字植物标本馆》《中国国家标本资源平台》《江西大岗山森林生物多样性研究》和《萍乡市种子植物名录》。全面汇总后整理出《武功山地区植物名录》，包括科名、属名、种名、分布范围、地理分布型等，其中的植物科、属、种以《Flora of China》为准。

（3）植物区系分析。①区系组成分析：在植物科、属、种的统计基础上，分析物种组成结构，并按科、属大小顺序列表，确定优势科属、表征科等，分析它们的区系及生态意义。②地理成分分析：根据吴征镒等对种子植物划分的分布区类型的标准（吴征镒 等，2006；吴征镒 等，2010），分别按科属种 3 个层次探讨该区植物区系性质及组成。避免植物区系分析中常犯的一些错误（朱华，2007）。③特有成分分析：对武功山地区植物区系中植物特有现象进行分析，包括中国特有的科和属的统计分析，对中国特有种分别按照华东—湖南—华中、华东—华中、华南—华东、华南、华东、华中、江西特有 7 个分布区进行统计和分析。④与其他地区进行比较：利用相似性系数、综合系数等数量指标及 SPSS19.0 对相邻地区进行比较，并用模糊聚类的方法进行聚类。

（4）根据调查资料，按照已颁布的《中国珍稀濒危保护植物名录》《国家重点保护野生植物名录》和《中国物种红色名录》等，统计分析武功山地区珍稀濒危及国家重点保护植物科属种的组成、生活习性，对分布格局进行研究。

2.3　技术路线

技术路线如图 2.3 所示。

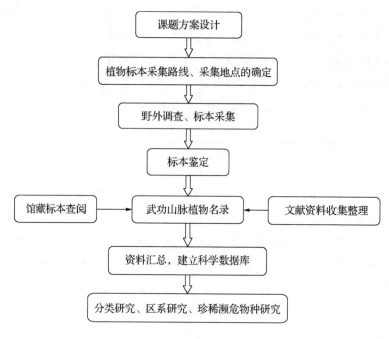

图 2.3　技术路线

第3章 武功山地区种子植物科的统计分析

在植物区系地理学研究中，科的统计分析是其研究的重要组成部分，通过科的统计分析可以初步了解区系性质及它与更为古老区系的联系。其主要内容包括该区科的大小组成分析、优势科和表征科的分析、科的地理成分分析及特有成分分析。

通过2013—2017年我们对武功山地区10多次的野外调查、标本采集，参考《中国植物志》《江西植物志》《江西植物名录》等，在此基础上编写形成《武功山地区种子植物名录》。通过统计名录得到该区共有种子植物165科804属2068种，分别占江西省种子植物（228科1332属4120种）（《江西植物志》编辑委员会，1993、2004）的72.37%、60.36%、50.19%。

3.1 科的大小分析

根据科内种属的组成数量，按照属数的大小依次排列，当所含种数和属数相同时，则按照《Flora of China》的科号顺序进行排列，将武功山地区种子植物的165个科排列，如表3.1所示。

表3.1 武功山地区种子植物科的组成排列

科名	属数	种数	科名	属数	种数
裸子植物			蔷薇科 Rosaceae	24	100
柏科 Cupressaceae	4	5	豆科 Fabaceae	42	93
松科 Pinaceae	2	3	百合科 Liliaceae	25	69
杉科 Taxodiaceae	2	2	莎草科 Cyperaceae	14	65
罗汉松科 Podocarpaceae	2	2	唇形科 Lamiaceae	28	60
红豆杉科 Taxaceae	2	2	樟科 Lauraceae	8	56
三尖杉科 Cephalotaxaceae	1	2	荨麻科 Urticaceae	13	45
银杏科 Ginkgoaceae	1	1	兰科 Orchidaceae	24	43
被子植物			茜草科 Rubiaceae	21	42
科名	属数	种数	玄参科 Scrophulariaceae	18	41
禾本科 Poaceae	67	121	山茶科 Theaceae	9	40
菊科 Asteraceae	49	112	壳斗科 Fagaceae	6	38

续表

科名	属数	种数	科名	属数	种数
蓼科 Polygonaceae	6	37	金缕梅科 Hamamelidaceae	8	11
葡萄科 Vitaceae	7	35	防己科 Menispermaceae	7	11
大戟科 Euphorbiaceae	13	31	野牡丹科 Melastomataceae	6	11
毛茛科 Ranunculaceae	10	31	十字花科 Brassicaceae	5	11
冬青科 Aquifoliaceae	1	31	木通科 Lardizabalaceae	4	11
虎耳草科 Saxifragaceae	14	30	萝藦科 Asclepiadaceae	4	11
杜鹃花科 Ericaceae	8	29	薯蓣科 Dioscoreaceae	1	11
马鞭草科 Verbenaceae	7	27	旋花科 Convolvulaceae	7	10
卫矛科 Celastraceae	5	26	紫草科 Boraginaceae	6	10
伞形科 Apiaceae	14	25	天南星科 Araceae	5	10
桑科 Moraceae	6	22	马兜铃科 Aristolochiaceae	3	10
五加科 Araliaceae	9	21	柳叶菜科 Onagraceae	3	10
芸香科 Rutaceae	7	19	山矾科 Symplocaceae	1	10
鼠李科 Rhamnaceae	6	18	漆树科 Anacardiaceae	4	9
报春花科 Primulaceae	4	17	小檗科 Berberidaceae	5	9
石竹科 Caryophyllaceae	9	16	罂粟科 Papaveraceae	3	9
木犀科 Oleaceae	6	16	龙胆科 Gentianaceae	3	9
堇菜科 Violaceae	1	16	清风藤科 Sabiaceae	2	9
葫芦科 Cucurbitaceae	9	15	杜英科 Elaeocarpaceae	2	9
安息香科 Styracaceae	6	15	藤黄科 Clusiaceae	2	9
五福花科 Adoxaceae	2	15	胡颓子科 Elaeagnaceae	1	9
桔梗科 Campanulaceae	7	14	鸭跖草科 Commelinaceae	5	8
木兰科 Magnoliaceae	6	14	苋科 Amaranthaceae	4	8
紫金牛科 Myrsinaceae	4	14	椴树科 Tiliaceae	4	8
凤仙花科 Balsaminaceae	1	13	泽泻科 Alismataceae	4	8
榆科 Ulmaceae	7	12	瑞香科 Thymelaeaceae	3	8
爵床科 Acanthaceae	7	12	景天科 Crassulaceae	2	8
茄科 Solanaceae	6	12	山茱萸科 Cornaceae	1	8
苦苣苔科 Gesneriaceae	6	12	柿树科 Ebenaceae	1	8
槭树科 Aceraceae	1	12	水鳖科 Hydrocharitaceae	6	7
猕猴桃科 Actinidiaceae	1	12	锦葵科 Malvaceae	5	7

续表

科名	属数	种数	科名	属数	种数
千屈菜科 Lythraceae	4	7	夹竹桃科 Apocynaceae	4	5
姜科 Zingiberaceae	4	7	桦木科 Betulaceae	3	5
五味子科 Schisandraceae	2	7	金粟兰科 Chloranthaceae	2	5
秋海棠科 Begoniaceae	1	7	远志科 Polygalaceae	2	5
黄杨科 Buxaceae	3	6	灯心草科 Juncaceae	2	5
败酱科 Valerianaceae	2	6	八角枫科 Alangiaceae	1	5
忍冬科 Caprifoliaceae	1	6	桤叶树科 Clethraceae	1	5
胡桃科 Juglandaceae	5	5	眼子菜科 Potamogetonaceae	1	5
含2~4个种的科 37 科 62 属 100 种 （不含裸子植物）			含1个种的科 30 科 30 属 30 种 （含裸子植物）		

合计：165 科、804 属、2068 种

根据野外考察和可靠文献查阅表明，武功山地区有裸子植物 7 科、14 属、17 种，分别是柏科 Cupressaceae（4 属/5 种，下同）、松科 Pinaceae（2/3）、杉科 Taxodiaceae（2/2）、罗汉松科 Podocarpaceae（2/2）、红豆杉科 Taxaceae（2/2）、三尖杉科 Cephalotaxaceae（1/2）、银杏科 Ginkgoaceae（1/1），科、属、种分别占江西野生裸子植物 9 科 23 属 35 种（江西植物志编辑委员会，1993）的 77.78%、60.87%、48.57%，占中国野生裸子植物 12 科 34 属 230 种的 58.33%、41.18%、7.39%。裸子植物中松科、杉科是本区针叶林的主体。

由武功山地区种子植物科组成的排列顺序（表 3.1）可知，数量在 90 种以上的科有 4 个，其中最多的科是禾本科 Poaceae，含 67 属 121 种，其次为菊科 Asteraceae 含 49 属 112 种，再次为蔷薇科 Rosaceae 含 24 属 100 种，最后为豆科 Fabaceae 含 42 属 93 种。4 科共计 182 属、426 种，占该地区总属数的 22.64%，占总种数的 20.60%。禾本科是世界性分布的大科且种类是单子叶植物中仅次于兰科的第二大科，分布上比兰科更为广泛且个体远为繁茂。菊科广泛分布于全世界，有 25 000~30 000 种，热带分布较少，在该区得到了较好的发展。豆科广泛分布于全世界，约 18 000 种，我国有 172 属 1667 种（含亚种、变种和变型），武功山地区有 42 属 93 种，分别约占我国总数的 24.42%、5.58%。蔷薇科分布于全世界，北温带较多，共有 3300 余种，我国有 51 属 1069 种，武功山地区分别约占我国总数的 47.06%、9.35%。

含 51~89 种的科有 4 科，分别为百合科 Liliaceae（25/69）、莎草科 Cyperaceae（14/65）、唇形科 Lamiaceae（28/60）和樟科 Lauraceae（8/56），4 科共计 75 属、250 种，分布占该区总数的 9.33%、12.09%。百合科广泛分布于全世界，特别是亚

热带和温带地区，约有 3500 种，我国有 335 种，遍及全国，武功山地区占全国总数的 20.60%。莎草科多为多年生草本，世界约有 4000 种，我国有 668 种，广泛分布于全国，武功山地区占全国总数的 9.73%，多生长在潮湿和沼泽地区。唇形科是世界分布性较大的科，约 220 属 3500 余种，其中单种和寡种属都是约占 1/3，我国有 755 余种，武功山地区约占全国总数的 7.95%。樟科为木本植物中一个较大的植物类群，全世界有 2000~2500 种，分布在热带和亚热带地区，东南亚和巴西是分布中心，我国约有 471 种（含变种和变型），武功山地区占我国总数的 11.89%。

含 11~50 种的有 44 科，分别是荨麻科 Urticaceae（13/45）、兰科 Orchidaceae（24/43）、茜草科 Rubiaceae（21/42）、玄参科 Scrophulariaceae（18/41）、山茶科 Theaceae（9/40）、壳斗科 Fagaceae（6/38）、蓼科 Polygonaceae（6/37）、葡萄科 Vitaceae（7/35）、大戟科 Euphorbiaceae（13/31）、毛茛科 Ranunculaceae（10/31）、冬青科 Aquifoliaceae（1/31）、虎耳草科 Saxifragaceae（14/30）、杜鹃花科 Ericaceae（8/29）、马鞭草科 Verbenaceae（7/27）、卫矛科 Celastraceae（5/26）、伞形科 Apiaceae（14/25）、桑科 Moraceae（6/22）、五加科 Araliaceae（9/21）、芸香科 Rutaceae（7/19）、鼠李科 Rhamnaceae（6/18）、报春花科 Primulaceae（4/17）、石竹科 Caryophyllaceae（9/16）、木犀科 Oleaceae（6/16）、堇菜科 Violaceae（1/16）、葫芦科 Cucurbitaceae（9/15）、安息香科 Styracaceae（6/15）、五福花科 Adoxaceae（2/15）、桔梗科 Campanulaceae（7/14）、木兰科 Magnoliaceae（6/14）、紫金牛科 Myrsinaceae（4/14）、凤仙花科 Balsaminaceae（1/13）、榆科 Ulmaceae（7/12）、爵床科 Acanthaceae（7/12）、茄科 Solanaceae（6/12）、苦苣苔科 Gesneriaceae（6/12）、槭树科 Aceraceae（1/12）、猕猴桃科 Actinidiaceae（1/12）、金缕梅科 Hamamelidaceae（8/11）、防己 Menispermaceae（7/11）、野牡丹科 Melastomataceae（6/11）、十字花科 Brassicaceae（5/11）、木通科 Lardizabalaceae（4/11）、萝藦科 Asclepiadaceae（4/11）、薯蓣科 Dioscoreaceae（1/11），共有 322 属、945 种，分别占该地区总数的 40.05%、45.70%。

含 2~10 种的科有 83 科、195 属、417 种（含裸子植物），分别占该区总数的 50.30%、24.25%、20.16%，如旋花科 Convolvulaceae（7/10）、苋科 Amaranthaceae（4/10）、山矾科 Symplocaceae（1/10）、泽泻科 Alismataceae（4/8）、石蒜科 Amaryllidaceae（3/3）、桑寄生科 Loranthaceae（2/4）、马齿苋科 Portulacaceae（2/2）等。

本区中含 1 种的有 30 科（含裸子植物），占该区总数的 18.18%。莼菜科 Cabombaceae（1/1）、透骨草科 Phrymaceae（1/1）、蛇菰科 Balanophoraceae（1/1）、古柯科 Erythroxylaceae（1/1）、大麻科 Cannabaceae（1/1）、桃叶珊瑚科 Aucubaceae（1/1）、檀香科 Santalaceae（1/1）等，其中杜仲科 Eucommiaceae（1/1）、伯乐树科 Bretschneideraceae（1/1）、银杏科 Ginkgoaceae（1/1），为世界单型科，占含 1 种的

科的10.00%。

从表3.2可以看出，武功山地区科的组成主要是以2~10种和11~50种的科为主，约占科总数的76.97%，包括64.30%的属和65.86%的种。含1种的科只有30科，占该区总数的18.18%，比例较低；含2~10种的有83科，占该区总数的50.3%，比例最高；11~50种的44科，占该区总数的26.67%；51种以上的仅仅8科，比例较小。可见，武功山种子植物区系中含11~50种的科其种系大多得到一定程度分化，这些科内种的多样化程度比较丰富。总体来看，本区种子植物科的多样性丰富，但科内种分化程度不高，大致处于中等水平，说明本区既具有一定古老性也具有一定年轻性，这也是整个罗霄山脉的共同特征。

表3.2 武功山地区种子植物科的大小组成

类群	含1种的科（属/种）	含2~10种的科（属/种）	含11~50种的科（属/种）	含51~89种的科（属/种）	含90种以上的科（属/种）
裸子植物	1（1/1）	6（13/16）	—	—	—
被子植物	29（29/29）	77（182/401）	44（322/945）	4（75/250）	4（182/426）
合计	30（30/30）	83（195/417）	44（322/945）	4（75/250）	4（182/426）
科/属/种占总数的比/%	18.18/3.73/1.45	50.30/24.25/20.16	26.67/40.05/45.70	2.42/9.33/12.09	2.42/22.64/20.60

3.2 优势科和表征科分析

植物区系优势科是描述一个地区植物区系特征的重要指标，是指在植物区系中所包含属、种数相对较多的科，它们有助于从整体上把握植物区系的组成和特征，其确定需依靠一定的数量标准。不同学者对优势科的确定有所差别，崔大方（2000）将所含种类具有一定数量优势且起群落建群作用的科定为优势科。廖文波（2014）在开展井冈山地区植物区系研究时先对该区科含属和种数量进行递进累加排序，当种数和属数均超过总数的50%时，则定位为该区的优势科。我们采用廖文波的做法来确定武功山地区种子植物中的优势科，结果表明该区共有优势科21科，含407属1149种（表3.3），分别占该区总数的12.73%、50.62%、55.56%。其中蔷薇科、樟科、壳斗科、山茶科、冬青科、杜鹃花科等是该区乔木层的优势科，而禾本科、菊科、豆科、百合科、莎草科、唇形科、玄参科、茜草科、荨麻科、蓼科、兰科、葡萄科、大戟科、毛茛科、虎耳草科等是该区灌草层的优势科。

武功山地区种子植物区系及珍稀濒危保护植物研究

表3.3　武功山地区种子植物数量优势科

序号	科名	武功山属数	武功山种数	中国种数	武功山占中国比例	世界种数	武功山占世界比例	科分布区类型
1	禾本科 Poaceae	67	121	1360	8.90%	10025	1.21%	8
2	菊科 Asteraceae	49	112	2428	4.61%	22750	0.50%	8
3	蔷薇科 Rosaceae	24	100	1667	6.00%	1800	5.56%	1
4	豆科 Fabaceae	42	93	1069	8.70%	2830	3.29%	8
5	百合科 Liliaceae	25	69	335	20.60%	2000	3.45%	8
6	莎草科 Cyperaceae	14	65	668	9.73%	4350	1.50%	1
7	唇形科 Lamiaceae	28	60	755	7.94%	3500	1.71%	8
8	樟科 Lauraceae	8	56	471	11.89%	2500	2.24%	1
9	荨麻科 Urticaceae	13	45	652	6.90%	4500	0.01%	1
10	兰科 Orchidaceae	24	43	594	7.24%	11150	0.39%	1
11	茜草科 Rubiaceae	21	42	238	17.65%	1300	3.23%	1
12	玄参科 Scrophulariaceae	18	41	324%	12.65	670	6.12%	1
13	山茶科 Theaceae	9	40	274	14.60%	610	6.56%	1
14	壳斗科 Fagaceae	6	38	227	16.74%	1100	3.45%	8
15	蓼科 Polygonaceae	6	37	993	3.73%	21950	0.17%	1
16	葡萄科 Vitaceae	7	35	143	24.48%	850	4.12%	1
17	大戟科 Euphorbiaceae	13	31	363	8.54%	8910	0.35%	8
18	毛茛科 Ranunculaceae	10	31	735	4.22%	2525	1.23%	1
19	冬青科 Aquifoliaceae	1	31	204	15.20%	405	7.65%	8
20	虎耳草科 Saxifragaceae	14	30	718	4.18%	3995	0.75%	3
21	杜鹃花科 Ericaceae	8	29	554	5.23%	1200	2.42%	8

注：1表示世界分布；2表示泛带分布；3表示热带亚洲和热带美洲间断分布；4表示旧世界热带分布；5表示热带亚洲至热带大洋洲分布；6表示热带亚洲至热带非洲分布；7表示热带亚洲分布；8表示北温带广布；9表示东亚和北美洲间断分布；10表示欧亚温带分布或旧世界温带分布；11表示温带亚洲分布；12表示地中海、西亚至中亚分布；13表示中亚分布；14表示东亚分布，其中14SJ表示中国日本变型，14SH表示中国喜马拉雅变型；15表示中国特有分布，其中15-1表示华东—华中分布，15-3表示横断山区分布。表3.5同。

　　表征科是表征一个植物区系组成的代表性的科，其必须满足两个条件：一方面，该科所含种的数量占研究区系总种数的比例较高；另一方面，该科在该区系分布的种数占世界分布的种数比例较高。当然，比例大小需要依据所研究区系的具体情况来定

（韦毅刚，2008）。为了确定武功山地区种子植物的表征科，对武功山地区165科中武功山地区所含种数占世界总种数比例大小进行排序，并将比例在10%以上的列出，如表3.4所示。此外，进一步列举武功山地区科含种数在8种以上、占世界比例在5%以上的科（表3.5）。

表3.4　武功山地区种子植物科含种数占世界比例较高的科

序号	科名	武功山种数	中国种数	世界种数	武功山占世界比例	科分布区类型
1	木通科 Lardizabalaceae	11	37	50	22.00%	3
2	清风藤科 Sabiaceae	9	46	80	11.25%	7
3	胡颓子科 Elaeagnaceae	9	74	90	10.00%	8
4	山茱萸科 Cornaceae	8	25	55	14.55%	8
5	五味子科 Schisandraceae	7	29	39	17.95%	9
6	八角枫科 Alangiaceae	5	7	21	23.81%	4
7	八角科 Illiciaceae	4	27	40	10.00%	9
8	交让木科 Daphniphyllaceae	3	10	30	10.00%	7
9	菖蒲科 Acoraceae	2	2	2	100.00%	8
10	三白草科 Saururaceae	2	4	6	33.33%	9
11	杉科 Taxodiaceae	2	9	12	16.67%	8
12	旌节花科 Stachyuraceae	2	7	8	25.00%	14
13	三尖杉科 Cephalotaxaceae	2	6	11	18.18%	14
14	七叶树科 Hippocastanaceae	2	5	15	13.33%	8
15	锦带花科 Diervillaceae	2	2	15	13.33%	9
16	银杏科 Ginkgoaceae	1	1	1	100.00%	15
17	透骨草科 Phrymaceae	1	1	1	100.00%	9
18	莲科 Nelumbonaceae	1	1	1	100.00%	9
19	杜仲科 Eucommiaceae	1	1	1	100.00%	15
20	菱科 Trapaceae	1	2	2	50.00%	10
21	连香树科 Cercidiphyllaceae	1	1	2	50.00%	14SJ
22	伯乐树科 Bretschneideraceae	1	1	2	50.00%	15
23	青荚叶科 Helwingiaceae	1	3	4	25.00%	7
24	大麻科 Cannabaceae	1	3	4	25.00%	8
25	瘿椒树科 Tapisciaceae	1	2	6	16.67%	15

续表

序号	科名	武功山种数	中国种数	世界种数	武功山占世界比例	科分布区类型
26	金鱼藻科 Ceratophyllaceae	1	3	6	16.67%	1
27	莼菜科 Cabombaceae	1	2	6	16.67%	1
28	桃叶珊瑚科 Aucubaceae	1	10	10	10.00%	14

从表3.4可知，在武功山地区种子植物的科含种数占世界比例较高的科有28科，包括世界广布科有2科、热带分布科有5科、温带科有17科，中国特有分布有4科，其中温带分布的科在28科中占60.71%，即以温带分布的科具有极大优势，如杉科、山茱萸科、三白草科、莲科等。从表3.5中可知，在武功山地区种子植物科含种数在8种以上且占世界比例在5%以上的科有15科，如木通科、山茱萸科、清风藤科等，这些科非常有代表性。

表3.5　武功山地区种子植物科含种数在8种以上且占世界比例较高的科

序号	科名	武功山种数	中国种数	世界种数	武功山占世界的比例	科分布区类型
1	豆科 Fabaceae	93	1667	1800	5.17%	1
2	壳斗科 Fagaceae	38	324	670	5.67%	8
3	山茶科 Theaceae	40	274	610	6.56%	2
4	冬青科 Aquifoliaceae	31	204	405	7.65%	2
5	槭树科 Aceraceae	12	101	131	9.16%	8
6	五福花科 Adoxaceae	15	81	220	6.82%	8
7	胡颓子科 Elaeagnaceae	9	74	90	10.00%	8
8	金缕梅科 Hamamelidaceae	11	74	140	7.86%	8
9	安息香科 Styracaceae	15	54	180	8.33%	3
10	清风藤科 Sabiaceae	9	46	80	11.25%	7
11	榆科 Ulmaceae	12	46	230	5.22%	1
12	山矾科 Symplocaceae	10	42	200	5.00%	2
13	木通科 Lardizabalaceae	11	37	50	22.00%	3
14	山茱萸科 Cornaceae	8	25	55	14.55%	8
15	泽泻科 Alismataceae	8	18	100	8.00%	1

通过对武功山地区植物数量优势科统计分析、科含种数占世界比例较高科统计分析及在植被组成中且在世界上占优势科的统计分析，结果表明，壳斗科、木通科、金

缕梅科、山茶科、安息香科、槭树科、冬青科、山矾科、胡颓子科、清风藤科等，在武功山地区具有重要的植物地理学指示意义，它们是武功山地区的表征科。

为了更好地了解武功山地区种子植物区系的特点，选择部分代表性类群进行如下分析。

（1）木兰科：木兰科是多心类的典型代表，一度被认为是一个被子植物古老的自然类群，是人们研究被子植物起源与演化的重要类群之一。该科全球共有 15 属，约 300 种，主要分布在亚洲东南部等地区，属于热带亚洲和北美间断分布类型（图3.1）。我国具有该科的大量属种，共 11 属，超过 100 种，主要分布在我国南部和西南部，因此，中国很可能是木兰科植物的发祥地（张冰，2001）。武功山地区木兰科有 6 属，含 14 种，基本为高大乔木，如鹅掌楸属 *Liriodendron* 的鹅掌楸 *Liriodendron chinense*、含笑属 *Michelia* 的乐昌含笑 *Michelia chapensis*、厚朴属 *Houpoea* 的厚朴 *Houpoea officinalis* 等。由此可见，武功山地区的木兰科植物在全国占有比较大的分量，或者包括武功山地区在内的区域应是木兰科的重要分布地。

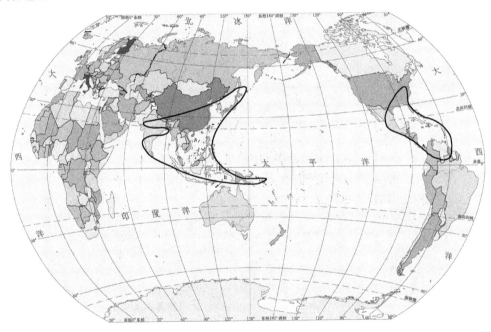

图 3.1　木兰科的分布区（仿刘玉壶，1995）

（2）猕猴桃科：猕猴桃科分为猕猴桃属 *Actinidia*、藤山柳属 *Clematoclethra* 和水东哥属 *Saurauia*，世界约 350 种，主要分布于亚洲，属于东亚分布（图3.2），其中猕猴桃属为中国特有属。我国 3 属全部具有，含 66 种，其中 52 种为中国特有。武功山地区只有猕猴桃属 1 属，含有 12 种。

该科最重要的猕猴桃属主要分布在亚洲东部，特别是以我国长江流域及以南地区

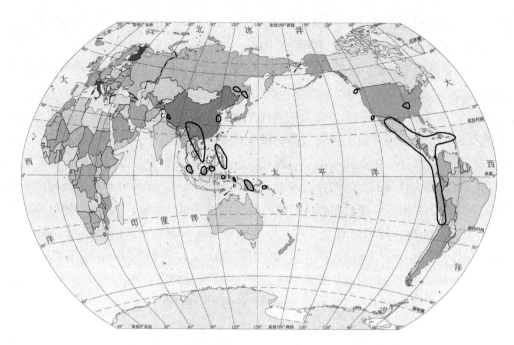

图 3.2　猕猴桃科的分布区（仿 Gilg et al.，1925）

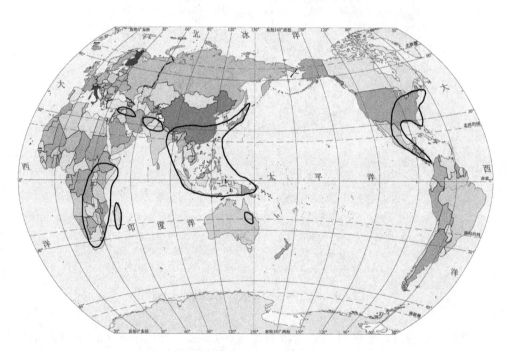

图 3.3　金缕梅科的分布区（仿张志耘，1995）

种类多且密度大。属中最原始的类群是净果组，主要分布在秦岭以南、横断山脉以东地区。斑果组是该属分布最西及唯一与喜马拉雅山区植物区系有联系的类群。糙毛组是该属中最不发达的类群，种的分布区散布、孤立。星毛组分布的最南部可到赤道附近，大多数分布在长江以南的大陆山，具有明显的亚热带分布的特点，与东南亚植物区系联系紧密。阔叶猕猴桃 *Actinidia latifolia* 和中华猕猴桃 *Actinidia chinensis* 是该组中分布很广的种，这也说明了该组具有较强的发育能力。通过以上的分析可知，秦岭以南、横断山脉以东猕猴桃属植物种类多、密度大且原始类群较多，因此，该区是猕猴桃属植物的现代分布中心，可能是该属的起源地。武功山地区位于该区域中，并且猕猴桃属植物种类较多且丰富，应该是该属起源地的重要组成部分。

（3）金缕梅科：中国长江以南至中南半岛北部地区是该科的分布中心，起源于劳亚古陆，是古老而复杂的植物类群（张志耘，1995）。主要分布于亚洲东部，是热带和亚热带山地分布科（图3.3）。全世界共有30属14种；我国共有18属74种，其中4属58种为中国特有。现代植物分类学将金缕梅科分为6个亚科，各亚科在我国均具有代表，其中原始类型的5个亚科8个属全部产于中国或以中国分布为中心，甚至为中国特有属。中国不仅有金缕梅亚科19属中的9属较为原始的属而且还集中分布着较为进化的植物类群，如蚊母树属 *Distylium*、水丝梨属 *Sycopsis* 等。在武功山地区金缕梅科植物有8属11种，不仅种类多且个体数量大，在该区植被中占据较重要的位置。

（4）山茶科：主要分布在亚洲的热带和亚热带地区（图3.4），全世界共有19属600种；我国共有12属274种，其中有2属204种是中国特有种，主要分布在长江以

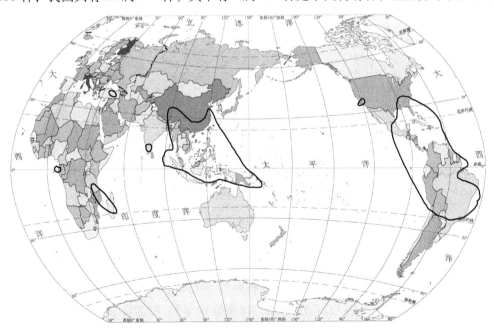

图3.4　山茶科的分布区（仿 Tianlu Min et al.，2007）

南各省区。化石资料证明，山茶科在白垩纪或更早就已经形成了一个较完整的科。武功山地区有山茶科植物 9 属 40 种，不仅有较为原始类群，如厚皮香属 Ternstroemia、杨桐属 Adinandra、山茶属 Camellia 等，而且还有较为进化的类群，如柃木属 Eurya、木荷属 Schima 等。无论是进化还是古老类群，都具有热带性质。因此，武功山地区山茶科植物起源较为古老且种间进化较为复杂。

（5）樟科：樟科是热带和亚热带植物区系里一个较重要的大科，世界有 45 属 2000 余种，主要分布在东南亚和巴西（图 3.5）。我国有 25 属 445 种，其中有 2 属 316 种为中国特有，主要集中分布在长江以南地区。樟科在武功山地区分布有 8 属 56 种，是该区种数较多的科，且绝大多数都是常绿植物，是构成常绿阔叶林的代表性成分。其中樟属 Cinnamomum、润楠属 Machilus、檫木属 Sassafras、楠属 Phoebe 等科成为乔木优势种，木姜子属 Litsea、新木姜子属 Neolitsea 等为林下常见成分。该属极少为落叶，如檫木属的檫木 Sassafras tzumu、山胡椒属 Lindera 的山胡椒 Lindera glauca 等。

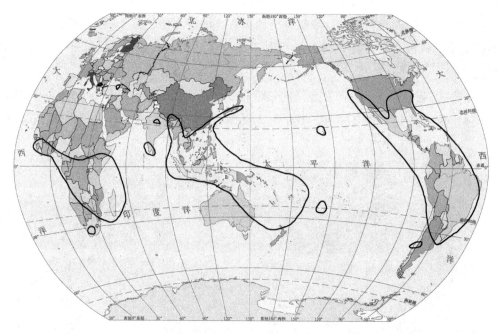

图 3.5　樟科的分布区（仿李树刚 等，2008）

（6）冬青科：主要分布于热带和亚热带地区（图 3.6），只有冬青属 1 属，含 500 余种。我国有 204 种，其中 149 种是特有种，主要分布于秦岭南坡、长江流域及以南地区，西南地区最多。武功山地区冬青属植物有 31 种，其中 18 种为中国特有，分别占全国的 15.20%、12.08%。冬青科是该区种类较多的科，并且分布较为广泛，是该区植被的重要类群，有的可达到森林上层，如冬青属 Ilex 的凹叶冬青 Ilex champi-

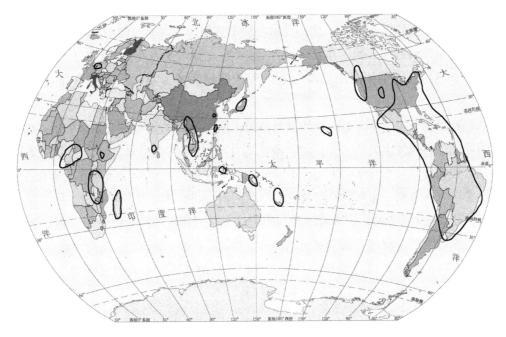

图 3.6 冬青科的分布区（仿陈书坤，2007）

onii、冬青 *Ilex chinensis*、大叶冬青 *Ilex latifolia* 等。

通过上述几个表征科的分析表明，这些科基本上都是以我国为分布中心或是主要分布地区，这些科有些起源古老且分布较广，是该区植被的主要类群。虽然有些科所含的属种数较少，但是它们能表征我国植物区系的特征，也能表征武功山地区植物区系的特征。根据分析结果表明，武功山地区植物区系具有一定的古老性，可能起源于亚热带地区。

3.3 科的地理成分分析

科的地理成分是植物区系分析的重要组成部分，并且科的地理成分能说明区系间悠久的历史渊源。根据种子植物科分布区类型的划分原则（吴征镒，2006；李锡文，1996），将武功山地区种子植物 165 科划分为 12 个分布区类型（表 3.6）。

其中包含科数最多的为泛热带分布科达 48 科，占武功山地区非世界分布科数的比例达 40.68%，其次为北温带分布科达 30 科，占非世界分布科的 25.42%；另外有中国特有分布科 4 科，占非世界分布科的 3.39%。世界分布科有 47 科，占该区总科数的 28.48%，比例较大，证明武功山地区种子植物区系与世界植物区系联系较为紧密；武功山地区热带性质的科（2~7 型）有 69 科，占该区非世界分布科的 58.48%；

温带性质的科（8～14 型）有 45 科，占该区非世界分布科的 38.14%；热带性质科与温带性质科的比值是 1.53。因此，武功山种子植物区系在科一级中热带成分占优势，表现出与热带植物区系的密切关联性，而 30 个北温带分布科、5 个东亚分布科及 4 个种特有科的出现则体现出武功山地区种子植物区系为东亚植物区系的重要组成部分。

科是植物分类学中最大的自然分类单位，同一科内的物种具有相似的形态结构，以及明确的系统发生关系（王荷生，1997）。科的分布区类型分析可在一定程度上解释洲际植物区系分布间断的形成，这一形成过程往往与地史变迁事件有着密切关系，如泛热带分布科的分布格局与劳亚古陆与冈瓦纳古陆解体有着直接关联（吴征镒 等，2006；Mao et al.，2010），东亚—北美间断分布科则与古特提斯海退却、北太平洋扩张及白令陆桥闭合事件有关（Wen，1999；Xiang et al.，2000）。武功山地区种子植物共 165 科，可分为 12 个地理分布区类型，多样的地理分布类型表明武功山地区的种子植物区系形成历史悠久，区系来源复杂。

表 3.6　武功山地区种子植物科的分布区类型

序号	科的分布区类型	武功山科数	占非世界科比例
1	世界分布	47	—
2	泛热带分布	48	40.68%
3	热带亚洲和热带美洲间断分布	12	10.17%
4	旧世界热带分布	4	3.39%
5	热带亚洲至热带大洋洲分布	1	0.85%
6	热带亚洲至热带非洲分布	1	0.85%
7	热带亚洲分布	3	2.54%
8	北温带分布	30	25.42%
9	东亚和北美洲间断分布	7	5.93%
10	旧世界温带分布	3	2.54%
11	温带亚洲分布	0	0
12	地中海、西亚至中亚分布	0	0
13	中亚分布	0	0
14	东亚分布	5	4.24%
15	中国特有分布	4	3.39%
	合计	165	

（1）世界分布科：世界分布科为相对的含义，泛指那些在世界各大洲均有分布的科，又称为世界广布科（Widespread），这一分布型的科在一定程度上可体现出世界各大洲区系发生的关联性，但由于广布科的形成常伴随着人类活动而发生，难以确定广布科的形成及分化中心，因此，在实际的区系研究中一般扣除不进行分析。武功山地区世界分布科共有 47 科，占总科数的 28.49%，包括禾本科、菊科、豆科、蔷薇科 4 个大科，这几个科也是世界性的大科，它们广布于武功山地区，是该区最有优势的科。在该类型分布中主要以草本为主要类群，如蓼科、莎草科、毛茛科、白花菜科、十字花科、景天科、酢浆草科、柳叶菜科、伞形科、报春花科、兰科、泽泻科等，其中泽泻科、眼子菜科、睡莲科、莼菜科等是水生类群。水生植物适生于水体环境中，稳定且连续的河流、湖泊等生境更利于水生植物形成广布科，且不少水生性科的系统演化地位相当古老、残遗（吴征镒 等，2006），而武功山地区有不少水生类群植物在一定程度上表明该区植物区系较为古老，同时也与该区具有水生湿地环境相吻合。木本植物群落较少，只有榆科、桑科、杨梅科、鼠李科、瑞香科、木犀科这 6 科。

（2）泛热带分布科：该类型为热带地区广泛分布，且分布中心处于世界热带地区的科，有些种可零星分布至亚热带或温带。本类型科所占武功山地区非世界科的比例最大，为武功山地区植物区系的重要组成部分，共有 48 科，占非世界科的 40.68%，具有明显的优势。其中属于泛热带分布的有胡椒科、金粟兰科、荨麻科、蛇菰科、防己科、芸香科、苦木科、楝科、大戟科、漆树科、冬青科、卫矛科、无患子科、凤仙花科、葡萄科、藤黄科、紫金牛科、柿树科、萝藦科、紫葳科、爵床科、天南星科、水鳖科、雨久花科、薯蓣科等，共计 40 科。属于热带亚洲、大洋洲和热带美洲（南美洲或/和墨西哥）间断分布区变型的只有山矾科 1 科；属于热带亚洲、热带非洲和热带南美洲（南美洲）分布区变型的有鸢尾科和椴树科 2 科；属于以南半球为主的泛热带分布区变型有 6 科，包括桑寄生科、槲寄生科、商陆科、粟米草科、桃金娘科、石蒜科。

分布在武功山地区的泛热带类型中纯木本或者木本较多的科比较多，突出的有樟科、山茶科、大戟科、冬青科、卫矛科等。它们不仅属种数较多，且不少都是上层植被的优势群体，因此，它们不仅是该区区系组成的重要部分，而且还是植被的主要组成部分。泛热带分布科在该区的藤本植物较少，如防己科、葡萄科、胡椒科等，其中葡萄科为武功山地区森林群落中的重要伴生种。草本植物类群有凤仙花科、天南星科、爵床科、萝藦科、谷精草科、粟米草科等，其中谷精草科具有明显的水生性的特点，如谷精草 *Eriocaulon buergerianum*、白药谷精草 *Eriocaulon cinereum* 等。粟米草科中粟米草 *Mollugo stricta*，它的扩散能力较强，因而其分布区扩散至武功山地区。泛热带分布的科起源时期均较早，应该在古北大陆与古南大陆尚未解体之前，这其中不少科的起源地可能在亚洲热带及南亚热带地区，与古热带植物区系有着密切关联（吴征镒，1965；吴征镒 等，2006）。武功山地区共有 48 科，具有明显的优势，表明该区系与古热带植物区系之间有较强关联性。

（3）热带亚洲和热带美洲间断分布科：该科在武功山地区分布有 12 科，占非世界科的 10.17%。主要以木本为主，包含 11 科，如木通科、木兰科、省沽油科、杜英科、大风子科、安息香科、桤叶树科等，这些类群表现出洲际间断分布的特点，分布于东亚热带（部分延伸至亚热带）及南美洲热带，在区系起源上，此类型与东亚—北美间断分布科有着相同的发生历史。木兰科在武功山地区共分布 6 属 24 种，包含有 3 个东亚—北美间断分布属，分别为玉兰属 *Yulania*、厚朴属 *Houpoëa*、鹅掌楸属 *Liriodendron*。桤叶树科在武功山地区分布有 5 种，为中山落叶阔叶林及灌木林中重要组成部分。木通科在武功山地区分布有 4 属 11 种，为常绿阔叶林重要的层间伴生藤本，其中大血藤属 *Sargentodoxa* 是中国特有属且为古老且单型属。草本植物只有苦苣苔科 1 科，但武功山地区分布着 6 属 12 种，如闽赣长蒴苣苔 *Didymocarpus heucherifolius*、牛耳朵 *Chirita eburnea*、旋蒴苣苔 *Boea hygrometrica* 等。该类群主要分布在石灰岩上，由此可见武功山地区具有较为复杂的生境。

（4）旧世界热带分布科：武功山地区分布有 4 科，占非世界科的 3.39%。包含罗汉松科、海桐花科、八角枫科和胡麻科，其中前 3 科都为木本植物，而且罗汉松科为裸子植物，包括 2 属 2 种，竹柏属 *Nageia* 的竹柏 *Nageia nagi* 和罗汉松属 *Podocarpus* 的罗汉松 *Podocarpus macrophyllus*。胡麻科为一年生或多年生草本，该科在武功山地区分布 1 属 1 种，即茶菱属 *Trapella* 的茶菱 *Trapella sinensis*，是水生性植物，长分布于池塘或湖泊中。

（5）热带亚洲至热带大洋洲分布科：武功山地区分布只有 1 科，占非世界科的 0.85%，即姜科。该科在我国主要分布于东南部至西南部地区，武功山地区分布有 4 属 7 种，如豆蔻属 *Amomum* 的三叶豆蔻 *Amomum austrosinense*、舞花姜属 *Globba* 的峨眉舞花姜 *Globba emeiensis*、姜属 *Zingiber* 的襄荷 *Zingiber mioga* 等。

（6）热带亚洲至热带非洲分布科：武功山地区分布仅有 1 科，占非世界科的 0.85%，即杜鹃花科。在武功山地区分布有 8 属 29 种，在高天岩自然保护区、羊狮幕风景区的山顶种类尤其丰富并成为灌丛的建群种。此外，在武功山地区分布着江西特有种，即江西杜鹃 *Rhododendron kiangsiense*，在野外调查中只发现在武功山和羊狮幕山顶的悬崖上零星分布着几株。近年来由于景区的开发对其破坏较为严重，导致该种资源迅速减少，亟须对其进行就地保护。

（7）热带亚洲及变型分布科：武功山地区分布有 3 科，占非世界科的 2.54%，包括青荚叶科、清风藤科和交让木科，都为木本植物，主要分布在长江以南地区。清风藤科在科的起源历史上较为古老，武功山地区分布有 2 属 9 种，如泡花树属 *Melios-*

ma 的垂枝泡花树 *Meliosma flexuosa*、红柴枝 *Meliosma oldhamii*，清风藤属 *Sabia* 的凹萼清风藤 *Sabia ec marginata*、尖叶清风藤 *Sabia swinhoe*。交让木科为单属科，全世界约 30 种，武功山地区分布有 3 种，虎皮楠 *Daphniphyllum oldhamii*、牛耳枫 *Daphniphyllum calycinum* 为中低海拔林缘常见种，而交让木 *Daphniphyllum macropodum* 则为中高海拔常绿—落叶阔叶林重要建群种。

（8）北温带分布及其变型分布科：武功山地区分布有 30 科，占非世界科的25.42%。其中松科、大麻科、茅膏菜科、马桑科、七叶树科、沟繁缕科、蓝果树科、列当科、五福花科、忍冬科、香蒲科、百部科、百合科等科属于此正型科；杉科、柏科、杨柳科、胡桃科、桦木科、壳斗科、罂粟科、金缕梅科、牻牛儿苗科、黄杨科、槭树科、胡颓子科、山茱萸科、灯心草科等科属于北温带和南温带间断分布科；小檗科等属于欧亚和南美洲温带间断分布科。

山茱萸科早先认为中国分布有 9 属，而分子系统性研究表明各属之间存在着明显的系统演化关系，因此将它们都处理为山茱萸属 *Cornus*（Xiang et al.，1993；Xiang et al.，2005a、2005b）。山茱萸科在武功山地区分布有 8 种，山茱萸属是武功山地区常绿—落叶阔叶林的重要组成成分。五福花科的分布中心在西南分化中心，在我国西南地区，即青藏高原东部的横断山及相邻的青南地区（吴征镒，1981），五福花科在武功山地区分布有 2 属 15 种，其中荚蒾属 *Viburnum* 是武功山地区常绿—落叶阔叶林下灌丛的重要组成成分，并成为优势类群，如荚蒾 *Viburnum dilatatum*、茶荚蒾 *Viburnum setigerum*、衡山荚蒾 *Viburnum hengshanicum*。

此外，还有些科多起源于白垩纪之前，在一定程度上说明武功山地区植物区系具有古老的起源历史。如柏科是古老的裸子植物，起源于白垩纪之前，化石资料丰富，如捷克境内始新世、渐新世底层交界下方发现目前为止最早的刺柏属化石记录（Kvaček，2002）；加拿大北极圈内阿克塞尔岛早第三纪底层发现扁柏属化石（Kotyk et al.，2003；毛康珊，2010）。广义柏科的生物地理学研究表明，柏科起源于晚侏罗纪，福建柏属、侧柏属、刺柏属均起源于白垩纪时期（Mao et al.，2012），且刺柏属在中新世得到了快速分化（Mao et al.，2010）。柏科共 22 属约 150 种，分布于南北两半球（图3.7），我国产 8 属 29 种 7 变种，分布几乎遍布全国。武功山地区有柏科植物 4 属 5 种，其中侧柏属 *Platycladus* 为东亚特有属。虽然本区柏科植物种数不多，但有 4 个属出现在武功山地区，一定程度上体现出该区系的古老性。

金缕梅科在白垩纪时期就已经演化成为一个自然的科（张宏达，1994b），针对现存的属均发现了白垩纪至中新世地层中的化石（张志耘 等，1995；Zhou et al.，2001；Radtke et al.，2015）。张宏达（1994b）认为金缕梅科现代分布中心集中在中国南部，武功山地区共分布有 8 属 11 种，占本科中国总属数的 44.44%，总种数的14.86%，可见金缕梅科是武功山地区植物区系的重要表征科。菖蒲科为菖蒲目 Acor-

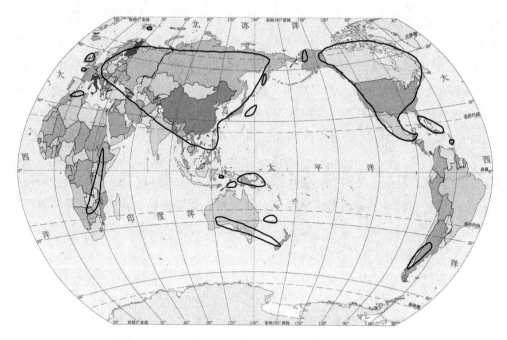

图 3.7　柏科的分布区（江泽平 等，1997）

ales 仅有的科，喜生于沟谷、溪边，生存环境存在相对的稳定性。分子系统学研究表明，菖蒲科极为古老，是单子叶植物类群的祖先类群（APG，1998；APG Ⅲ，2009；APG Ⅳ，2016），基于 rbcL 序列及分子钟模型估算菖蒲属 *Acorus* 的起源时间约在135.17 百万年（田红丽，2008）。武功山地区分布菖蒲属 2 种，占世界总种数的50%，说明其区系具有古老的特性。七叶树科全世界有 3 属约 15 种，该科植物系统地位古老，中国仅分布有七叶树属 *Aesculus*，武功山地区有七叶树属的七叶树 *Aesculus chinensis* 和天师栗 *Aesculus chinensis* var. *wilsonii*，分布于中高海拔落叶阔叶林中。通过对七叶树属的系统发育研究揭示出本属起源于早白垩纪（约 65 百万年）的北方热带植物区系，说明了该区具有北热带植物区系遭受冰期影响而留下的残遗类群。

（9）东亚和北美洲间断分布科：武功山地区分布有 7 科，占非世界科的 5.93%，包括三白草科、莲科、八角科、五味子科、透骨草科、锦带花科、北极花科。

三白草科全世界共 4 属 6 种，通过化石资料并结合现代分布推测三白草科可能起源于晚侏罗纪古北大陆东南部，且三白草属是最古老的类群之一，自早第三纪以来就分布在东亚东南部（梁汉兴，1995）。三白草科在武功山地区分布有 2 属 2 种，其中蕺菜 *Houttuynia cordata* 常见于山坡湿润的林下，而三白草 *Saururus chinensis* 则常见于低湿的塘中或溪边。透骨草科为单种科，具有典型的洲际替代现象，中国仅分布有透骨草 *Phryma leptostachya* subsp. *asiatica*，而原亚种 *Phryma leptostachya* 分布于北美地区。分子系统学研究表明，这两个替代种分化时间在中新世末期，但它们之间的形态差异不大，表现出生态环境的相似而造成的形态保守性（聂泽龙，2008；Nie et al.，2006）。

（10）旧世界温带分布科：武功山地区分布有3科，占非世界科的2.54%，包括檀香科、睡莲科、菱科。前者在武功山地区分布只有百蕊草 Thesium chinense，后两个科也是草本植物，且都为水生植物，可见该区植物组成的多样性。

（11）温带亚洲分布科：该分布类型主要分布在亚洲的温带，由于很多年前欧亚大陆没有分开，或者是某些类群在这个大陆上发育的时间很长，已经发育成世界分布或泛热带广布类型，导致科这一级中武功山地区未见该分布类型。

（12）地中海区、西亚至中亚分布科：根据吴征镒在《种子植物分布区类型及其起源和分化》一书中的描述，该分布类型在中国野生类群共有8科，但是武功山地区未见该分布类型。一方面是因为有些科已合并，导致分布类型变化，如白刺科合并到蒺藜科。另一方面是因为分布在中国的科并没有在武功山地区分布，如瓣鳞花科 Frankeniaceae。

（13）中亚分布科：该分布类型由于处在亚洲干旱内陆中心，古地中海退却后成陆时间较短，虽然演化了一些新特有属，但在科这一级中水平的非常少。而武功山地区并没有这样的环境，导致武功山地区未见该分布类型的类群。

（14）东亚及其变型分布科：东亚分布科是确立东亚植物区的重要依据，此类型科表现出明显的古老性及子遗性，武功山地区分布有5科，占非世界科的4.24%，其中三尖杉科、猕猴桃科、旌节花科、桃叶珊瑚科4科属于该正型分布；连香树科（图3.8）属于中国—喜马拉雅变型分布，其在白垩纪北美地层、古新世北美地层都曾发现化石（陶君荣，2000；Manchester et al.，2009）。

三尖杉科在俄罗斯白垩纪地层，中新世美国华盛顿、俄勒冈；上新世加利福尼亚、德国、比利时及日本西部地层就已经有很多发现（周浙昆，2005）。三尖杉科为单属科，即三尖杉属 Cephalotaxus，武功山地区分布有2种。三尖杉科的化石及现代分布主要在北半球中纬度地区，与历史上的北热带植物群范围相近，因此三尖杉科应是北热带植物区系成分（周浙昆，2005）。猕猴桃科的化石可追溯至古新世（应俊生等，2010），为东亚植物区系的重要表征科。武功山地区分布有1属12种，无疑猕猴桃科是武功山地区区系组成的重要表征科，占有重要的地位。

（15）中国特有分布科：武功山分布有4科，占非世界科的3.39%，包括杜仲科、银杏科、瘿椒树科和伯乐树科，都为单型科。该区的分布型种类很少，虽然这些科所包含的属种数少，但是能表示武功山地区植物区系的特征。这些都是单种科，说明了它们起源的古老性。

银杏科是著名的活化石。银杏科植物在二叠纪时期就已经出现（Willis et al，2002），在地质时期有着广泛的分布区（周浙昆 等，2005）。

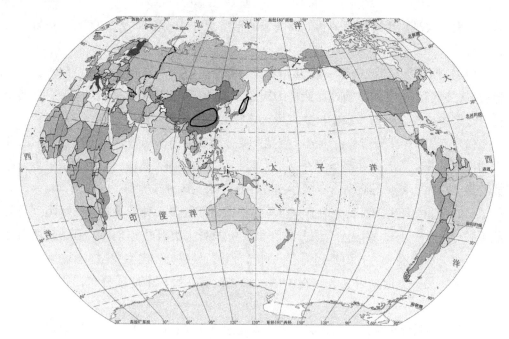

图 3.8　连香树科的分布区（仿路安民，1993）

目前认为银杏的起源地就在东亚地区，在中国形成特有科的时间为第四纪（周浙昆 等，2005），现代银杏科仅银杏 *Ginkgo biloba* 1 种残存于我国，并认为我国华中地区、浙江天目山有野生群落分布（向应海 等，2000；Peter Del TrediciP. T et al，1993），但分子系统学研究表明天目山及我国华东地区银杏古树的群体仅包含有一个 cpDNA 单倍型，华中地区的银杏群体则包含丰富的单倍型并包含原始的单倍型。因此，认为银杏的冰期避难所在我国华中地区，而天目山地区的银杏群落可能为历史时期引种而扩散的植株。武功山地区没有代表性的银杏野生群落，但是分布着若干银杏古树。

伯乐树科为落叶大乔木，现代分布区主要在中国境内亚热带山地，分布区可扩散到越南、泰国北部。伯乐树科为双子叶植物中系统地位孤立的类群，有着久远的起源历史，分布区在中新世时可达澳大利亚、上新世中国。可见伯乐树科可能起源于泛古大陆解体之前，随后澳大利亚地区受环境变化的影响导致类群灭绝，从而其形成中国特有科。伯乐树在羊狮幕、明月山及其周围等山地林中有零散分布。

瘿椒树科在始新世北美俄勒冈及欧洲地层发现有化石记录（Mai，1980；Manchester，1988），在古近纪时期北半球广布，渐新世之后随着全球气候转冷，欧洲及北美分布的类群消失（Manchester，1988），从而形成中国特有科。武功山地区的安福县境内有瘿椒树 *Tapiscia sinensis* 分布。

杜仲科为单种科，即杜仲 *Eucommia ulmoides*，其体内含有杜仲胶，果实形态也极为特殊。杜仲科的变迁历史与银杏、水杉、银杉相似（吴征镒 等，2003a）。最早的孢粉记录在中国东部古新世地层（Guo，2008），而明确的大化石记录在始新世较为丰富，如始新世抚顺、三水盆地、日本、美国均有分布，且与杜仲化石伴生的多为亚热带常绿阔叶林成分。中新世杜仲科的分布区遍布北半球，但自上新世以后分布区逐步缩减，第四纪冰川过后形成中国特有科（周浙昆 等，2005）。目前杜仲野生种群多见于华中地区，武功山地区所见基本上为栽培，野生个体少见。

3.4　小结

（1）武功山地区种子植物较为丰富，共有 165 科、804 属、2068 种，其中裸子植物有 7 科、14 属、17 种。禾本科、菊科、豆科、蔷薇科、百合科、莎草科、唇形科和樟科是该区的所含种数较多的科。武功山地区科的组成主要以 2～10 种和 11～50 种的科为主，占科总数的 76.97%，表明该区科内分化处于中等水平。该区系中含 11 种以上的科的种系大多得到了一定程度的分化，科内种的多样化程度比较丰富，含 1 种的有 30 科，占该区总科数的 18.18%。

（2）通过数量优势科和科含种数占世界比例较高科分析，壳斗科、木通科、金缕梅科、山茶科、安息香科、槭树科、冬青科、山矾科、胡颓子科、蔷薇科、清风藤科等，在武功山地区具有重要的植物地理学指示意义，它们是武功山地区的表征科，主要是以世界广布和热带性质的科为主，说明该区系在科一级上具有热带性质。

（3）武功山地区在科级水平上地理成分丰富，15 个分布类型中有 12 个，与世界植物区系联系较为广泛。在科的这一级中，以热带性质为主且表现出起源古老的特征。热带性质的科有 69 科，占该区非世界分布科的 58.48%；其中，保存有一定比例的第三纪古热带植物区系成分，并且这些热带性质的科在非洲、大洋洲、热带美洲均有分布，呈现出武功山地区区系来源的复杂性。温带性质的科有 45 科，占该区非世界分布科的 38.14%。其分布类型是武功山地区常绿阔叶林、中海拔山地阔叶林及林下常见植物，该分布类型主要来源于北极—第三纪古植物区系，一些科自中新世以来种系得到很大程度的分化，尤其是在喜马拉雅山脉抬升造成中国境内形成了季风气候之后（Sun et al，2005；Guo et al.，2008）。

（4）武功山地丰富的东亚特有科和 4 个中国特有的单型科（杜仲科、银杏科、瘿椒树科和伯乐树科），这些科起源时间多在白垩纪左右，在地质时期上这些科曾广布于北半球欧亚、北美洲地区，中新世以来全球气候波动，尤其是受第四纪冰川活动的影响，这些科在欧洲及北美的种群灭绝。较多的东亚特有科及中国特有科分布于武功山地区，表明武功山地区种子植物区系具有明显的第三纪残遗性，以及区系发生上的古老性。

第4章 武功山地区种子植物属的统计分析

在植物区系中"属"的研究尤为重要，一方面属的大小在植物分类学和地理学上都是适当的，另一方面属在进化过程中分类学特征相对稳定。属是由种构成的，同属中一般具有共同祖先和相似的进化趋势，因此，属的研究能更好反映该区植物演化过程和区域差异及该区的植物区系特征。本章将对分布在武功山地区种子植物的属进行统计和分析，包括属的大小组成、数量优势属和属的地理成分。

4.1 属的大小分析

武功山地区共有种子植物属805属，按照属含种的大小可将该区的属划为5个级别，分别是含1种的属（1级）、含2~5种的属（2级）、含6~10种的属（3级）、含11~20种的属（4级）、含21种以上的属（5级），如表4.1所示。

表4.1 武功山地区种子植物属大小组成统计

属的类型	属含种数及所占比例	裸子植物	被子植物	合计
含1种的属	属数/种	11（11）	395（395）	406（406）
	比例/%	1.37（0.53）	49.13（19.10）	50.50（19.63）
含2~5种的属	属数/种	3（6）	326（924）	329（930）
	比例/%	0.37（0.29）	40.55（44.68）	40.92（44.97）
含6~10种的属	属数/种	—	44（334）	44（334）
	比例/%	—	5.47（16.15）	5.47（16.15）
含11~20种的属	属数/种	—	21（282）	21（282）
	比例/%	—	2.61（13.64）	2.61（13.64）
含21种以上的属	属数/种	—	4（116）	4（116）
	比例/%	—	0.50（5.61）	0.50（5.61）

该区分布有4个21种以上的属，含116种，分别占总数的0.50%、5.61%。以冬青属 *Ilex* 和悬钩子属 *Rubus* 最为丰富，都含有31种；其次是蓼属 *Polygonum*，含30种；最后是薹草属 *Carex*，含24种。其中冬青属是常绿阔叶林中常见种，其余3

属为灌草丛常见种。

在本地区分布有 11～20 种的属，有 21 属，含 282 种，分别占该区总数的 2.61%、13.64%。常见草本植物包括堇菜属 *Viola*（16 种，下同）、莎草属 *Cyperus*（14）、冷水花属 *Pilea*（15）、珍珠菜属 *Lysimachia*（13）、蒿属 *Artemisia*（13）、紫菀属 *Aster*（11）、凤仙花属 *Impatiens*（13），薯蓣属 *Dioscorea*（11）共 8 属含 106 种，是草本层中常见的类群，也是该区种类较多的类群。木本植物包括菝葜属 *Smilax*（19）、榕属 *Ficus*（14）、卫矛属 *Euonymus*（15）、铁线莲属 *Clematis*（13）、山胡椒属 *Lindera*（14）、枫属 *Acer*（12）、柃木属 *Eurya*（12）、紫珠属 *Callicarpa*（13）、蛇葡萄属 *Ampelopsis*（13）、猕猴桃属 *Actinidia*（12）、杜鹃属 *Rhododendron*（13）、荚蒾属 *Viburnum*（14）、山茶属 *Camellia*（12），共 13 属含 176 种。主要以灌木为主，其中山茶属 *Camellia*、杜鹃属 *Rhododendron*、卫矛属 *Euonymus*、柃木属 *Eurya* 在该区分布较广泛，是灌木层中主要群体。

在本地区分布有 6～10 种的属，有 44 属含 334 种，分别占该区总数的 5.47%、16.15%。其中，安息香属 *Styrax*（9）、山矾属 *Symplocos*（10）、花椒属 *Zanthoxylum*（10）、青冈属 *Cyclobalanopsis*（10）、葡萄属 *Vitis*（9）、樟属 *Cinnamomum*（10）、新木姜子属 *Neolitsea*（9）、木姜子属 *Litsea*（9）、柿树属 *Diospyros*（8）、山茱萸属 *Cornus*（8）、胡枝子属 *Lespedeza*（8）、润楠属 *Machilus*（8）、锥栗属 *Castanopsis*（8）、蔷薇属 *Rosa*（7）、杜英属 *Elaeocarpus*（7）、栎属 *Quercus*（6）等乔、灌木是植被的优势成分；常见的草本有楼梯草属 *Elatostema*（8）、鼠尾草属 *Salvia*（6）、景天属 *Sedum*（7）、紫堇属 *Corydalis*（7）、苎麻属 *Boehmeria*（6）等。

在本地区分布有 2～5 种的属，有 329 属含 930 种，分别占该区总数的 40.92%、44.97%。其中，裸子植物有 3 属含 6 种，分别占总数的 0.37%、0.29%，包括松属 *Pinus*（2）、刺柏属 *Juniperus*（2）、三尖杉属 *Cephalotaxus*（2）。常见被子植物有兰属 *Cymbidium*（2）、马唐属 *Digitaria*（5）、黄精属 *Polygonatum*（5）、车前属 *Plantago*（4）、腹水草属 *Veronicastrum*（5）、八角枫属 *Alangium*（5）、清风藤属 *Sabia*（5）、长柄山蚂蝗属 *Hylodesmum*（5）、绣球属 *Hydrangea*（5）、毛茛属 *Ranunculus*（5）、灯心草属 *Juncus*（4）、天南星属 *Arisaema*（4）、败酱属 *Patrinia*（4）、乌蔹莓属 *Cayratia*（4）、五味子属 *Schisandra*（4）、赤车属 *Pellionia*（4）、榆属 *Ulmus*（3）、百合属 *Lilium*（3）、爵床属 *Justicia*（3）、茜草属 *Rubia*（3）、马铃苣苔属 *Oreocharis*（2）、算盘子属 *Glochidion*（3）、山麦冬属 *Liriope*（2）、求米草属 *Oplismenus*（2）、苋属 *Amaranthus*（4）、千里光属 *Senecio*（3）等，主要以草本为主。

在本地区仅分布有 1 种的属，有 406 属含 406 种，分别占总数的 50.50%、19.63%，其中裸子植物 11 属含 11 种、分别占该区裸子植物总数 78.57%、64.71%，如银杏属 *Ginkgo*（1）、冷杉属 *Abies*（1）、罗汉松属 *Podocarpus*（1）、红豆杉属 *Tax-*

us（1）、铁杉属 *Tsuga*（1）等。被子植物 395 属含 395 种，分别占该区被子植物总数的 49.13%、19.10%，如独蒜兰属 *Pleione*（1）、三白草属 *Saururus*（1）、黄杞属 *Engelhardia*（1）、青钱柳属 *Cyclocarya*（1）、青檀属 *Pteroceltis*（1）、槲寄生属 *Viscum*（1）、何首乌属 *Fallopia*（1）、虎杖属 *Reynoutria*（1）、莼菜属 *Brasenia*（1）、黄连属 *Coptis*（1）、大血藤属 *Sargentodoxa*（1）、伯乐树属 *Bretschneidera*（1）、金缕梅属 *Hamamelis*（1）、杜仲属 *Eucommia*（1）、薯树属 *Altingia*（1）、青荚叶属 *Helwingia*（1）、益母草属 *Leonurus*（1）、瓜馥木属 *Fissistigma*（1）、射干属 *Belamcanda*（1）、杓兰属 *Cypripedium*（1）等。其中有些起源于中国，或者主要分布在中国，甚至是我国特有属，如大血藤属、杜仲属、伯乐树属等。

在武功山地区无论裸子植物还是被子植物含 1 种的属所占比例都很高，特别是裸子植物，占该区裸子植物属总数的 78.57%。一方面是由于属的本身是单种属或者是较少属，如银杏属、青檀属、杜仲属、射干属、伯乐树属等。另一方面是由于武功山地区存在一些特殊的生境，导致植物分化。这也是武功山地区区系性质和多样化的主要原因。

在武功山地区种子植物 804 属中，种数在 5 种以上的属有 69 属，含 732 种，占武功山地区种子植物总数的 35.40%（表4.2）。其中，世界广布属有 13 个；第 2～第 7 类分布的属有 32 个，其中泛热带分布的有 19 个；第 8～第 14 类分布的属有 24 个，其中北温带分布的属有 13 个。它们是组成武功山地区植物区系的主体。

表 4.2 表明，蛇葡萄属（种数占世界总种数的 43.33%，下同）、南蛇藤属（26.67%）、猕猴桃属（21.82%）、石楠属（16.67%）、女贞属（15.56%）、葡萄属（15.00%）、五加属（15.00%）、山茱萸属（14.55%）、蓼属（13.04%）、胡枝子属（13.33%）、山胡椒属（14.00%）、卫矛属（11.54%）、新木姜子属（10.59%）、枫属（9.30%）、柃木属（9.23%）、胡颓子属（10.00%）、含笑属（10.00%）等在世界区系上的属中占有较高的比例。

表 4.2　武功山地区种子植物含 5 种以上科及其所占比例

属名	武功山种数	中国种数	武功山占中国比例	世界种数	武功山占世界比例	属分布区类型
冬青属 *Ilex*	31	280	11.07%	400	7.75%	2
悬钩子属 *Rubus*	31	208	14.90%	700	4.43%	1
蓼属 *Polygonum*	30	113	26.55%	230	13.04%	1
薹草属 *Carex*	24	527	4.55%	2000	1.20%	1
菝葜属 *Smilax*	19	79	24.05%	300	6.33%	2
堇菜属 *Viola*	16	96	16.67%	550	2.91%	1

续表

属名	武功山种数	中国种数	武功山占中国比例	世界种数	武功山占世界比例	属分布区类型
卫矛属 *Euonymus*	15	90	16.67%	130	11.54%	1
冷水花属 *Pilea*	15	80	18.75%	400	3.75%	2
榕属 *Ficus*	14	120	11.67%	1000	1.40%	2
莎草属 *Cyperus*	14	62	22.58%	600	2.33%	1
山胡椒属 *Lindera*	14	38	36.84%	100	14.00%	9
荚蒾属 *Viburnum*	14	73	19.18%	200	7.00%	8
铁线莲属 *Clematis*	13	147	8.84%	300	4.33%	1
珍珠菜属 *Lysimachia*	13	138	9.42%	180	7.22%	1
紫珠属 *Callicarpa*	13	48	27.08%	140	9.29%	2
蒿属 *Artemisia*	13	186	6.99%	380	3.42%	1
蛇葡萄属 *Ampelopsis*	13	17	76.47%	30	43.33%	9
杜鹃属 *Rhododendron*	13	571	2.28%	1000	1.30%	8
凤仙花属 *Impatiens*	13	227	5.73%	900	1.44%	2
枫属 *Acer*	12	99	12.12	129%	9.30%	8
柃木属 *Eurya*	12	83	14.46%	130	9.23%	3
猕猴桃属 *Actinidia*	12	52	23.08%	55	21.82%	14
山茶属 *Camellia*	12	97	12.37%	120	10.00%	7
紫菀属 *Aster*	11	123	8.94%	1521	0.72%	8
薯蓣属 *Dioscorea*	11	52	21.15%	600	1.83%	2
石楠属 *Photinia*	10	43	23.26%	60	16.67%	9
青冈属 *Cyclobalanopsis*	10	69	14.49%	150	6.67%	7
花椒属 *Zanthoxylum*	10	41	24.39%	280	3.57%	2
山矾属 *Symplocos*	10	125	8.00%	350	2.86%	2
樟属 *Cinnamomum*	10	49	20.41%	250	4.00%	3
柯属 *Lithocarpus*	9	123	7.32%	300	3.00%	9
安息香属 *Styrax*	9	31	29.03%	130	6.92%	3
木姜子属 *Litsea*	9	74	12.16%	200	4.50%	3
新木姜子属 *Neolitsea*	9	45	20.00%	85	10.59%	5
葡萄属 *Vitis*	9	37	24.32%	60	15.00%	8

续表

属名	武功山种数	中国种数	武功山占中国比例	世界种数	武功山占世界比例	属分布区类型
胡颓子属 *Elaeagnus*	9	67	13.43%	90	10.00%	4
锥栗属 *Castanopsis*	8	58	13.79%	120	6.67%	9
楼梯草属 *Elatostema*	8	146	5.48%	300	2.67%	4
润楠属 *Machilus*	8	82	9.76%	100	8.00%	7
胡枝子属 *Lespedeza*	8	25	32.00%	60	13.33%	9
南蛇藤属 *Celastrus*	8	25	32.00%	30	26.67%	2
金丝桃属 *Hypericum*	8	64	12.50%	460	1.74%	1
山茱萸属 *Cornus*	8	25	32.00%	55	14.55%	8
紫金牛属 *Ardisia*	8	65	12.31%	400	2.00%	2
柿树属 *Diospyros*	8	60	13.33%	485	1.65%	2
鹅绒藤属 *Cynanchum*	8	57	14.04%	200	4.00%	10
含笑属 *Michelia*	7	39	17.95%	70	10.00%	7
紫堇属 *Corydalis*	7	357	1.96%	465	1.51%	8
景天属 *Sedum*	7	121	5.79%	470	1.49%	8
蔷薇属 *Rosa*	7	95	7.37%	200	3.50%	8
秋海棠属 *Begonia*	7	173	4.05%	1400	0.50%	2
女贞属 *Ligustrum*	7	27	25.93%	45	15.56%	10
大青属 *Clerodendrum*	7	34	20.59%	400	1.75%	2
飘拂草属 *Fimbristylis*	7	53	13.21%	200	3.50%	2
樱属 *Cerasus*	7	43	16.28%	150	4.67%	8
木蓝属 *Indigofera*	7	79	8.86%	750	0.93%	2
鼠李属 *Rhamnus*	7	57	12.28%	150	4.67%	1
杜英属 *Elaeocarpus*	7	39	17.95%	360	1.94%	5
鼠尾草属 *Salvia*	6	84	7.14%	1050	0.57%	1
母草属 *Lindernia*	6	29	20.69%	70	8.57%	2
栎属 *Quercus*	6	35	17.14%	300	2.00%	8
苎麻属 *Boehmeria*	6	25	24.00%	65	9.23%	2
野桐属 *Mallotus*	6	28	21.43%	150	4.00%	4
五加属 *Eleutherococcus*	6	18	33.33%	40	15.00%	14

续表

属名	武功山种数	中国种数	武功山占中国比例	世界种数	武功山占世界比例	属分布区类型
香科科属 *Teucrium*	6	18	33.33%	260	2.31%	8
狗尾草属 *Setaria*	6	14	42.86%	130	4.62%	2
忍冬属 *Lonicera*	6	57	10.53%	180	3.33%	8
繁缕属 *Stellaria*	6	64	9.38%	190	3.16%	1
刚竹属 *Phyllostachys*	6	51	11.76%	51	11.76%	14
合计	732	6457	11.34%	23 406	3.13%	—

4.2 属的地理成分分析

植物属具有明确的地理区域、地质年代、脉络清晰的演化趋势，其生物地理特征和系统演化趋势也较为相似，因此，研究属的分布类型具有重要意义，它能更好地反映一个地区植物区系的特征及地理亲缘关系。

根据吴征镒（2006）对中国种子植物属的分布区类型的划分方案，武功山地区的种子植物804属划分为14个分布区正型及2个分布区变型（表4.3），各类型基本特征如下。

表4.3　武功山地区种子植物属的分布类型

属的分布区类型	武功山属数	占非世界属比例	中国属数	占中国属比例
1. 世界分布	65	—	104	62.50%
2. 泛热带分布	143	19.35%	362	39.50%
3. 热带亚洲和热带美洲间断分布	21	2.84%	62	33.87%
4. 旧世界热带分布	56	7.58%	177	31.64%
5. 热带亚洲至热带大洋洲分布	42	5.68%	148	28.38%
6. 热带亚洲至热带非洲分布	20	2.71%	164	12.20%
7. 热带亚洲分布	83	11.23%	611	13.58%
8. 北温带分布	130	17.57%	302	43.05%
9. 东亚和北美洲间断分布	62	8.39%	124	50.81%
10. 旧世界温带分布	45	6.09%	164	27.44%

续表

属的分布区类型	武功山属数	占非世界属比例	中国属数	占中国属比例
11. 温带亚洲分布	7	0.95%	55	12.73%
12. 地中海、西亚至中亚分布	3	0.41%	171	1.75%
13. 中亚分布	0	0	116	0
14. 东亚分布	48	6.50%	299	16.05%
14SH. 中国—喜马拉雅分布	11	1.49%	—	—
14SJ. 中国—日本分布	44	5.95%	—	—
15. 中国特有分布	24	3.25%	257	9.34%
合计	804	100	3116	25.83%

（1）世界分布：武功山地区共有该分布类型65属，占该区总属数的8.08%，含292种，属于42个科。世界广布属一般为扩散能力强的属或包含有多种的大属，且以草本属占绝对优势。如蓼属（30种，下同）、薹草属（24）、堇菜属（16）、莎草属（14）、珍珠菜属（13）、蒿属（13）、苋属（4）、车前属（4）、毛茛属（5）、碎米荠属（4）、灯心草属（4）、千里光属（3）等，这些属所包含的种为林下草本层重要伴生种。木本植物主要有悬钩子属（30）、卫矛属（15）、鼠李属（7）、铁线莲属（13）、金丝桃属（8）等，这些属主要分布在灌木层中。草本植物中不仅有陆生的属，如莎草属、薹草属、碎米荠属、苋属等，而且还有水生的属，如荸荠属（4）、紫萍属（1）、浮萍属（1）等。在这些属中，不少属起源历史古老，但所包含的种下等级均较少，一定程度上反映了它们生境的复杂性和区系古老性。

（2）泛热带分布：武功山地区共有该分布类型143属，分别占该区非世界分布、中国分布的19.35%、39.50%，含429种，属于59个科，是武功山地区最多的分布类型，可见该分布类型的植物属在该区种子植物区系中的地位十分重要。乔木层主要有冬青属 *Ilex*（31）、榕属 *Ficus*（14）、花椒属 *Zanthoxylum*（10）、山矾属 *Symplocos*（10）、柿树属 *Diospyros*（8）、黄檀属 *Dalbergia*（5）、厚皮香属 *Ternstroemia*（4）、鹅掌柴属 *Schefflera*（3）、柞木属 *Xylosma*（2）、朴属 *Celtis*（1）、乌桕属 *Triadica*（1）、古柯属 *Erythroxylum*（1）等，其中以冬青属 *Ilex* 最多，我国120余种，主要分布在长江以南地区，常见于林中，是武功山地区重要的群落伴生种，也是中国植物区系呈现出亚热带性质的重要标志属（张宏达，1962）；其他灌木或藤本主要有菝葜属 *Smilax*（19）、薯蓣属 *Dioscorea*（11）、南蛇藤属 *Celastrus*（8）、紫金牛属 *Ardisia*（8）、羊蹄甲属 *Bauhinia*（2）等，紫金牛属 *Ardisia* 等类群常为林下小灌木，南蛇藤属 *Celastrus* 等常为林下的伴生藤本；还有冷水花属 *Pilea*（15）、凤仙花属 *Impatiens*（11）、秋海

棠属 *Begonia*（7）等植物类群常在草本植物中占优势；冷水花属 *Pilea*、凤仙花属 *Impatiens* 在武功山地区出现了一定程度的种系分化。

（3）热带亚洲和热带美洲间断分布：武功山地区共有该分布类型21属，分别占该区非世界分布和中国分布的2.84%、33.87%，含73种，属于20个科。如紫珠属 *Callicarpa*（13）、柃木属 *Eurya*（12）、樟属 *Cinnamomum*（10）、安息香属 *Styrax*（9）、木姜子属 *Litsea*（9）、桤叶树属 *Clethra*（5）、红豆属 *Ormosia*（4）、猴欢喜属 *Sloanea*（2）、山香圆属 *Turpinia*（2）、雀梅藤属 *Sageretia*（2）、无患子属 *Sapindus*（1）、假卫矛属 *Microtropis*（1）等。主要以木本植物为主，是组成该区常绿阔叶林的常见类群。虽然本区该类型属数不多，但却占到中国该类型总属数的33.87%，充分说明了武功山地区是该类型主要的分布区域，也说明了武功山地区与热带美洲存在一定的联系。

该类型中还存在一些起源较为古老的类群，如假卫矛属，该属全世界约60余种，亚洲东南部海岛上多有分布，可能是劳亚古陆与冈瓦纳古陆解体后的残遗类群。武功山地区仅分布福建假卫矛 *Microtropis fokienensis* 1种，该种在我国南部广泛分布。安息香属在武功山地区分布有9种，该属有2个现代分布中心，其中一个位于亚洲东部及东南亚地区，另一个在北美洲东南部，另有1种间断分布于地中海地区（图4.1）。属化石记录最早见于欧洲早始新世，东亚地区渐新世至上新世均有化石记录，分子系统学研究支持安息香属起源自第三纪时期的欧亚大陆特提斯湿润森林，地中海闭合过

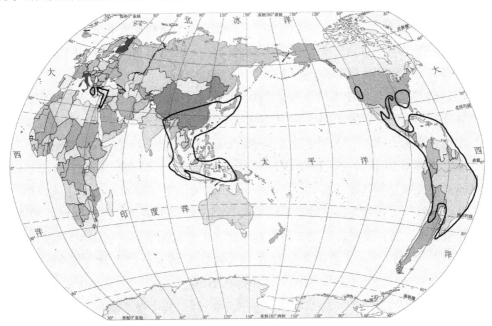

图4.1　安息香属的现代分布（Fritsh，1999）

程中向欧洲、东亚扩散（Fritsch，1999、2001）。由此可见分布可追溯至古地中海闭合以前。

（4）旧世界热带分布：武功山地区共有该分布类型56属，分别占该区非世界分布和中国分布的7.58%、31.64%，含115种，属于33个科。该分布类型主要由5种以下的属组成，其中含1种的有28属，占该区总数的50.00%。在该分布类型中上层植物并不多，常以灌丛、林下层和草丛成分为主。常见的乔木属有八角枫属 *Alangium*（5）、乌口树属 *Tarenna*（2）、扁担杆属 *Grewia*（2）、楝属 *Melia*（1）、豆腐柴属 *Premna*（1）等；海桐花属 *Pittosporum*（5）、五月茶属 *Antidesma*（2）、山黑豆属 *Dumasia*（2）、蒲桃属 *Syzygium*（2）、栀子属 *Gardenia*（1）、杜茎山属 *Maesa*（1）等，都是灌木层中常见的成分，常在林缘、林下或者河岸分布；草本属有楼梯草属 *Elatostema*（8）、艾纳香属 *Blumea*（4）、爵床属 *Justicia*（3）、荩草属 *Arthraxon*（2）、牛膝属 *Achyranthes*（2）、香茅属 *Cymbopogon*（1）、天门冬属 *Asparagus*（1）等，这些大多是比较进化的植物类群；雨久花属 *Monochoria*、水鳖属 *Hydrocharis* 都是典型的水生性类群。此外，还有藤本或寄生的植物，如乌蔹莓属 *Cayratia*（4）、千斤藤属 *Stephania*（4）、马㼎儿属 *Zehneria*（2）、酸藤子属 *Embelia*（2）、帽儿瓜属 *Mukia*（1）、娃儿藤属 *Tylophora*（1）等。

（5）热带亚洲至热带大洋洲分布：武功山地区共有该分布类型42属，分别占该区非世界分布和中国分布的5.68%、28.38%，含82种，属于28个科。常见的木本属有新木姜子属（9）、杜英属（5）、荛花属 *Wikstroemia*（4）、香椿属 *Toona*（2）、臭椿属 *Ailanthus*（1）等，多为常绿的乔木，新木姜子属和杜英属为武功山地区山地森林中重要的组成成分；常见草本属有兰属（5）、通泉草属 *Mazus*（4）、带唇兰属 *Tainia*（1）、糯米团属 *Gonostegia*（1）、山珊瑚属 *Galeola*（1）等。

（6）热带亚洲至热带非洲分布：武功山地区共有该分布类型20属，分别占该区非世界分布和中国分布的2.71%、12.20%，含38种，属于14个科。主要以草本为主，如香茶菜属 *Isodon*（5）、马蓝属 *Strobilanthes*（4）、细柄草属 *Capillipedium*（2）、毛茛泽泻属 *Ranalisma*（1）、长蒴苣苔属 *Didymocarpus*（1）等，其中毛茛泽泻属为单种属，即长喙毛茛泽泻 *Ranalisma rostratum*，其为水生小草本，多生于池沼中。目前，该物种仅分布在本地区茶陵县的湖里湿地国家级保护区内，是我国唯一的产地，但其数量很少，其种质资源已处于极度濒危状态，被列为国家一级保护野生植物。

（7）热带亚洲分布：热带亚洲分布型属被认为是古热带植物区系的直接后裔（吴征镒，1965），武功山地区共有该分布类型83属，分别占该区非世界分布和中国分布的11.23%、13.58%，含174种，属于50个科，其中裸子植物有4属，分别是三尖杉属 *Cephalotaxus*（2）、福建柏属 *Fokienia*（1）、竹柏属 *Nageia*（1）、穗花杉属 *Amentotaxus*（1），均为古热带区系的残遗类群。竹柏属世界分布5~7种，武功山地区零星分布有 1 种竹柏 *Nageia nagi*。福建柏属为单种属，无疑是第三纪残遗类群，武功山地区中海拔地区有小群落分布，可能自第三纪时期保存至今。穗花杉属分布中心在中国热带亚热带地区及越南北部，在云南和台湾还分布有两个叶片宽大的地区特有种。而在历史上穗花杉属曾分布于白垩纪北美及欧洲地层中（Kvaček et al，2000）。目前，穗花杉在武功山地区有零星分布，应属于第三纪古热带成分的残遗。

被子植物中常见的木本植物有山茶属 *Camellia*（12）、青冈属 *Cyclobalanopsis*（10）、润楠属 *Machilus*（8）、含笑属 *Michelia*（7）、楠属 *Phoebe*（4）、虎皮楠属 *Daphniphyllum*（3）、木荷属 *Schima*（2）、红果树属 *Stranvaesia*（2）、木莲属 *Manglietia*（2）、香果树属 *Emmenopterys*（1）、赤杨叶属 *Alniphyllum*（1）等，大部分都是常绿阔叶林中常见的类群。其中木莲属隶属于被子植物原始科木兰科，其起源中心可能在古北大陆东南部（吴征镒 等，2006），在武功山地区有 1 个华中—华东特有种——落叶林莲 *Manglietia decidua*，可见武功山地区区系的古老性。山茶属是武功山地区森林群落的重要组成成分，现代分布中心在我国云贵高原及南岭地区（图 4.2）（张宏达，1962、1994b），张宏达（1962）认为中国植物区系为亚热带性质，而山茶属就是亚热带山地起源、分化的重要代表。

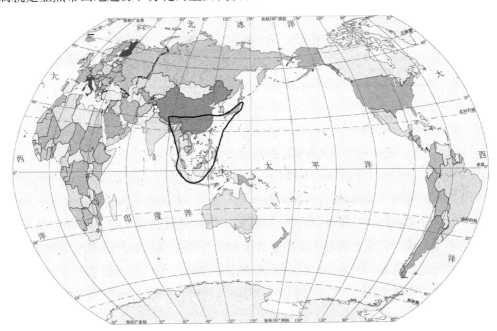

图 4.2　山茶属的分布区（仿闵天禄，2000）

青冈属共 150 余种，在我国的分布中心为滇黔桂、滇缅泰及华南地区，在武功山地区分布共有 10 种，古植物资料表明我国云南、东南部地区自早中新世以来就分布有大量的化石记录（图 4.3）（罗艳 等，2001；Jia et al.，2015）。因此，可推测武功山地区分布的青冈属植物应该是第三纪古热带成分的直接后裔。

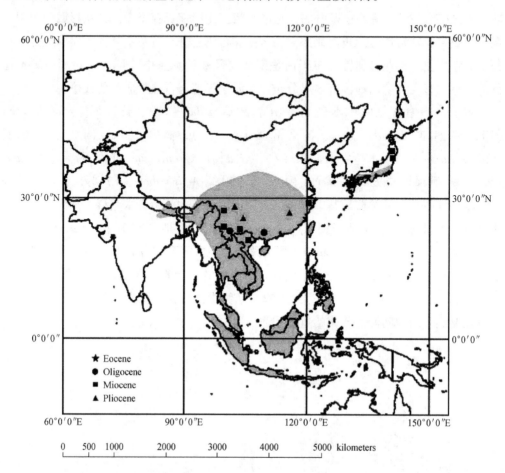

图 4.3 青冈属的化石记录和植物分布（Jia et al. , 2015）

藤本植物有清风藤属（5）、葛属 *Pueraria*（3）、南五味子属 *Kadsura*（3）、鸡矢藤属 *Paederia*（2）、帘子藤属 *Pottsia*（1）等，清风藤属、南五味子属为武功山地区林下重要伴生藤本，前者有着久远的形成历史，可能是第三纪北热带区系残遗成分。草本植物有蛇根草属 *Ophiorrhiza*（5）、赤车属 *Pellionia*（4）、马铃苣苔属 *Oreocharis*（2）等，大多分布在阴暗潮湿的环境中，其中马铃苣苔属更为特殊，一般分布在阴暗潮湿的岩石上。

（8）北温带分布：北温带分布属的数量是武功山地区仅次于泛热带分布的属，是温带成分中分布最多的类型，可见该分布类型的植物属在武功山地区种子植物区系中占有较为重要的地位，共有该分布类型 130 属，分别占该区非世界分布、中国分布的 17.59%、43.05%，含 388 种，属于 58 个科，其中裸子植物有 5 属，分别是松属 *Pinus*（2）、刺柏属 *Juniperus*（2）、侧柏属 *Platycladus*（1），主要分布在混交林中，如松属有时和壳斗科的植物在中海拔地区成为混交林的共优类群；也有分布在针叶林中的类群，如红豆杉属等。

北温带分布中常见木本属植物有荚蒾属 *Viburnum*（14）、杜鹃属 *Rhododendron*（13）、枫属 *Heteropanax*（12）、葡萄属 *Vitis*（9）、山茱萸属 *Cornus*（8）、樱属 *Cerasus*（7）、蔷薇属 *Rosa*（7）、栎属 *Quercus*（6）、越桔属 *Vaccinium*（5）、稠李属 *Padus*（4）、椴树属 *Tilia*（3）、榆属 *Ulmus*（3）、柳属 *Salix*（3）、栗属 *Castanea*（3）、水青冈属 *Fagus*（2）、桤木属 *Alnus*（1）等；其中有不少属的分布区主要在我国，如杜鹃属、葡萄属、蔷薇属、栗属等。

杜鹃属在世界性的大属，分布中心在北美、中国西南、东南亚及欧洲（图4.4）（闵天禄 等，1979），本属的起源地大约在喜马拉雅至缅甸和中国云南、四川（Hutchinson，1947；乌鲁夫，1944），而进化水平较低的云锦杜鹃亚属属于较古老残遗的类群（闵天禄 等，1999），近年来的形态学分析及分子系统研究均支持云锦杜鹃亚属处于杜鹃属的基部（Kron et al，1990；Kron，1997）。孙航认为云锦杜鹃亚属间断分布于东亚北美，是北极—第三纪成分的直接后裔（孙航，2002）。武功山地区有杜鹃属12种，其中还包括武功山地区的特有物种江西杜鹃 *Rhododendron kiangsiense*，较多分布的有云锦杜鹃、猴头杜鹃、鹿角杜鹃、映山红等，主要分布在羊狮幕山顶、明月山等地区。因此，可推断武功山地区杜鹃属是北极—第三纪植物区的残遗类群。

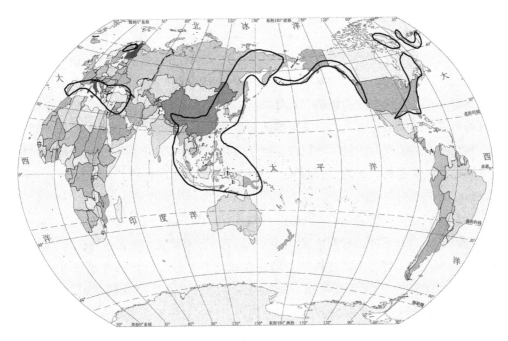

图4.4　杜鹃属的分布区（路安民，1999）

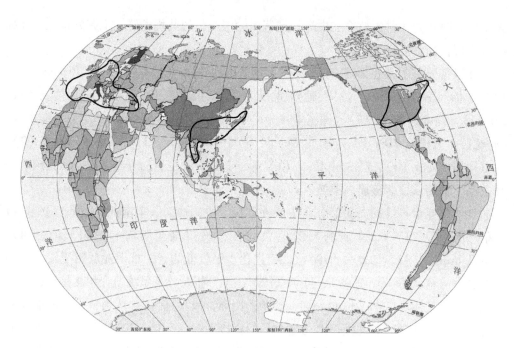

图 4.5 水青冈属的分布区（李建强，1999）

水青冈属分布于北半球的温带地区（图 4.5），我国有 5 种，武功山地区分布有水青冈 *Fagus longipetiolata* 和光叶水青冈 *Fagus lucida* 两种。花粉化石最先发现于白垩纪，而最早的叶化石发现于中国抚顺始新世地层，中新世及上新世时期水青冈属的化石就已广布北半球中高纬度地区（应俊生 等，2010），因此，本属是适应温带气候的北极—第三纪成分，且成为第三纪时期常绿落叶阔叶林中的重要组成部分，然而自中新世以来，在气候变冷的影响下其分布区缩减。浙江中新世地层中天台—宁海地区发现有水青冈属果实化石，同时发现的还有冬青属、黄檀属、枫香属、鹅耳枥属、槭属、榆属、马甲子属、油杉属等化石，所反映其生活环境的气候与我国现代亚热带山地气候一致（李相传，2007）。因此，水青冈属在中新世时期已广布我国，且自中新世以来在我国境内的变化不大。

草本植物有紫堇属 *Corydalis*（7）、婆婆纳属 *Veronica*（6）、柳叶菜属 *Epilobium*（5）、蓟属 *Cirsium*（4）、看麦娘属 *Alopecurus*（2）、水芹属 *Oenanthe*（2）、拂子茅属 *Calamagrostis*（1）等，主要是耕地田埂或空闲处的杂草；也有林下或灌草丛中的草本，如鸢尾属 *Iris*（2）、舌唇兰 *Platanthera*（4）、天南星属 *Arisaema*（4）等。紫堇属是一古老类群，其起源地为古地中海周边，伴随其退缩及青藏高原隆起、中亚地区旱化等环境变迁，该属在近代发生较大规模的分化，并且形成了以横断山区为中心的近代分布和分化中心（吴征镒，1996）。紫堇属在武功山地区分布有 7 种，可见该区与其他地区联系较为广泛。

（9）东亚和北美洲间断分布：武功山地区共有该分布类型 62 属，分别占该区非世界分布和中国分布的 8.39%、50.81%，含 170 种，属于 37 个科，其中裸子植物有 2 属，分别是铁杉属 *Tsuga*（1）、柏木属 *Cupressus*（1），它们都是常绿乔木，主要分布在亚洲东部和北美洲。被子植物中常见木本植物有山胡椒属 *Lindera*（14）、石楠属 *Photinia*（10）、石栎属 *Lithocarpus*（9）、锥栗属 *Castanopsis*（8）、胡枝子属 *Lespedeza*（8）、楤木属 *Aralia*（5）、八角属 *Illicium*（4）、勾儿茶属 *Berchemia*（3）、漆树属 *Toxicodendron*（5）、流苏树属 *Chionanthus*（2）、马醉木属 *Pieris*（2）等；常见草本植物有腹水草属 *Veronicastrum*（5）、山蚂蝗属 *Desmodium*（3）、落新妇属 *Astilbe*（2）、朱兰属 *Pogonia*（1）、莲属 *Nelumbo*（1）等。本分布型所含种数较少，缺乏大属，在 10~15 种的有山胡椒属、石楠属、蛇葡萄属 3 属，含 1 种的有 30 属，如鹅掌楸属、蓝果树属、菰属、紫藤属等，说明了两区系间具有悠久的历史渊源。

东亚及北美地区的种系分化时间在始新世早期至上新世时期，因此，东亚—北美间断分布属均有古老的发生历史。如鹅掌楸属，隶属于木兰科，是著名的东亚北美间断分布属、孑遗属，武功山地区只分布鹅掌楸 *Liriodendron chinense* 1 种。铁杉属（图 4.6），白垩纪时就广布于北半球欧亚地区（Macko，1963；Manum，1962；Axelrod，1966），全世界共 10 种，中国分布有 4 种，其中 3 种为特有种，武功山地区分布有铁杉 *Tsuga chinensi* 1 种，分布在接近金顶处的山崖边，其树形、枝叶优美，通常与山石形成一道独特的自然景观。

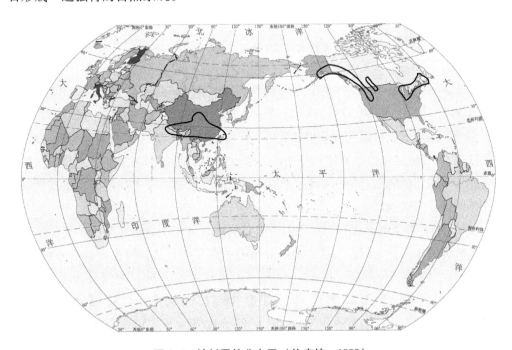

图 4.6　铁杉属的分布区（仿李楠，1999）

漆树属主要分布于东亚及北美的温带地区，属下可分为 4 个组（闵天禄，1980），聂泽龙等对漆树属的系统发育研究表明，亚洲热带地区的裂果漆组与北美新热带的单叶漆组分化时间在中新世早期约为 2084 万年，它们可用北大西洋路桥假说解释；而温带地区东亚—北美漆树属分化的时间在中新世中晚期，它们的交流与白令陆桥有关（图 4.7）。武功山地区内分布有 1 个东亚北美典型的替代种，毒漆藤 *Toxicodendron radicans* 分布于北美，而刺果毒漆藤 *Toxicodendron radicans subsp. hispidum* 分布于中国，它们的分异时间约在 1346 万年。刺果毒漆藤在武功山有分布，它为中新世气候变冷之后所残遗的成分。

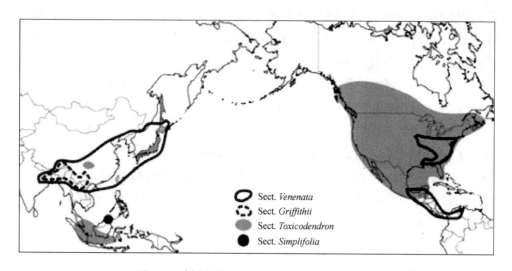

图 4.7　漆树属的地理分布（Nie et al. , 2009）

樟木属 *Sassafras* 共 3 种，中国有 2 种且为特有种，间断分布于东亚及北美东南部地区（图 4.8）。Poole（2000）等曾报道过本属的化石出现于南极洲地区晚白垩纪地层，因此，推测本属可能起源于早期的冈瓦纳古陆，而现存的樟木属是早期一些广布种的残遗（Poole et al. , 2000）。分子系统学研究也表明现存的东亚、北美地区的种类分化于早中新世时期（Nie et al. , 2007）。因此，可推测樟木属可能在始新世时期广布于我国亚热带地区。

（10）旧世界温带分布：旧世界温带分布属主要分布于北半球纬度较高的地区或者海拔较高的地区，它们在武功山地区分布的种系并不发达，且主要以广布种为主。武功山地区共有该分布类型 45 属，分别占该区非世界分布和中国分布的 6.09%、27.44%，含 96 种，属于 22 个科。该分布型主要以草本为主，有 38 属，占该分布类型的 84.44%，常见的有沙参属（5）、前胡属 *Peucedanum*（5）、重楼属 *Paris*（4）、败酱属 *Patrinia*（4）、天名精属 *Carpesium*（3）、活血丹属 *Glechoma*（2）、茼蒿属 *Chrysanthemum*（1）、益母草属 *Leonurus*（1）等，大多是杂草；木本只有 6 属，它们

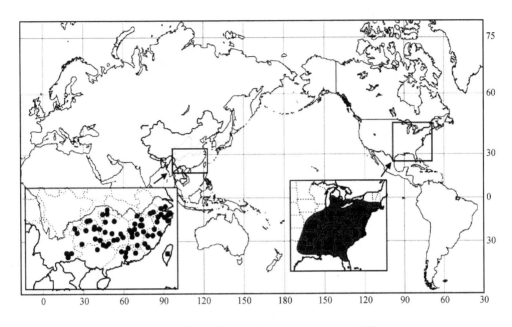

图4.8　檫木属的地理分布（Nie et al.，2007）

是女贞属（7）、梨属 *Pyrus*（4）、马甲子属 *Paliurus*（2）、连翘属 *Forsythia*（1）、桑寄生属 *Loranthus*（1）、榉属（1），主要为植被第二层中常见的灌木，在植被中并不起决定作用。

（11）温带亚洲分布：这一类型主要分布于亚洲的温带地区，主要包括我国华北、东北及西南地区。武功山地区共有该分布类型7属，分别占该区非世界分布和中国分布的0.95%、12.73%，含9种，属于5个科，该区属、种都比较少。它们大多是草本植物，包括大油芒属 *Spodiopogon*（2）、山牛蒡属 *Synurus*（1）、黄鹌菜属 *Youngia*（2）、虎杖属 *Reynoutria*（1）。

（12）地中海、西亚至中亚分布：武功山地区共有该分布类型3属，分别占该区非世界分布和中国分布的0.41%、1.75%，含11种，属于4个科。即獐毛属 *Aeluropus*、常春藤属 *Hedera*、黄连木属 *Pistacia*。该分布类型所占比例很小，可见其不是该区植物区系的主要组成部分，但也说明了和该分布地区存在着一定的联系。

（13）中亚分布：该分布类型由于处于亚洲干旱内陆中心，武功山地区没有类似的生境导致没有该分布类型植物类群。

（14）东亚分布：武功山地区共有该分布类型及变型共103属，占该区非世界分布属的13.94%，属于55个科。该区东亚成分较多，仅排在泛热带和北温带分布之后，可见是该区系组成的重要部分。不含变型有48属，分别占该区非世界分布和中国分布的6.50%、16.05%，含90种，属于35个科。东亚地区是白垩—老第三纪以来的变动最少的木本植物领地，包含有众多的温带至亚热带常绿阔叶林及落叶阔叶林子遗属、种（吴征镒 等，2010）。较为常见的木本植物有五加属 *Eleutherococcus*（6）、吊钟花属 *Enkianthus*（3）、蜡瓣花属 *Corylopsis*（3）、油桐属 *Vernicia*（2）、檵木属 *Loropetalum*（1）、白木乌桕属 *Neoshirakia*（1）等；草本植物有兔儿风属 *Ainsliaea*（5）、双蝴蝶属 *Tripterospermum*（3）、沿阶草属 *Ophiopogon*（2）、大百合属 *Cardiocrinum*（1）、羊耳菊属 *Duhaldea*（1）等。该分布类型中有较多的是以中国分布为主的类群，如猕猴桃属、蜡瓣花属、大百合属等。

本分布区类型包括两个变型，其一为 14SH，即中国—喜马拉雅分布变型。该变型的属部分为古热带植物区系的残遗，而大部分则为喜马拉雅山脉抬升过程中种系快速分化的属或分化出的新特有属，因此，吴征镒等在《中国种子植物区系地理》一书中提出中国—喜马拉雅分布变型的区系成分较中国—日本变型年轻（吴征镒 等，2010）。武功山地区共有该分布类型 11 属，占该区非世界分布的 1.49%，含 17 种，属于 10 个科。这些属中属于喜马拉雅地区优势属的相当少，主要分布的范围还是在横断山区以东，部分类群在喜马拉雅地区得到一定程度分化，体现出东亚植物区系的统一性。木本植物有俞藤属 *Yua*（3）、冠盖藤属 *Pileostegia*（2）、萸叶五加属 *Gamblea*（1）、刺榆属 *Hemiptelea*（1）等；草本植物有开口箭属 *Campylandra*（2）、丫蕊花属 *Ypsilandra*（1）、筒冠花属 *Siphocranion*（1）等。

另一变型 14SJ，即中国—日本分布变型。武功山地区共有该分布类型 44 属，占该区非世界分布的 5.95%，含 67 种，属于 33 个科。该类型都是 5 种以下的属，并且主要是 1 种的属，有 29 属，占该分布类型的 65.91%，如化香树属 *Platycarya*、雷公藤属 *Tripterygium*、桔梗属 *Platycodon*、南天竹属 *Nandina*、玉簪属 *Hosta*、连香树属 *Cercidiphyllum*、刺楸属 *Kalopanax*、萝藦属 *Metaplexis*、棣棠花属 *Kerria* 等；寡种属有野木瓜属 *Stauntonia*（5）、半蒴苣苔属 *Hemiboea*（4）、鹿茸草属 *Monochasma*（2）、泡桐属 *Paulownia*（2）、白辛树属 *Pterostyrax*（2）等。本亚型的属中，不少属起源历史古老，曾有着更广泛的分布区，本亚型分布的属所包含的种系均不太丰富，吴征镒等（2010）认为它们是一个古区系的子遗，谱系地理学研究表明中国—日本分布型的属多为第三季末期，尤其是第四纪冰期影响下分布区南迁或缩小而形成现在的分布格局（Qiu et al.，2011），如连香树属、南天竹属、刺楸属、化香树属等古老的单型属及寡型属均是在中新世以来的全球降温事件下造成分布区缩减，可见该区具有比较明显的古老残遗性质。

（15）中国特有分布：中国特有属的概念存在一定争议，一些学者将特有属分为严格特有属及半特有属、准特有属等。但区系发生应该在自然地理区域的范围内进行讨论而不应局限于严格的行政区域，因此，特有属统计可参照应俊生等（1994b）及吴征镒等（2006）的原则，即包括分布区主体在我国但可延伸至国境线外的一些属。

据此统计得出武功山地区共有该分布类型 24 属，分别占该区非世界分布和中国分布的
3.25%、9.34%，含 25 种，隶属于 23 个科（表 4.4），占中国特有属（239 属）的
10.04%（吴征镒 等，2010）。中国特有属的比例不高，说明武功山并不属于现今的几
大特有中心的范畴，该区在特有属的形成分化中的作用有限。究其原因可能是因为长期
以来该区地质比较稳定，以及与其他地区区系尤其是特有现象中心的隔离并不强烈。

本区中国特有属以单种属为主，共 15 属，占该区特有属总数的 62.5%，如银杏
属、杉木属、四棱草属等。主要分布在华东、华南、华中和西南 4 个地区，其中以几
个地区共有属较多，可见武功山地区的特有属与华东、华南、华中和西南地区均有着
密切联系。一些特有属的分布区覆盖了我国秦岭以南的大部分地区，体现出东亚植物
区系发生的统一性，并有部分属分化出明显的地理替代现象。如青钱柳属、瘿椒树
属、血水草属、阴山荠属等。

表 4.4 武功山地区种子植物中国特有属

属名	属的类型	中国种数	武功山种数	生活习性	地理分布
银杏属 Ginkgo	单种属	1	1	落叶乔木	华东至华中
杉木属 Cunninghamia	单种属	1	1	常绿乔木	华东、华中至华南、西南
青钱柳属 Cyclocarya	单种属	1	1	落叶乔木	华南、华中、华东
青檀属 Pteroceltis	单种属	1	1	落叶乔木	西北、东北、华中、华东
马蹄香属 Saruma	单种属	1	1	草本	华中、华东
大血藤属 Sargentodoxa	单种属	1	1	藤本	华东、华中、华南至西南
血水草属 Eomecon	单种属	1	1	草本	华东、华中、西南
阴山荠属 Yinshania	多种属	5	1	草本	西北、华中、华东至西南
伯乐树属 Bretschneidera	单种属	1	1	落叶乔木	西南、华南、华中至华东
半枫荷属 Semiliquidambar	少种属	2	1	常绿乔木	华南、华东
杜仲属 Eucommia	单种属	1	1	落叶乔木	华中、华东
瘿椒树属 Tapiscia	少种属	2	1	落叶乔木	西南、华南、华中至华东
栾树属 Koelreuteria	少种属	3	1	落叶乔木	华东、华中、华南、西南
喜树属 Camptotheca	少种属	2	1	落叶乔木	华南、华中、华东
通脱木属 Tetrapanax	单种属	1	1	落叶乔木	西南、华南、华中至华东
永瓣藤属 Monimopetalum	单种属	1	1	藤本	华东
陀螺果属 Melliodendron	单种属	1	1	落叶乔木	华南、华中、华东
秤锤树属 Sinojackia	多种属	5	1	落叶乔木	华中、华南、西南
皿果草属 Omphalotrigonotis	单种属	1	1	草本	华中至华东

续表

属名	属的类型	中国种数	武功山种数	生活习性	地理分布
四棱草属 *Schnabelia*	单种属	1	1	草本	华南、华中至华东
动蕊花属 *Kinostemon*	少种属	3	2	草本	华中、西南
紫菊属 *Notoseris*	多种属	11	1	草本	西南、华南、华中至华东
独花兰属 *Changnienia*	单种属	1	1	草本	华中、华东
四轮香属 *Hanceola*	多种属	8	1	草本	华东、华中、华南、西南

中国特有属中木本（含乔木和藤本）属较为丰富，共有15属，占该区特有属总数的62.5%，高于全国34%的木本特有属比例（应俊生，1994b）。许多木本特有属，如杉木属、青钱柳属、青檀属、伯乐树属等是本区常见的类群。而数量较高的木本特有属的存在，不仅反映了这类特有植物在该区植物区系及植被中的重要作用，而且一定程度上还说明了植物区系的古老性与孑遗性。木本植物中落叶成分较多，含11属，但它们并不是起源于温带，而是大多数分布在我国亚热带地区，如伯乐树属（图4.9）、青钱柳属（图4.10）、大血藤属等。此外，在木本属中有很多都是古特有属，

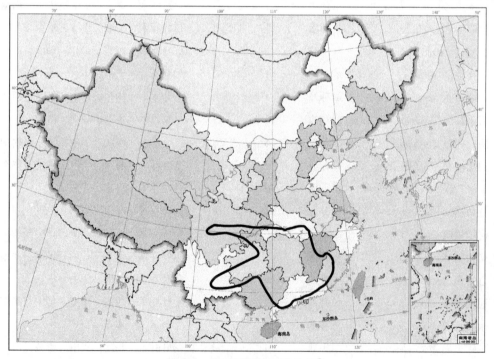

图 4.9 伯乐树属的地理分布①

---

① 根据应俊生、张玉龙（1994b）资料重绘。

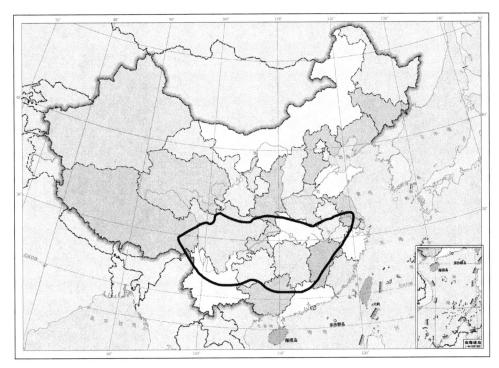

图4.10 青钱柳属的地理分布①

青钱柳属在我国亚热带山地广布，属于胡桃科茎荑花序类，无疑是一个第三纪孑遗属（应俊生，1994b）。青钱柳的现代分布区形成与中新世亚洲内陆干旱时间紧密相关，谱系地理研究表明，青钱柳的绝大部分单倍型在中新世已经分化，伴随着东亚季风气候的形成青钱柳分布区扩张（Kou et al.，2016）。喜树属和瘿椒树属均为单型属，分布于我国秦岭以南亚热带山区，化石出现于中新世（应俊生，1994b）。因此，可以说明武功山地区的分布区形成的时间可能就在中新世时期。

草本特有属有9属，只占到特有属总数的37.5%，比例较低，远低于全国66%的草本特有属（应俊生，1994b），该区分布着孑遗性质的属，如血水草属（图4.11），其为单型属，广布于我国亚热带山地，它在罂粟科中处于较为原始的地位，北美加拿大所分布的 *Sanguinaria* 与血水草属为对应种（吴征镒 等，2005），因此，本属的起源历史可能在北太平洋扩张之前。血水草 *Eomecon chionantha* 在第四纪的冰期波动中，武夷山、云贵高原、九岭山脉均为其避难所（袁琳，2014）。此外，草本属中还分布着可能属于新特有的属，如独花兰属、阴山荠属、四棱草属。可见该区中国种子植物特有属的性质是以古老和孑遗性为主，但也存在一定的年轻成分。

---

① 根据应俊生、张玉龙（1994b）资料重绘。

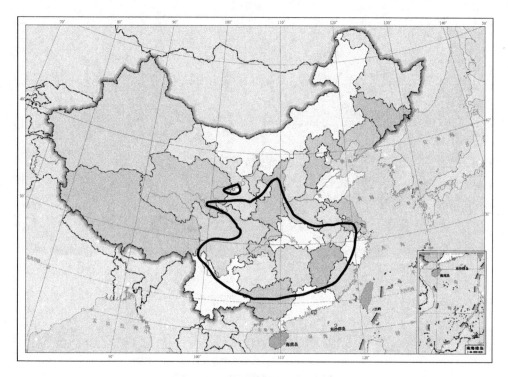

图 4.11　血水草属的地理分布①

4.3　小结

（1）武功山地区种子植物属的组成中，冬青属、蓼属、悬钩子属、薹草属、菝葜属、堇菜属、榕属、卫矛属等包含的种类较多。该区中仅包含 1 个种的有 406 属，占总数的 50.50%，其中裸子植物 14 属，占该区总数 1.74%。含 1 种的属较多，反映出该区区系来源广泛，组成复杂。

（2）武功山地区区系组成复杂且与其他地区联系广泛，包含 14 个属的分布型。其中泛热带分布最多，含有 143 属，占非世界广布属的 19.35%。热带性质的属有 365 属，占非世界广布属的 49.39%，温带性质的属有 350 属，占非世界广布属的 47.36%。然而，武功山地区内没有中亚分布型分布，地中海区、西亚至中亚分布型也仅分布 3 属，表明武功山地区植物区系与古特提斯植物区系关联性较弱。温带亚洲分布属在武功山地区仅分布有 7 属，表明本区的区系组成受典型温带性成分影响较弱，可能是因为武功山地处亚热带季风区，且范围内山体均较低所致。在属这一级热带性质的属略占优势，与科的分布类型比较中发现，属的温带成分显著升高，反映出

---

① 根据应俊生、张玉龙（1994b）资料重绘。

热带性向温带性过渡的性质。

（3）武功山地区区系起源古老，北温带分布的属、东亚—北美间断分布属中不少属的化石均可在始新世以来的地层中找到，分子系统学等方面研究均表明，中新世时期全球气候降温事件促使北极—第三纪成分的分布区向南迁移，武功山地区现在分布的温带性属中不少均为北极—第三纪成分的直接后裔。此外，北热带区系成分也是武功山地区温带性属的一个来源，它们的分布区可能受气候波动影响较小，自始新世以来延续至今。

（4）武功山地区属于东亚植物区系的一部分。东亚分布属共有 103 属，占该区非世界分布属的 13.94%，属于 55 个科。其中中国—日本分布较多，有 44 属，占该区非世界分布的 5.95%，含 67 种。主要以单种属为主，有 29 属，占该分布类型的 65.91%，呈现出系统上的孤立性、起源上的古老性，它们多为北方—老第三纪成分在地质变迁过程中留下的残遗类群。如化香树属、南天竹属、玉簪属、连香树属等。

（5）分布在武功山地区的中国特有属有 24 属，含 25 种，隶属于 23 科，占该区非世界分布总属数的 3.25%。比例不高，表明该区不在我国特有属中心范畴，但其中的单种属和古特有属占据优势，不少古特有属自中新世以来就已分布到武功山地区，并延续至今，也存在少量新特有属；武功山地区分布的中国特有种在华东、华南、华中和西南 4 个地区均有一定的分布区，表明武功山地区植物区系与我国其他地区区系发生上的统一性。木本特有属较为丰富，共有 15 属，占该区特有属总数的 62.5%。综上所述，武功山地区种子植物区系具有一定古老性并且与其他地区之间具有广泛的区系联系。

第 5 章　武功山地区种子植物种的统计分析

　　种是植物分类最基本的单位，是物种存在的客观形式，也是植物区系中最基本的组成成分，它的分布与外界环境密切相关，并直接决定现代植物区系成分的结构和生态系统功能。因此，对于种的区系分析能更加准确、具体地反映现代植物区系的特征与性质。

5.1　武功山地区种子植物种的地理成分分析

　　本章对武功山地区种子植物种的地理成分进行统计分析，主要参考了吴征镒（2006）对属的分布类型的定义和范围，以及《Flora of China》中的产地。据此将武功山地区 2068 种种子植物分为 14 个分布区正型和 2 个分布区变型（表 5.1），各类型基本特征如下。

表 5.1　武功山地区种子植物种的分布类型

序号	属的分布区类型	武功山种数	占非世界种比例/%
1	世界分布	49	—
2	泛热带分布	213	10.55
3	热带亚洲和热带美洲间断分布	43	2.13
4	旧世界热带分布	79	3.91
5	热带亚洲至热带大洋洲分布	35	1.73
6	热带亚洲至热带非洲分布	32	1.58
7	热带亚洲分布	210	10.40
8	北温带分布	170	8.42
9	东亚和北美洲间断分布	60	2.97
10	旧世界温带分布	39	1.93
11	温带亚洲分布	7	0.35
12	地中海、西亚至中亚分布	5	0.25
13	中亚分布	0	0

续表

序号	属的分布区类型	武功山种数	占非世界种比例/%
14	东亚分布	196	9.71
14SH	中国—喜马拉雅分布	12	0.59
14SJ	中国—日本分布	157	7.78
15	中国特有分布	761	37.69
	合计	2068	100.00

（1）世界分布：武功山地区共有该分布类型 49 种，如藜科 Chenopodiaceae 的藜 *Chenopodium album*、石竹科 Caryophyllaceae 的鹅肠菜 *Myosoton aquaticum*、酢浆草科 Oxalidaceae 的酢浆草 *Oxalis corniculata*、浮萍科 Lemnaceae 的紫萍 *Spirodela polyrrhiza*、禾本科 Poaceae 的狗尾草 *Setaria viridis* 等，主要为水生、湿生植物及"四旁"的杂草。

（2）泛热带分布：213 种，占该区非世界种的 10.55%，在热带性质（2～7 分布型）的分布型中所占的比例是最大的。大多为草本植物，如菊科 Asteraceae 的藿香蓟 *Ageratum conyzoides*、禾本科 Poaceae 的白茅 *Imperata cylindrica*、莎草科 Cyperaceae 的玉山针蔺 *Trichophorum subcapitatum*、鸢尾科 Iridaceae 的射干 *Belamcanda chinensis*、荨麻科 Urticaceae 的赤车 *Pellionia radicans* 等。木本植物有榆科 Ulmaceae 的糙叶树（原变种）*Aphananthe aspera* var. *aspera* 和紫弹树 *Celtis biondii*、木兰科 Magnoliaceae 的鹅掌楸 *Liriodendron chinense* 等。其中，木兰科的鹅掌楸是国家二级保护野生植物，是十分罕见且古老的树种，在武功山地区有分布，可见其区系具有古老性。此外，该分布类型占该区比例最多，可见其是该区植物区系具有一定的热带性质且是组成区系的主要成分。

（3）热带亚洲和热带美洲间断分布：43 种，占该区非世界分布的 2.13%。主要以木本植物为主，如铁青树科 Olacaceae 的青皮木 *Schoepfia jasminodora*、杜英科 Elaeocarpaceae 的猴欢喜 *Sloanea sinensis*、安息香科 Styracaceae 的越南安息香 *Styrax tonkinensis*、马鞭草科 Verbenaceae 的尖尾枫 *Callicarpa longissima*、茜草科 Rubiaceae 的日本粗叶木 *Lasianthus japonicus* 等，主要为常绿木本植物，是常绿阔叶林中常见的物种。草本植物有蓼科 Polygonaceae 的疏蓼 *Polygonum praetermissum*、旋花科 Convolvulaceae 的北鱼黄草 *Merremia sibirica*、禾本科 Poaceae 的毛秆野古草 *Arundinella hirta* 等。

（4）旧世界热带分布：79 种，占该区非世界分布的 3.91%。主要以草本植物为主，如桑科 Moraceae 的水蛇麻 *Fatoua villosa*、牻牛儿苗科 Geraniaceae 的老鹳草 *Geranium wilfordii*、野牡丹科 Melastomataceae 的金锦香 *Osbeckia chinensis*、柳叶菜科 Onagraceae 的柳叶菜 *Epilobium hirsutum*、禾本科 Poaceae 的画眉草 *Eragrostis pilosa* 等，主

要分布在河滩湿地及路旁。木本植物有蔷薇科 Rosaceae 的粗叶悬钩子 *Rubus alceaifolius*、棟科 Meliaceae 的棟 *Melia azedarach*、茜草科 Rubiaceae 的栀子 *Gardenia jasminoides*、大戟科 Euphorbiaceae 的石岩枫 *Mallotus repandus* 等，木本植物主要以灌木为主，分布在林下或灌丛中。

（5）热带亚洲至热带大洋洲分布：35 种，占该区非世界分布的 1.73%。草本植物有兰科 Orchidaceae 的金线兰 *Anoectochilus roxburghii*、菊科 Asteraceae 的下田菊 *Adenostemma lavenia*、堇菜科 Violaceae 的如意草 *Viola hamiltoniana*、大戟科 Euphorbiaceae 的铁苋菜 *Acalypha australis* 等。木本植物有樟科 Lauraceae 的锈叶新木姜子 *Neolitsea cambodiana*、棟科 Meliaceae 的红椿 *Toona ciliata*、大戟科 Euphorbiaceae 的粗糠柴 *Mallotus philippensis* 等。在晚侏罗 – 白垩纪期间，澳洲与非洲大陆完全脱离，因此，该分布类型中的植物种类有着悠久的历史，特别是一些木本植物。

（6）热带亚洲至热带非洲分布：32 种，占该区非世界分布的 1.58%。木本植物有八角枫科 Alangiaceae 的八角枫 *Alangium chinense*、紫金牛科 Myrsinaceae 的密花树 *Myrsine seguinii*、茜草科 Rubiaceae 的狗骨柴 *Diplospora dubia*、桑科 Moraceae 的石榕树 *Ficus abelii* 等，大多分布在林中或树下。草本植物有泽泻科 Alismataceae 的长喙毛茛泽泻 *Ranalisma rostrata*、苋科 Amaranthaceae 的牛膝 *Achyranthes bidentata*、狸藻科 Lentibulariaceae 的挖耳草 *Utricularia bifida* 等，其中长喙毛茛泽泻种质资源很少，是国家一级保护植物。

（7）热带亚洲分布：210 种，占该区非世界分布的 10.40%。主要木本植物有桦木科 Betulaceae 的雷公鹅耳枥 *Carpinus viminea*、壳斗科 Fagaceae 的青冈 *Cyclobalanopsis glauca*、桑科 Moraceae 的琴叶榕 *Ficus pandurata*、金缕梅科 Hamamelidaceae 的蕈树 *Altingia chinensis*、五加科 Araliaceae 的鹅掌柴 *Schefflera heptaphylla* 等，主要分布在林中，大多是常绿阔叶林中的主要成分，且中国为主要分布区。主要草本植物有莎草科 Cyperaceae 的浆果薹草 *Carex baccans*、兰科 Orchidaceae 的多叶斑叶兰 *Goodyera foliosa*、禾本科 Poaceae 的斑茅 *Saccharum arundinaceum* 等。

（8）北温带分布：170 种，占该区非世界分布的 8.42%。主要以草本植物为主，如荨麻科 Urticaceae 的透茎冷水花 *Pilea pumila*、蓼科 Polygonaceae 的长鬃蓼 *Polygonum longisetum*、虎耳草科 Saxifragaceae 的鸡肫草 *Parnassia wightiana*、藤黄科 Clusiaceae 的地耳草 *Hypericum japonicum* 等。木本植物有胡桃科 Juglandaceae 的黄杞 *Engelhardia roxburghiana* 和胡桃楸 *Juglans mandshurica*、桑科 Moraceae 的桑 *Morus alba* 等，主要分布在林中。

（9）东亚和北美洲间断分布：60 种，占该区非世界分布的 2.97%。木本植物有蔷薇科 Rosaceae 的中华石楠 *Photinia beauverdiana*、豆科 Fabaceae 的胡枝子 *Lespedeza* bicolor、葡萄科 Vitaceae 的蛇葡萄 *Ampelopsis glandulosa* 等，主要分布在灌木丛中。草本植物有三白草科 Saururaceae 的三白草 *Saururus chinensis*、伞形科 Apiaceae 的野鹅脚板 *Sanicula orthacantha* 等，大多为一些常见杂草。

（10）旧世界温带分布：39 种，占该区非世界分布的 1.93%。如石竹科 Caryophyllaceae 的繁缕 *Stellaria media*、萝藦科 Asclepiadaceae 的牛皮消 *Cynanchum auriculatum*、唇形科 Lamiaceae 的香薷 *Elsholtzia ciliata*、败酱科 Valerianaceae 的败酱 *Patrinia scabiosifolia*、水鳖科 Hydrocharitaceae 的黑藻 *Hydrilla verticillata* 等，该区的分布型大多为草本植物，且多分布在比较进化的类群中，表明它们并非是本地起源。

（11）温带亚洲分布：该分布类型有菊科 Asteraceae 的黄鹌菜 *Youngia japonica* 和天名精 *Carpesium abrotanoides*、车前科 Plantaginaceae 的车前 *Plantago asiatica* 等 7 种草本植物，占该区非世界分布的 0.35%。该分布类型在本区中的植物大多是广布全国的种，比例较低，不足以代表该区的区系性质。

（12）地中海、西亚至中亚分布：该分布类型有茜草科 Rubiaceae 的车叶律 *Galium asperuloides*、禾本科 Poaceae 的野燕麦 *Avena fatua*、菊科 Asteraceae 的苣荬菜 *Sonchus wightianus* 等 5 种草本植物，占该区非世界分布的 0.25%。该分布类型在本区中的植物大多是广布全国的种。

（13）中亚分布：该分布类型由于处于亚洲干旱内陆中心，武功山地区没有类似的生境导致没有该分布类型植物类群。

（14）东亚分布：196 种，占该区非世界分布的 9.71%，在温带性质（8~14 分布型）的分布型中所占的比例是最大的。该区草本和木本植物种类数量相当，如兰科 Orchidaceae 的十字兰 *Habenaria schindleri*、百合科 Liliaceae 的麦冬 *Ophiopogon japonicus*、泽泻科 Alismataceae 的窄叶泽泻 *Alisma canaliculatum*、菊科 Asteraceae 的蒲儿根 *Sinosenecio oldhamianus* 等草本植物。木本植物有壳斗科 Fagaceae 的枹栎 *Quercus serrata*、桑科 Moraceae 的柘 *Maclura tricuspidata*、樟科 Lauraleae 的狭叶山胡椒 *Lindera angustifolia*、蔷薇科 Rosaceae 的掌叶复盆子 *Rubus chingii* 等，都是一些大科中的植物，且有些是常绿阔叶林中或林下的物种。

2 个变型中，14SH 即中国—喜马拉雅分布变型有五味子科 Schisandraceae 的铁箍散 *Schisandra propinqua* var. *sinensis*、龙胆科 Gentianaceae 的华南龙胆 *Gentiana loureirii*、桑科 Moraceae 的尾尖爬藤榕 *Ficus sarmentosa* var. *lacrymans* 等 12 种，占该区非世界分布的 0.59%。

14SJ 即中国—日本分布变型共 157 种，占该区非世界分布的 7.78%。草本植物有荨麻科 Urticaceae 的冷水花 *Pilea notata*、毛茛科 Ranunculaceae 的扬子毛茛 *Ranunculus sieboldii*、罂粟科 Papaveraceae 的紫堇 *Corydalis edulis*、梧桐科 Sterculiaceae 的田麻 *Corchoropsis crenata* 等。木本植物有壳斗科 Fagaceae 的云山青冈 *Cyclobalanopsis sessilifolia、榆科 Ulmaceae 的朴树 *Celtis sinensis*、冬青科 Aquifoliaceae 的大叶冬青 *Ilex latifolia*、卫矛科 *Celastraceae* 的雷公藤 *Tripterygium wilfordii*、樟科 Lauraceae 的闽楠 *Phoebe bournei* 等，大多分布在常绿阔叶林中，是其组成的主要部分，且是该区表征科中的植物。本区中东亚分布的植物较多，占到的比例较大，说明该区是东亚植物的重要起源和分化地区。

（15）中国特有分布：该区有 761 种，是分布类型中种类最多，占该区非世界分布的 37.69%。隶属于 111 科、342 属。将含有 5 个特有种的科按照种数从大到小排列，如表 5.2 所示。通过表 5.2 可知，含特有种在 20 种以上的有 8 科，分别为蔷薇科（50 种）、百合科（35 种）、山茶科（33 种）、樟科（32 种）、菊科（27 种）、豆科（25 种）、葡萄科（22 种）和壳斗科（20 种）。含有 10～19 种的有 17 科，如唇形科（18 种）、杜鹃花科（18 种）、冬青科（18 种）、毛茛科（13 种）、五加科（11 种）、木兰科（11 种）等。含有 5～9 种的科有 28 科，如荨麻科（9 种）、金缕梅科（8 种）、木通科（8 种）、大戟科（7 种）、木犀科（6 种）、桑科（5 种）等。

表 5.2　武功山地区种子植物特有种组成

科名	属/特有种	分布类型	科名	属/特有种	分布类型
蔷薇科 Rosaceae	14/50	1	紫草科 Boraginaceae	3/4	1
百合科 Liliaceae	18/35	8	杨柳科 Salicaceae	2/4	8
山茶科 Theaceae	7/33	2	五味子科 Schisandraceae	2/4	9
樟科 Lauraceae	8/32	2	椴树科 Tiliaceae	2/4	2
菊科 Asteraceae	19/27	1	八角科 Illiciaceae	1/4	9
豆科 Fabaceae	14/25	1	薯蓣科 Dioscoreaceae	1/4	2
葡萄科 Vitaceae	6/22	2	姜科 Zingiberaceae	3/3	5
壳斗科 Fagaceae	6/20	8	松科 Pinaceae	2/3	8
唇形科 Lamiaceae	10/18	1	桦木科 Betulaceae	2/3	8
杜鹃花科 Ericaceae	5/18	6	天南星科 Araceae	2/3	2
卫矛科 Celastraceae	4/18	2	柿树科 Ebenaceae	1/3	2
冬青科 Aquifoliaceae	1/18	2	桑寄生科 Loranthaceae	1/3	2
虎耳草科 Saxifragaceae	8/15	1	蓼科 Polygonaceae	1/3	1
毛茛科 Ranunculaceae	7/13	1	杜英科 Elaeocarpaceae	1/3	3
禾本科 Poaceae	9/11	1	藤黄科 Clusiaceae	1/3	2
玄参科 Scrophulariaceae	8/11	1	桤叶树科 Clethraceae	1/3	3

续表

科名	属/特有种	分布类型	科名	属/特有种	分布类型
茜草科 Rubiaceae	7/11	1	杉科 Taxodiaceae	2/2	8
五加科 Araliaceae	6/11	3	胡桃科 Juglandaceae	2/2	8
安息香科 Styracaceae	5/11	3	罂粟科 Papaveraceae	2/2	8
木兰科 Magnoliaceae	4/11	3	蓝果树科 Nyssaceae	2/2	8
凤仙花科 Balsaminaceae	1/11	2	夹竹桃科 Apocynaceae	2/2	2
五福花科 Adoxaceae	1/11	8	茄科 Solanaceae	2/2	1
兰科 Orchidaceae	9/10	1	三尖杉科 Cephalotaxaceae	1/2	14
马鞭草科 Verbenaceae	3/10	3	胡椒科 Piperaceae	1/2	2
报春花科 Primulaceae	2/10	1	金粟兰科 Chloranthaceae	1/2	2
苦苣苔科 Gesneriaceae	5/9	3	景天科 Crassulaceae	1/2	1
荨麻科 Urticaceae	4/9	2	海桐花科 Pittosporaceae	1/2	4
猕猴桃科 Actinidiaceae	1/9	14	省沽油科 Staphyleaceae	1/2	3
金缕梅科 Hamamelidaceae	6/8	8	紫金牛科 Myrsinaceae	1/2	2
伞形科 Apiaceae	4/8	1	忍冬科 Caprifoliaceae	1/2	8
木通科 Lardizabalaceae	4/8	3	十字花科 Brassicaceae	1/1	1
榆科 Ulmaceae	5/7	1	谷精草科 Eriocaulaceae	1/1	2
大戟科 Euphorbiaceae	5/7	2	银杏科 Ginkgoaceae	1/1	15
芸香科 Rutaceae	4/7	2	柏科 Cupressaceae	1/1	8
马兜铃科 Aristolochiaceae	3/7	1	红豆杉科 Taxaceae	1/1	14
小檗科 Berberidaceae	3/7	8	铁青树科 Olacaceae	1/1	3
莎草科 Cyperaceae	2/7	1	伯乐树科 Bretschneideraceae	1/1	15
木犀科 Oleaceae	4/6	1	杜仲科 Eucommiaceae	1/1	15
鼠李科 Rhamnaceae	3/6	1	苦木科 Simaroubaceae	1/1	2
萝藦科 Asclepiadaceae	3/6	2	远志科 Polygalaceae	1/1	1
黄杨科 Buxaceae	3/6	8	漆树科 Anacardiaceae	1/1	2
清风藤科 Sabiaceae	2/6	7	瘿椒树科 Tapisciaceae	1/1	15
龙胆科 Gentianaceae	2/6	1	七叶树科 Hippocastanaceae	1/1	8
槭树科 Aceraceae	1/6	8	无患子科 Sapindaceae	1/1	2

科名	属/特有种	分布类型	科名	属/特有种	分布类型
桑科 Moraceae	3/5	1	锦葵科 Malvaceae	1/1	2
石竹科 Caryophyllaceae	2/5	1	大风子科 Flacourtiaceae	1/1	3
野牡丹科 Melastomataceae	2/5	2	八角枫科 Alangiaceae	1/1	4
瑞香科 Thymelaeaceae	2/5	1	桃金娘科 Myrtaceae	1/1	2
桔梗科 Campanulaceae	2/5	1	山矾科 Symplocaceae	1/1	2
秋海棠科 Begoniaceae	1/5	2	马钱科 Loganiaceae	1/1	2
堇菜科 Violaceae	1/5	1	番荔枝科 Annonaceae	1/1	3
胡颓子科 Elaeagnaceae	1/5	8	菖蒲科 Acoraceae	1/1	8
山茱萸科 Cornaceae	1/5	8	泽泻科 Alismataceae	1/1	1
爵床科 Acanthaceae	4/4	2	灯心草科 Juncaceae	1/1	8
葫芦科 Cucurbitaceae	3/4	2	鸢尾科 Iridaceae	1/1	2
防己科 Menispermaceae	3/4	2			

合计：111 科、342 属、761 种

从表 5.2 中可以看出，武功山地区特有种在科的分布有 111 科，其中不仅有原始和发育位置比较孤立的科，而且也有一些比较年轻的科，前者如樟科、木兰科、金缕梅科、毛茛科、伯乐树科等，这些科中有不少的单型属或寡种属，体现了古老性和残遗性，因此，该区存在一些古特有种。后者如杜鹃花科、菊科、禾本科、兰科、唇形科、安息香科等，这些科种系较为发达，其中有些特有化程度很高，它们之中存在不少的新的特有种。

在中国特有种较丰富的科中，蔷薇科（50 种）、菊科（27 种）、豆科（25 种）、唇形科（18 种）、杜鹃花科（18 种）、毛茛科（13 种）等是世界分布的大科，百合科（35 种）、壳斗科（20 种）、五福花科（11 种）、金缕梅科（8 种）等科为温带性分布的科，其余多是以亚热带分布为主的科，如山茶科（33 种）、樟科（32 种）、葡萄科（22 种）、冬青科（18 种）、卫矛科（18 种）、木兰科（11 种）、五加科（11 种）、安息香科（11 种）等，这些科都是前文所述的组成武功山地区植物区系的主体，大多是该区的表征科，其中山茶科、樟科、葡萄科、冬青科、卫矛科、安息香科的特有化程度（各科特有种种数占武功山各科总数的比例）分别高达 82.50%、57.14%、62.86%、58.06%、69.23%、73.33%，这不仅说明了这些科得到了分化，而且还说明了武功山地区植物区系中种系分化较丰富。以热带分布为主的科如萝藦科（6 种）、姜科（3 种）、天南星科（3 种）、紫金牛科（2 种）、胡椒科（2 种）、番荔枝科（1 种）等在武功山地区有一定数量的特有种，说明了热带成分在武功山地区得

到了发育和分化，使该区植物区系具有一定的热带性质。

　　根据《Flora of China》对于武功山地区分布的中国特有种分布的地区（省区）的记载，结合吴征镒（2006）、廖文波（2014）等学者的观点，对武功山地区特有种进一步划分为 7 个亚类型，见表 5.3。

表 5.3　武功山地区种子植物特有种植物分布类型

分布类型	种数/种	占该区特有种总数的比例/%
江西特有	8	1.05
华东特有	106	13.93
华中特有	97	12.75
华南特有	95	12.48
华东—华中特有	123	16.16
华东—华南特有	126	16.56
华东—华中—华南特有	206	27.07
合计	761	100.00

　　江西特有分布：武功山地区有江西特有植物 8 种，占该地区特有种总数的 1.05%，分别是武功山异黄精 *Heteropolygonatum wugongshanensis*、武功山阴山荠 *Yinshania hui*、武功山冬青 *Ilex wugongshanensis*、江西杜鹃 *Rhododendron kiangsiense*（图 5.1）、常绿悬钩子 *Rubus jianensis*、美丽秋海棠 *Begonia algaia*、江西小檗 *Berberis jiangxiensis* 等。其中，武功山异黄精和江西杜鹃是武功山地区特有种，分布范围较为狭窄，前者只分布于羊狮幕山顶的一处石头上，且不超过 50 株，后者零星分布于羊狮幕和武功山 2 处。在该区分布的江西特有种不仅有草本，还有灌木和乔木，其中，美丽秋海棠等草本植物主要分布在阴湿处，江西杜鹃主要分布在山顶灌丛中，可见其组成较为复杂。

　　华东特有分布：主要包含分布于安徽、浙江、江西等地的种类。武功山地区有 106 种，占该地区特有种总数的 13.93%，如毛茛科 Ranunculaceae 的赣皖乌头 *Aconitum finetianum*、豆科 Fabaceae 的江西鸡血藤 *Callerya kiangsiensis*（图 5.1）和宁波木蓝 *Indigofera decora* var. *cooperii*、凤仙花科 Balsaminaceae 的牯岭凤仙花 *Impatiens davidi* 和井冈山凤仙花 *Impatiens jinggangensis*、鼠李科 Rhamnaceae 的牯岭勾儿茶 *Berchemia kulingensis*、葡萄科 Vitaceae 的牯岭蛇葡萄 *Ampelopsis heterophylla* var. *kulingensis*、樟科 Lauraceae 的浙江新木姜子 *Neolitsea aurata* var. *chekiangensis*、山茶科 Theaceae 的浙江山茶 *Camellia chekiangoleosa*、马鞭草科 Verbenaceae 的浙江大青 *Clerodendrum kaichianum*、禾本科 Poaceae 的浙江柳叶箬 *Isachne hoi*、虎耳草科 Saxifragaceae 的宁波溲疏

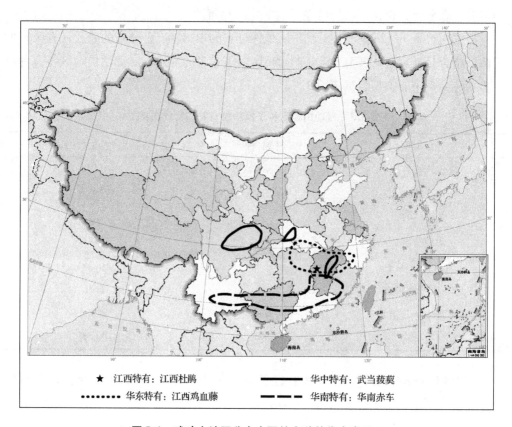

图 5.1　武功山地区分布中国特有种的代表类群 1

Deutzia ningpoensis 等。

　　华中特有分布：主要包含分布于四川、贵州、湖北、江西、湖南等地的种类，可延伸至广西、云南。武功山地区有 97 种，占该地区特有种总数的 12.75%，如荨麻科 Urticaceae 的宜昌楼梯草 *Elatostema ichangense*、蔷薇科 Rosaceae 的华中樱桃 *Cerasus conradinae*、冬青科 Aquifoliaceae 的四川冬青 *Ilex szechwanensis*、胡颓子科 Elaeagnaceae 的巴东胡颓子 *Elaeagnus difficilis*、伞形科 Apiaceae 的鄂西前胡 *Peucedanum henryi*、天南星科 Araceae 的湘南星 *Arisaema hunanense*、百合科 Liliaceae 的武当菝葜 *Smilax outanscianensis*（图 5.1）和湖北黄精 *Polygonatum zanlanscianense* 等。

　　华南特有分布：主要包含分布于广东、广西、湖南南部、江西南部、福建等地的种类，部分科延伸至西南或华东。武功山地区有 95 种，占该地区特有种总数的 12.48%，如桦木科 Betulaceae 的华南桦 *Betula austrosinensis*、壳斗科 Fagaceae 的宁冈青冈 *Cyclobalanopsis ningangensis*、荨麻科 Urticaceae 的华南赤车 *Pellionia grijsii*（图 5.1）、马兜铃科 Aristolochiaceae 的五岭细辛 *Asarum wulingense*、蔷薇科 Rosaceae 的华南悬钩子 *Rubus hanceanus*、槭树科 Aceraceae 的岭南枫 *Acer tutcheri*、葡萄科 Vitaceae

的闽赣葡萄 *Vitis chungii*、桤叶树科 Clethraceae 的华南桤叶树 *Clethra faberi*、山茶科 Theaceae 的全缘叶山茶 *Camellia subintegra*、金缕梅科 Hamamelidaceae 的半枫荷 *Semiliquidambar cathayensis*、薯蓣科 Dioscoreaceae 的细叶日本薯蓣 *Dioscorea japonica* var. *oldhamii* 等。其中，细叶日本薯蓣和华中特有分布中的峨眉繁缕、华西俞藤、鄂西前胡、湘南星是江西省首次报道的种子植物（肖佳伟 等，2017）。在武功山地区常绿阔叶林中有宁冈青冈的群落存在，成为上层的优势种。

华东—华中特有分布：主要包含分布于湖北、陕西、四川、江西、浙江、安徽、湖南、贵州、福建等地的种类，部分物种可向北延伸至甘肃，或向南分布至两广，或向西分布至云南。武功山地区有 123 种，占该地区特有种总数的 16.16%，如木兰科 Magnoliaceae 的落叶木莲 *Manglietia decidua*（图 5.2）、五味子科 Schisandraceae 的华中五味子 *Schisandra sphenanthera*、石竹科 Caryophyllaceae 的峨眉繁缕 *Stellaria omeiensis*、五福花科 Adoxaceae 的衡山荚蒾 *Viburnum hengshanicum*、壳斗科 Fagaceae 的多脉青冈 *Cyclobalanopsis multinervis*、大戟科 Euphorbiaceae 的湖北算盘子 *Glochidion wilsonii*、荨麻科 Urticaceae 的庐山楼梯草 *Elatostema stewardii*、葡萄科 Vitaceae 的华西俞藤 *Yua thomsoni* var. *glaucescens* 等。其中落叶木莲是我国古老珍稀濒危物种，其所属的木兰科、木莲属 *Manglietia* 均为古老类群。落叶木莲为木莲属中唯一的落叶树种，可见其并非为后期分化形成的，而是该类群中的古老树种。落叶木莲是由郑庆衍于 2000 年在江西省中西部宜春市明月山国家森林公园内的洪江乡首次发现，其分布很少，1999 年被列为国家一级保护植物。多年以后在湖南省永顺县发现了呈散生分布的落叶木莲，扩大了该种的分布范围和居群数量，减小了濒危程度（侯伯鑫 等，2007）。目前只在这两地有分布，说明该区是其起源地也是分布地，进一步推测，该区可能是木莲属甚至木兰科的起源地之一。

华东—华南特有分布：主要包含分布于广东、广西、江西、湖南、福建、浙江等地物种，可延伸至湖北、四川。武功山地区有 126 种，占该地区特有种总数的 16.56%，如豆科 Fabaceae 的藤黄檀 *Dalbergia hancei*、葡萄科 Vitaceae 的广东蛇葡萄 *Ampelopsis cantoniensis* 和东南葡萄 *Vitis chunganensis*（图 5.2）、杜英科 Elaeocarpaceae 的秃瓣杜英 *Elaeocarpus glabripetalus*、壳斗科 Fagaceae 的栲 *Castanopsis fargesii* 等。

华东—华中—华南特有分布：主要包含分布于广东、广西、江西、湖南、福建、浙江、四川、安徽、云南、甘肃等。武功山地区有 206 种，占该地区特有种总数的 27.07%，如壳斗科 Fagaceae 的细叶青冈 *Cyclobalanopsis gracilis* 和白栎 *Quercus fabri*、蔷薇科 Rosaceae 的金樱子 *Rosa laevigata*、豆科 Fabaceae 的黄檀 *Dalbergia hupeana*、冬青科 Aquifoliaceae 的毛冬青 *Ilex pubescens*、鼠李科 Rhamnaceae 的薄叶鼠李 *Rhamnus leptophylla*、杜鹃花科 Ericaceae 的云锦杜鹃 *Rhododendron fortunei*（图 5.2）等。

武功山地区分布的中国特有种的分布格局表明：该区特有种主要分布在华东、华

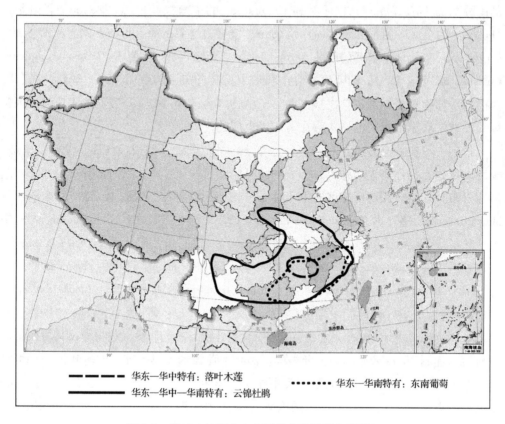

图5.2　武功山地区分布中国特有种的代表类群2

中、华南三大地区。武功山地区是处于华东、华中、华南的交汇地区，是华东地区的西南边缘，是华南地区的北缘及华中地区的东缘，在其内部大致以武功山地区所处的罗霄山脉为中心，向东、中、南方向进行扩展，是南北迁移的通道。华中、华南区系通过其所处的罗霄山脉地区进行交流，并得到了一定的分化。

5.2　种的生活习性组成分析

生活习性是植物在长期的进化过程中对生活环境长期适应所形成的各种基本形式。因植物的生活环境具有多样性，植物的外部形态、内部结构等呈现与环境相适应的各种特征，同时，植物的生活习性可以反映一定地区的自然环境，这对研究一定地区的植物多样性是很有必要的（王荷生，1992）。本研究参照《中国植被》的生活习性划分体系（吴征镒，1980），将武功山地区种子植物分为6种类型，并进行统计分析（表5.4）。

表5.4　武功山地区种子植物生活习性统计

生活习性		种数/种	占该区总种数的比例/%
草本	一年生草本	306	14.80
	多年生草本	738	35.69
木本	灌木	512	24.76
	常绿乔木	152	7.35
	落叶乔木	190	9.19
藤本		170	8.22
合计		2068	100.00

据表5.4可知，本区种子植物的生活习性以草本为主，占较大优势。共有（一年生草本、多年生草本）1044种，占总数的50.49%，尤以多年生草本为主，有738种，占总数的35.69%，如南川楼梯草 *Elatostema nanchuanense*、大叶金腰 *Chrysosplenium macrophyllum*、衡山金丝桃 *Hypericum hengshanense*、青葙 *Celosia argentea* 等，居所有生活习性所占比例之首；一年生草本有306种，占总数的14.80%，如苍耳 *Xanthium sibiricum*、疏蓼 *Polygonum praetermissum*、鼠尾草 *Salvia japonica* 等。灌木有512种，占总数的24.76%，如莽山绣球 *Hydrangea mangshanensis*、腺毛莓 *Rubus adenophorus*、胡枝子 *Lespedeza bicolor*、打铁树 *Myrsine linearis* 等。常绿乔木有152种，占总数的7.35%，如云山青冈 *Cyclobalanopsis sessilifolia*、罗浮枫 *Acer fabri*、落叶木莲 *Manglietia decidua* 等。落叶乔木有190种，占总数的9.19%，如白栎 *Quercus fabri*、枫香树 *Liquidambar formosana*、臭檀吴萸 *Tetradium daniellii* 等。藤本有170种，占总数的8.22%，如铁线莲 *Clematis florida*、江西鸡血藤 *Callerya kiangsiensis*、华西俞藤 *Yua thomsoni* var. *glaucescens*、紫花络石 *Trachelospermum axillare* 等。

本区有高比例的多年生草本，主要是因为该区核心山体海拔较高，分布有一定数量的落叶阔叶林，林下存在一些早春才出现的草本植物；同时，在武功山金顶海拔1600 m以上还分布着大约100 km² 的草甸群落，这里集中分布着禾本科、莎草科、菊科、百合科等大量草本植物。它们共同反映出本区种子植物具有一定程度的温带性质，这与种的地理成分分析结果一致。藤本植物和常绿乔木是热带、亚热带地区的代表生活习性，本区具有较高比例的藤本和常绿乔木，说明本区的热带性质也不弱，这与种的地理成分分析结果互为佐证，也从一个侧面反映了该区种子植物区系多种成分交汇、相互渗透的现代格局。

5.3 小结

（1）武功山地区种子植物较为丰富，有2068种。其区系组成复杂，包含14个分布型，其特有成分最多，有761种，占该区非世界分布的37.69%，特有成分丰富说明了该区地理、气候等的特殊性。

（2）武功山地区热带分布的种有612种，占非世界分布总数的30.31%，温带性质的种有646种，占非世界分布总数的32.00%。在种这一级中热带成分与温带成分比例大致相当，温带成分略高于热带成分，进一步证明了武功山区热带成分和温带成分交汇、渗透的亚热带山地过渡性质。

（3）武功山地区中国特有种共761种，江西特有植物8种，中国特有种主要分布于华东、华中、华南三大区域。其中，华东—华中—华南三地共有特有分布种数最多达到206种，华东（106种）、华中（97种）、华南（95种）分布种数基本相当，表明武功山植物区系处于我国"东、中、南"三区交汇处，是南北迁移的通道。华中、华南区系通过武功山所处的罗霄山脉地区进行交流，并得到了一定分化，武功山与这3个地区联系较为紧密，属于东亚植物区系。

（4）武功山地区主要以草本为主，共有（一年生草本、多年生草本）1044种，占总数的50.49%。反映出本区种子植物具有一定程度的温带性质，这与种的地理成分分析结果一致。本区具有较高比例的藤本（170种，占比8.22%）和常绿乔木（152种，占比7.35%），说明本区的热带性质也不弱，这与种的地理成分分析结果互为佐证，也从一个侧面反映了该区种子植物区系多种成分交汇、相互渗透的现代格局。

第6章 武功山地区种子植物新发现

通过 2013—2017 年在武功山地区广泛的考察，采集了大量的腊叶标本并拍摄了相应的数码照片，查阅相关文献资料对其鉴定，确定了百合科异黄精属 1 个新种（武功山异黄精）（Xiao et al.，2017）及江西省新记录种子植物 14 种（肖佳伟 等，2017a；肖佳伟等，2017b）。

6.1 武功山异黄精的发现及研究

2017 年，在"武功山脉地区植物多样性调查"中，在江西武功山地区 1 个未知的物种被发现（图 6.1）。这个种在形态上和异黄精最为接近，但是也存在差异，如植株茎只有 10~20 cm，叶披针形，3~5 片，假叶柄 2~5 mm，花白色带有紫色。随后，进行了进一步的调查和研究，包括实地调查、植物查询和比较、形态学比较、系统学研究、核型分析及植物地理学研究。所有的结果支持该种成为异黄精属的 1 个新种。

异黄精属 *Heteropolygonatum* 主要分布在中国西南地区（Tamura et al.，1997a），而 Floden（2014）将该属的种类增加到 10 种并将其分布范围扩展到了邻国的越南和缅甸。异黄精属从黄精属 *Polygonatum* 中分离出来，主要是由于以下的形态学差异：覆瓦状的花被、内部雄蕊长于外部雄蕊、染色体数量 $X = 16$（Floden 2014，Tamura et al.，1997a，b）。异黄精属最初由 2 个物种组成，即异黄精 *Heteropolygonatum roseolum* 和垂茎异黄精 *Heteropolygonatum pendulum*。随着调查和研究的深入，一些新种被发现，如四川异黄精 *Heteropolygonatum xui*、金佛山异黄精 *Heteropolygonatum ginfushanicum*、*Heteropolygonatum ogisui* 等。此外，还有一些种从黄精属中转移到异黄精属中，如短筒黄精 *Polygonatum altelobatum*、互卷黄精 *Polygonatum alternicirrhosum*、斑茎黄精 *Polygonatum marmoratum* 等（Floden，2014）。

形态学比较：异黄精属中的未知种来自江西省（图 6.1）。凭证标本收藏于吉首大学标本馆和中山大学标本馆。我们比较了收藏在中国科学院植物研究所标本馆和四川大学生物系植物标本室关于异黄精属植物的标本、《Flora of China》及文献资料对异黄精属的描述，发现它在形态上和异黄精最为相似。我们对茎的长度、颜色，叶的形状和数量，花的着生位置和形状，内外雄蕊的长度等一系列形态学的特征进行了

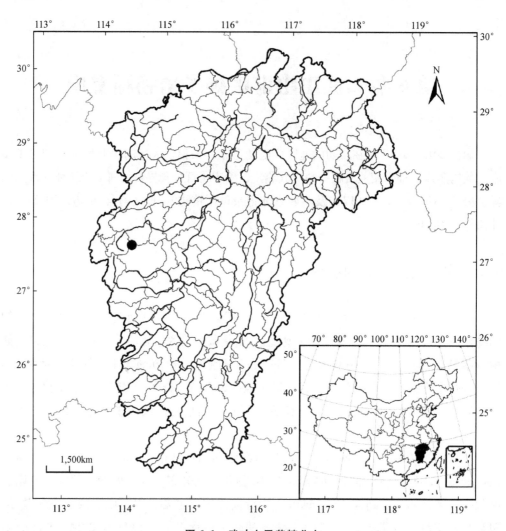

图6.1 武功山异黄精分布

研究。

染色体分析：植物活体材料采自羊狮幕自然保护区并移种在吉首大学。在温室下将根尖置于 $0.002\ mol \cdot L^{-1}$ 的 8 - 羟基喹啉溶液中预处理 4~5 h，蒸馏水冲洗根尖，用卡诺氏固定液（冰醋酸：乙醇 = 1 : 3）于 4℃ 条件下固定 1 h，固定后的材料经水洗，用解离液（$1\ mol \cdot L^{-1}$ HCl : 45% 冰醋酸 = 1 : 1）于 60℃ 水浴中解离 1~2 min，1% 醋酸地衣红染色。按常规方法压片镜检。经镜检挑选染色体分散良好的细胞，中性树胶封片，拍照。染色体组核型公式是基于从照片中获取的有丝分裂中期染色体的测量结果计算出来的，标准参考 Levan 等（1964）。

分子系统学分析：收集来自异黄精属、黄精属、竹根七属 15 种植物的分子数据，包括自己测序的假定新物种分子数据。此外，还有 2 种来自鹿药属的外类群分子序

78

列，以此来分析其所处的位置（Meng et al.，2014）。我们从 NCBI 收集的数据包括样本的查询号、凭证标本、地点（表6.1）。DNA 数据是采用硅胶干燥的叶子利用 Axygen DNA（Axygen Biosciences，Union City，CA，USA）提取的。ITS 的扩增的引物为 ITS4 和 ITS5（White et al.，1990），rbcL，trnK 和 psbA-trnH 的扩增和测序引物参考 Meng 等（2008）的研究，rps16 参考 Oxelman 等（1997），trnCpetN 引物参考 Lee 等（2004）。DNA 数据拼接使用 Sequencher v.5.4.5（Gene Codes，Ann Arbor，MI，USA），再用 MUSCLE v3.8.31（Edgar，2004）软件进行序列自动比对。最后用 PhyDE v0.9971（Muller et al.，2010）软件进行手工调整。采用最大似然法（Maximum likelihood）和贝叶斯推导法（Bayesian Inference）进行系统发育分析。其中，ML 分析用 RAxML 7.2.6（Stamatakis，2006）处理。用 MrModeltest 2.3（Nylander，2004）检测 DNA 的最佳替代模型，基于 AIC（Akaike Information Criterion）标准选出最佳替代模型。Bayesian 分析用 MrBayes version 3.1.2 软件。将马尔科夫链-蒙特卡洛方程设置为 4 条链同时运行，以随机树为起始树，不同序列运行不同代数，每 1000 代抽取一次。当平均标准差 <0.01 时被认为两次运行达到收敛。舍弃起始的 15% 样本后，根据剩余的 85% 代样本构建一致性树，并计算每个分支的后验概率（Posterior Probability，PP）。

表6.1　实验材料的凭证标本与 GenBank 序列信息

种名	凭证标本	采集地点	ITS	psbA-trnH	rbcL	rps16	trnK	petN-trnC
武功山异黄精	LXP-06-9253（JIU）	江西	MF981273	MF981274	MF981275	MF981276	MF981277	MF981278
散斑竹根七	Li 22773	云南	EU850002	—	—	EU850136		
散斑竹根七	H. Li 22773（KUN）	云南	—	KJ745784	KJ745529	—	—	KJ745928
竹根七	Z. L. Nie 202（KUN）	重庆	EU850004	KJ745778	KJ745521		KJ745724	—
长叶竹根七	Z. L. Nie 2362（KUN）	广西	KX375060	KJ745836	KJ745582	—	KJ745662	KJ745944
深裂竹根七	Chase 493（K）		—	KM266397	—	HM640452	HM640566	—
短筒异黄精	J. D. Chao 1411（TCF）	台湾	KX375061	KJ745789	KJ745592	—	KJ745742	KJ745975

续表

种名	凭证标本	采集地点	ITS	psbA-trnH	rbcL	rps16	trnK	petN-trnC
金佛山异黄精	Z. L. Nie 225（KUN）	重庆	KX375062	KJ745782	KJ745621	—	KJ745698	KJ745938
垂茎异黄精	—	—	—	—	AB029831	—	AB029764	—
异黄精	Z. L. Nie 4077（KUN）	云南		KJ745790	KJ745527	—	KJ745713	KJ745939
管花鹿药	Wen 9017（US）	陕西	EU850010	KJ745792	KJ745620	EU850144	KJ745714	—
紫花鹿药	Meng 05 - 1（KUN）	四川	EU850014	—	—	—	—	—
紫花鹿药	Z. L. Nie 306（KUN）	云南	—	KJ745773	KJ745532	—	KJ745767	KJ745909
卷叶黄精	MengY-n269（KUN）	—	JF977845	JN046412	JF943488	—	—	—
卷叶黄精	Z. L. Nie 1110（KUN）	四川	—	—	KJ745518	—	KJ745518	KJ745914
多花黄精	Z. L. Nie 203（KUN）	重庆	—	KJ745775	—	EU850135	KJ745718	—
小玉竹	T. Deng 107（KUN）	黑龙江	KX375079					
小玉竹	Z. L. Nie 697（KUN）	黑龙江	—	KJ745787	KJ745542	—	KJ745746	KJ745950
玉竹	Z. L. Nie 702（KUN）	吉林	—	KJ745868	KJ745551	—	KJ745721	KJ745970
黄精	Nie & Meng 315	云南	—	EU850210	—	EU850137	EU850244	—
狭叶黄精	Z. L. Nie 695（KUN）	黑龙江	—	KJ745894	KJ745556	—	KJ745763	KJ745964
狭叶黄精	zhc20110720（SZ）	—	—	—	—	KC211635	—	—

我们对来自于武功山异黄精属的种与形态上最接近的异黄精进行了形态学比较（表6.2），两者不仅存在性状上的差异，还存在数量上的差异。我们对细胞有丝分裂中期进行了观察和分析，共有32条染色体，是二倍体（图6.2），与其他异黄精属的特征相同。系统学分析表明该种与异黄精关系最近（图6.3）。来自武功山的异黄精与异黄精形态上存在很多相同的特征，如花被片覆瓦状，茎直立且无毛，花梗无毛，叶都超过3片（表6.2）。然而，这个假定的新种和异黄精也存在较大不同，如茎10~20 cm，叶披针形、叶背淡绿色，假叶柄2~5 mm，花被筒钟形，12~15 mm，花被片白色带有紫色。这些特征将其与异黄精分开，且这些特征都是异黄精属中分类的重要特征。此外，异黄精属的其他种类通常都有不同于其他物种的独特特征，如互卷异黄精的叶呈卷须状或者钩状，垂茎异黄精的茎下垂，金佛山异黄精的叶通常2片且为总状花序（2~4朵）。

表6.2 武功山异黄精与异黄精的形态学比较

特征	武功山异黄精	异黄精
茎	10~20 cm，光滑无毛	20~40 cm，光滑无毛
叶	3~5片，披针形，叶脉12~14条，中脉明显	6~9片，椭圆形，叶脉7~9条，中脉明显
叶柄	2~5 cm	5 cm
花	花被片覆瓦状，12~15 mm，钟形，白色带紫色	花被片覆瓦状，14~16 mm，圆筒状，粉红色
花梗	7~17 mm	7~22 mm
花药	2~2.4 mm，披针形	2 mm，披针形

异黄精属的染色体基数为 $X = 16$，而黄精属的基数为 $X = 9 \sim 15$（Tamura et al.，1997a，1997b；Chen et al.，2000；Tamura et al.，2001；Yamashita et al.，2001；Deng et al.，2009）。染色体类型按照 Levan 等（1964）的方法分析，武功山异黄精染色体的核型公式为 $2n = 32 = 20\ m + 2\ sm + 10\ st$，染色体由20条中部（$m$）、2条近中部（$sm$）和10条近端部（$st$）着丝点组成（图6.2），其中，有5对长染色体（3.92~6.54 μm）和11对短染色体（0.85~2.02 μm）。武功山异黄精的核型组成与该属的其他物种不同，如异黄精由4对长染色体（5.0~7.1 μm）和12对短染色体（1.4~3.8 μm）组成，核型公式是 $2n = 32 = 10m + 10\ sm + 4\ st + 4\ M + 4\ t$（Tamura et al.，1997a）；垂茎异黄精由5对长染色体（2.9~4.3 μm）和11对短染色体组成（1.2~1.9 μm），核型公式是 $2n = 32 = 10m + 6\ sm + 10st + 6M$。

利用核基因建立的系统树和叶绿体基因建立的系统树的结果是相差不大的（$P >$

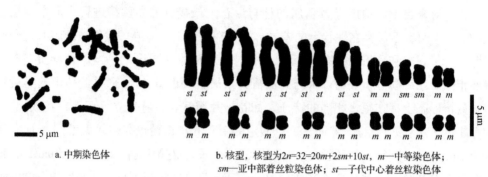

a. 中期染色体

b. 核型，核型为2n=32=20m+2sm+10st，m—中等染色体；
sm—亚中部着丝粒染色体；st—子代中心着丝粒染色体

图6.2 武功山异黄精有丝分裂中期染色体

0.5)，所以我们将 6 个基因片段整合到一起建立系统树。ITS、psbA-trnH、rbcL、rps16、trnK、petN-trnC 基因的长度分别是 732 bp、647 bp、1455 bp、877 bp、1796 bp、905 bp，共计 6412 bp。我们利用这 6 个片段的数据并采用贝叶斯的方法建立系统树（图 6.3），每一支上面都有 *ML* 值和 *BI* 值。分子系统树的结果表明，来自武功山的这个种位于异黄精属的那一支里面，并且和异黄精最为接近（*PP* = 97，*ML* = 75)。这 2 个种亲缘关系最近也得到了形态学的支持，两者有相同的特征，如茎和花梗都是无毛的，叶背淡绿色、光滑，中脉明显等。但是，两者也有较大的差别，如茎 10 ~ 20 cm，叶披针形、叶背淡绿色，假叶柄 2 ~ 5 mm，花被筒钟形，12 ~ 15 mm，花被片白色带有紫色。

异黄精属主要分布在我国的南部和中部地区，特别是西南地区，很多物种分布及其狭窄（Tamura et al.，1997a；Floden 2014)。通过多次调查，我们只在江西省武功山地区的羊狮幕风景区发现有分布。异黄精分布在广西大瑶山（Tamura et al.，1997a，b）和云南西北部的福贡县［Fugong County，Z. L. Nie 4077（KUN)］（Meng et al.，2014)。其他物种分布也较为狭窄，金佛山异黄精分布在重庆、贵州、湖北和湖南（Floden，2014)。此外，还有些只分布在一个地区，如互卷异黄精只分布在四川（Floden，2014)，短筒异黄精是台湾的特有种（Chao et al.，2013)。

形态学、分子系统学、细胞学和植物地理学研究结果都表明，来自武功山的异黄精和异黄精属的其他物种都存在较大差异，应成为一个新的物种。

武功山异黄精 *Heteropolygonatum wugongshanensis* G. X. Chen，Y. Meng & J. W. Xiao，sp. nov.（图 6.4)。

模式标本信息：江西，安福县，羊狮幕风景区，经度 27°33′N，纬度 114°14′E，海拔 1590 m，岩生，2017 年 5 月 6 日（采集日期)，陈功锡、张代贵、肖佳伟（采集人)，LXP - 06 - 9253（采集号)。主模式：吉首大学标本馆，副模式：中山大学标本室。

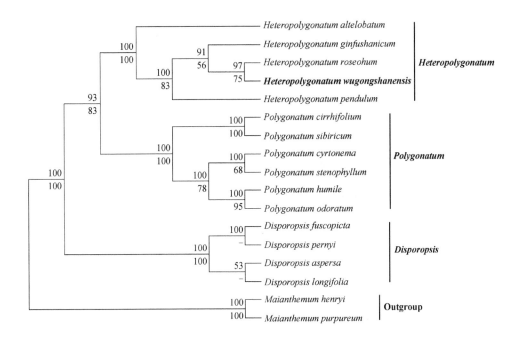

图 6.3　基于 ITS 和叶绿体联合序列的严格一致性树

注：线条上方数字代表贝叶斯分析，线条下方数字是 Bootstrap 支持值（＞50%）。

多年生岩生草本。根状茎横走，链珠状，直径 1～2 cm，具紫色斑点，淡黄色的纤维状根。茎直立，高 10～20 cm，光滑无毛，直径 2～5 mm，淡绿色，下部有紫色斑点，底部白色。叶互生，3～5 片，假叶柄 2～5 mm，披针形，厚纸质，长 5～10 cm，宽 1.5～3 cm，光滑无毛，12～14 条叶脉，中脉明显，叶面绿色，叶背淡绿色，基部钝，先端渐尖。花序顶生或腋生，单生或簇生，光滑无毛，常具 1～2 朵花，无萼片和苞片。花，雌雄同株，下垂，钟状，长 1.2～1.5 cm，直径 5～6 mm，白色带有紫色；总花梗长 6～9 cm，花梗长 1～17 cm。花被片 6 片，线状圆形，覆瓦状排列，长 15～17 mm，宽 2～3 mm，先端有短柔毛，先端渐尖，裂片长 6.5～8 mm，绿色；雄蕊 6 枚，紧贴花被片，内部雄蕊长约 5 mm，外部雄蕊长约 4.5 mm，花丝长 1～1.5 mm，光滑无毛；花药披针形，长 2～2.4 mm，宽 0.7～0.9 mm，先端锐尖，2 室，纵向开裂，内向的。子房上位，椭圆形，长 0.4～0.6 mm，直径约 2 mm，光滑无毛，花柱纤细，长约 2 mm，柱头有短柔毛。浆果，光滑无毛，直径 0.8～1 cm。花期 5 月，果期 9 月。

植物名称来源：来源于一座山脉——武功山脉，目前这个种只在武功山地区被发现。

分布与生境：根据现有的调查，武功山异黄精只分布在江西省安福县武功山地区的

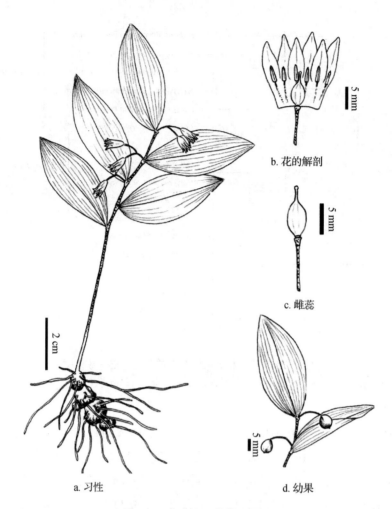

b. 花的解剖

c. 雌蕊

a. 习性

d. 幼果

图 6.4　武功山异黄精墨线图

羊狮幕风景区山顶的一个岩石上，分布范围被限制在 1 m² 的范围内，并且少于 50 株。

世界自然保护联盟（IUCN）红色名录等级：目前，武功山异黄精只分布在羊狮幕风景区山顶的一处岩石上。它的分布生境受到了人类活动的巨大影响，导致其十分脆弱，并且数量少于 50 株。因此，根据世界自然保护联盟濒危物种红色名录（2017）的标准，武功山异黄精应该被定为极危物种。

6.2　江西省新记录物种

通过 2014 年 7 月—2017 年 8 月对武功山地区全面的调查发现，武功山地区有江西省新记录物种 14 种，隶属于 11 科、13 属，所有新记录植物的确定均经过仔细鉴定，且未见正式出版的期刊和出版物上有其分布于江西省的记载，以下所列的分布地参考《Flora of China》所得，标本都收藏于吉首大学标本馆（JIU）和中山大学标本室（SYS），现分述如下。

（1）皱叶繁缕（石竹科 Caryophyllaceae）

Stellaria monosperma var. *japonica* Maxim. in Bull. Acad. Sci. St. Petersb. 18（4）：384. 1873.

主要特征：散生柔毛，叶片长圆状披针形，顶端渐尖，基部楔形；叶缘皱缩；花白色；花瓣较狭，短于萼片，2深裂，裂片近镰形，顶端急尖；雄蕊通常5枚。本种与锥花繁缕 *Stellaria monosperma* var. *paniculata* 较近，而前者散生柔毛或在茎一侧具一列毛，可与后者相区别。

原记录分布（图6.5）：台湾，福建（南平），浙江（昌化、天目山），湖北（兴山、长阳），广东（乳源），贵州（大方）。生于海拔1200~1500 m以下的山地树荫下。日本也有。

江西省新记录：芦溪县红岩谷景区，海拔865 m山坡上，地理位置为27°29′11″N，114°10′01″E，陈功锡、张代贵等（采集人），2014年8月3日（采集日期），凭证标本为LXP-06-9298。

药用价值：繁缕属植物资源丰富，我国西南山区（青藏高原、横断山区）种类达39种，13个变种，占全国总数约61%。而且类型多样，变种数达13种，化学成分和诸多的药理试验及资料表明该属植物提取物具有明显的抗菌抗病毒、驱虫活性（孙建超，2014），具有较高的药用价值。本种同属植物繁缕 *Stellaria media* 全草入药，具有清热解毒，活血止痛，消肿等功效。主治痢疾，痈疮肿毒，乳痈，肠痈，疖肿，跌打损伤，产后寒滞腹痛（黄元 等，2006），可为本种药用价值探索提供参考。

皱叶繁缕原主要分布于我国西南和华东地区，在江西的首次发现扩大了其分布范围且改变了其分布格局，使间断分布变成连续分布，进一步推测湖南可能也存在该种的分布。

（2）峨眉繁缕（石竹科 Caryophyllaceae）

Stellaria omeiensis C. Y. Wu et Y. W. Tsui ex P. Ke in Fl. Hupeh. 1：392. fig. 403. 1967；中国植物志26：133. 1996；Flora of China 6：17. 2001.

主要特征：一年生草本。叶通常卵形或卵状披针形，无柄或近无柄，叶片下面中脉凸起，网状脉不明显，仅边缘基部具缘毛。聚伞花序顶生；萼片全部离生；花瓣顶端2深裂，短于萼片；雄蕊短于花瓣。本种与中国繁缕 *Stellaria chinensis* 外形近似，但后者叶明显具柄。

原记录分布（图6.5）：湖北（恩施），四川（都江堰至峨眉、攀枝花），贵州（凯里、雪山），云南（大关）。生于海拔（1200）1450~2850 m[①]的林内或草丛中。

---

① 该种主要分布在海拔1450~2850 m地区，在个别地区达到了1200 m。余同。

模式标本采自四川都江堰。

江西省新记录：宜春市袁州区，陈功锡、张代贵等采于明月山海拔为 839 m 的灌丛，地理位置为 27°35′07″N，114°18′52″E，标本号为 LXP – 06 – 4858（JIU）。

《中国植物志》与 CVH 中国数字植物标本馆现有的标本记录表明峨眉繁缕主要分布于西南和华中地区。在江西省宜春市的发现，将该植物的分布范围延伸至华东地区，这也是目前该种分布记录的东部边界。

（3）莽山绣球（虎耳草科 Saxifragaceae）

Hydrangea mangshanensis C. F. Wei，Guihaia. 14：106. 1994.

主要特征：子房近半上位；蒴果顶端突出；叶缘于基部以上具稀疏小齿或粗锯齿，上面被粗长伏毛和短柔毛，呈椭圆形或长圆形；花序无总花梗；花瓣椭圆状菱形。该种与柳叶绣球 *Hydrangea stenophylla* Merr. et Chen 较近，而后者叶上无毛且呈狭披针形或披针形。

原记录分布（图 6.5）：广东北部，湖南东南部。生于山谷密林或山坡路边。

江西省新记录：萍乡市，南坑镇明月峡，海拔 250 m 常绿阔叶林中，地理位置为 27°30′13″N，113°58′16″E，陈功锡、张代贵等（采集人），2015 年 5 月 28 日（采集日期），凭证标本为 LXP – 06 – 3348。

药用价值：莽山绣球同属植物绣球 *Hydrangea macrophylla*（又名八仙花、紫阳花），为绣球属中的民间常用中药，分布广泛，我国南北各地庭院中多有栽培，其全草具有清热解毒抗疟之功效，主治疟疾，心热惊悸，烦躁等。现代药理学及临床研究表明绣球花具有很好的抗疟，抗炎，降血糖，保肝，抗肿瘤，抗白血病等作用（张艳丽，2010），该种的药用价值尚未见报道，还有待进一步研究。

观赏价值：绣球属 *Hydrangea* 常有美丽的不育花，观赏价值高，其中绣球 *Hydrangea macrophylla* 常作为外来物种广为引种栽培。莽山绣球不育花绿白色，孕性花淡蓝色；萼片 3～4 片，菱状椭圆形或三角状卵形，造型优美，可做观赏植物资源进一步开发。

该种模式标本采自湖南宜章，我国特有种，分布于广东北部、湖南南部的南岭山脉，分布区域较为狭窄，这次在罗霄山脉中的江西区域内的发现拓宽了其分布区域，也是该种在东部分布的边界。进一步推测该种是以华中地区中的湖南为分布中心并向华东、华南地区扩散。

（4）腺鼠刺（虎耳草科 Saxifragaceae）

Itea glutinosa Handel-Mazzetti，Anz. Akad. Wiss. Wien，Math. – Naturwiss. Kl. 58：91. 1921.

主要特征：小枝、花序轴、花梗、苞片和萼均被红色无柄或近有柄的腺体；花蕾白色；雄蕊明显长于花瓣和子房；叶厚革质，与本属其他种有明显的区别。

原记录分布（图 6.5）：福建（上杭、永泰），湖南（黔阳、雪峰山、沅陵、洞口、东安、慈利、新宁、武冈），广西（临桂、龙胜、大苗山和兴安等）及贵州（江口、雷公山、梵净山）。

江西省新记录：安福县羊狮幕，海拔 1234 m 阔叶林下，地理位置为 27°33′01″N，114°13′57″E，陈功锡、张代贵等（采集人），2017 年 5 月 6 日（采集日期），凭证标本为 LXP－06－9265。

药用价值：该种植物具有续筋接骨，强壮筋骨，其树二层皮、叶还可用于蛇毒咬伤（谢宗万，1996）。其同属植物鼠刺 *Itea chinensis* 具有祛风除湿，滋补强壮，止咳解毒，消肿功效。主治身体虚弱，劳伤脱力，产后风痛，跌打损伤，腰痛白带（《全国中草药汇编》编写组，1996）。

在《中国植物志》中，该种属于虎耳草科，分布范围狭小，在江西安福县羊狮幕首次发现，打破了腺鼠刺间断分布的格局，该种在我国 20°N～30°N 附近呈连续的特征，据此推测此新记录种的分布可能和气候类型有关，其分布范围可进一步向东西邻省延伸。

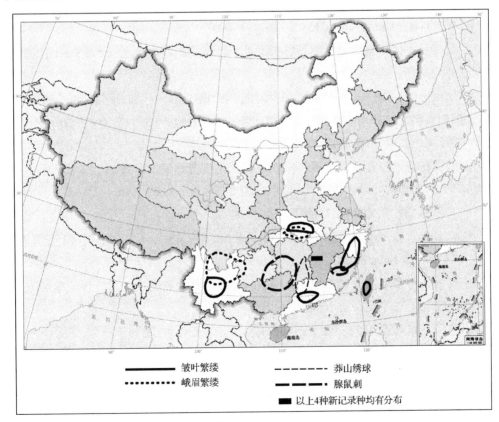

图 6.5　皱叶繁缕、峨眉繁缕、莽山绣球、腺鼠刺的地理分布

（5）华西俞藤（葡萄科 Vitaceae）

Yua thomsonii（Laws.）C. L. Li var. *glaucescens*（Diels & Gilg）C. L. Li in Chin. J. Appl. Eviron. Biol. 2（1）：47. 1996；中国植物志 48（2）：30. 1998；Flora of China 12：177. 2007.

主要特征：本变种叶脉上有短柔毛，明显区别原变种俞藤 *Yua thomsonii*。

原记录分布（图 6.6）：本变种原载分布于河南（卢氏）、湖北、贵州、四川和云南。生于山坡、沟谷、灌丛或树林中，攀缘树上，海拔 1700 ~ 2000 m。

江西省新记录：安福县，陈功锡、张代贵等采于羊狮幕自然保护区，海拔 959. 3 m 的密林下，地理位置为 27°34′14″N，114°14′12″E，标本号为 LXP - 06 - 2827（JIU）。

据《中国植物志》与中国植物标本馆记载，华西俞藤主要分布于西南和华中地区，而在华东区江西省安福县首次记录。《中国植物志》资料显示华西俞藤主要生长在 1700 ~ 2000 m 的较高海拔区域，而在江西安福县却生长于海拔不足 1000 m 处，一定程度上揭示了该区环境的独特性。

（6）小花柳叶菜（柳叶菜科 Onagraceae）

Epilobium parviflorum Schreber，Spicil. Fl. Hips. 146，155. 1771；中国植物志 53（2）：89. 2000；Flora of China 13：412 - 414. 2007.

主要特征：多年生草本。茎具有长柔毛；叶基部抱茎；花瓣长 5 ~ 8 mm；柱头花时围以外轮花药。

原记录分布（图 6.6）：内蒙古、河北、山西、山东、河南、陕西、新疆（天山）、湖南、湖北、四川、贵州、云南东北部。生于海拔（350）500 ~ 1800（2500）m 山区河谷、溪流、湖泊湿润地和向阳及荒坡草地。

江西省新记录：宜春市袁州区，陈功锡、张代贵等采于海拔 611 m 灌丛中，地理位置为 27°37′10″N，114°19′49″E，标本号为 LXP - 06 - 6688（JIU）。

（7）鄂西前胡（伞形科 Umbelliferae）

Peucedanum henryi Wolffin Fedde，Repent. Sp. Nov. 33：248. 1933；中国植物志 55（3）：173. 1992；Flora of China 14：191. 2005.

主要特征：多年生草本。叶具有明显的萼齿，叶片三出式三回分裂。伞形花序较少，花序梗和伞辐等长；无小苞片；伞辐 5 ~ 6。

原记录分布（图 6.6）：湖北西部（宜昌）。生于山坡上。

江西省新记录：萍乡市芦溪县，陈功锡、张代贵等采于武功山海拔 1832 m 沟谷中，地理位置为 27°27′12″N，114°10′16″E，标本号为 LXP - 06 - 1778（JIU）。

（8）打铁树（紫金牛科 Myrsinaceae）

Myrsine linearis（Lour.）S. Moore in Journ. Bot. Brit. et For. 63：249. 1925；中国植物志 58：131. 1979；Flora of China 15：37. 1996.

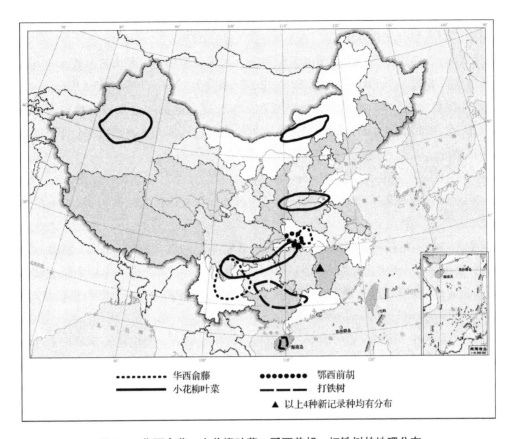

图6.6 华西俞藤、小花柳叶菜、鄂西前胡、打铁树的地理分布

主要特征：灌木，小枝光滑，具有皮孔；叶片先端宽圆形至截形，叶柄较短，为 6～8 mm。

原记录分布（图6.6）：贵州、广西、广东、海南。生于山间疏、密林中，荒坡灌丛中或石灰岩山灌丛中。

江西省新记录：宜春市上高县，陈功锡、张代贵等采于白云峰，海拔149 m的灌丛，地理位置为28°04′26″N，114°53′13″E，标本号为LXP－06－7642（JIU）。

《中国植物志》与CVH中国数字植物标本馆现有的标本记录表明打铁树主要分布于华南和西南地区。在江西省宜春市的发现，将该植物的分布范围延伸至华东地区。

（9）枝花流苏树（木犀科 Oleaceae）

Chionanthus ramiflora（Roxburgh）Wallich ex G. Don，Gen. Hist. 4：52. 1837；Flora of China 15：294. 1996.

主要特征：灌木。该种与同属其他植物的区别在于叶片两面细脉不明显或仅下面明显，两面密生乳突状小点。

原记录分布（图6.7）：台湾、海南、广西、贵州、云南。生于海拔2000 m以下的林中、灌丛和山坡、谷地。

江西省新记录：宜春市袁州区，陈功锡、张代贵等采于唐家山村海拔683 m的林中，地理位置为27°35′05″N，114°19′09″E，标本号为LXP‐06‐2742（JIU）。

《中国植物志》与CVH中国数字植物标本馆现有的标本记录表明枝花流苏树主要分布于西南和华南地区。江西省宜春市为首次发现，从而将该植物的分布范围延伸至华东地区。

（10）川西黄鹌菜（菊科Compositae）

Youngia pratti（Babcock）Babcock et Stebbins in Carnegie Inst. Washington Publ. 484：81. 1937.

主要特征：花托平，蜂窝状，无托毛。舌状小花两性，黄色，1层，舌片顶端截形，5齿裂叶两面无毛。总苞片圆柱状，叶的侧裂片之间无栉齿。本种和长裂黄鹌菜*Youngia henryi*相近，但长裂黄鹌菜叶的中部侧裂片基部下侧有个三角形长或短齿，本种无长三角形齿，可与前者相区别。

原记录分布（图6.7）：山西（沁源），陕西（华山、太白山），河南（卢氏），湖北（兴山），四川（康定）。

江西省新记录：芦溪县红岩谷景区，分布于1200 m瀑布下的岩石上，地理位置为27°28′53″N，114°10′18″E，肖佳伟、谢丹等（采集人），2017年7月6日（采集日期），凭证标本为LXP‐06‐9299。

药用价值：川西黄鹌菜外敷可以治疗火伤（江纪武，2005）。本种同属植物黄鹌菜*Youngia japonica*，其性味微苦凉，有清热解毒和消肿止痛之功效，主治感冒，咽痛，牙龈炎，乳腺炎和尿路感染等症，外用则可治蛇咬，乳痈，民间食用入药都很普遍，川西黄鹌菜亦入药（李桃 等，2009）。

川西黄鹌菜模式标本采自四川康定，为中国特有种，隶属于黄鹌菜属*Youngia* Cass.，全属约40种，主要分布在我国海拔1500～1770 m的西南地区，在华中地区首次发现，且向海拔1200 m的地区过渡，拓宽了本新记录种的分布范围，为进一步研究该种的地理分布奠定基础。

（11）湘南星（天南星科Araceae）

Arisaema hunanense Hand.‐Mazt.，Symb. Sin. 7：1365. 1936；中国植物志13（2）：162. 1979；Flora of China 23：50. 2010.

主要特征：叶2片，裂片9片，倒披针形；佛焰苞喉部具半圆形的耳；附属器下部疏生钻形中性花。

原记录分布（图6.7）：湖南（新化、衡山、零陵、宜章），广东北部（乐昌），四川东部，重庆（城口）。生于海拔200～800 m的溪边林中。

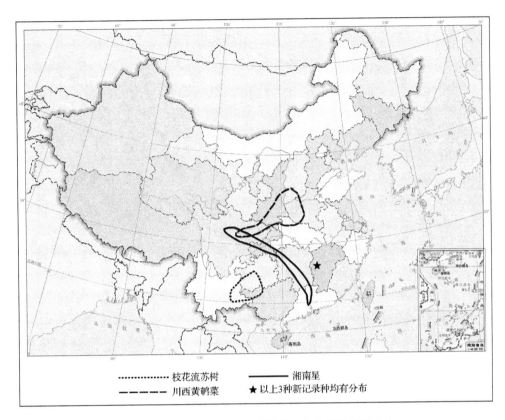

.... 枝花流苏树　　　———— 湘南星

———— 川西黄鹌菜　　　★ 以上3种新记录种均有分布

图6.7　枝花流苏树、川西黄鹌菜、湘南星的地理分布

江西省新记录：芦溪县，陈功锡、张代贵等采于万龙山海拔411 m的山谷中，地理位置为27°32′10″N，114°09′01″E，标本号为LXP－06－1097（JIU）。

《中国植物志》与CVH中国数字植物标本馆现有的标本记录表明湘南星主要分布于西南和华中地区。本次发现为该植物在江西省及华东区首次记录。

（12）细叶日本薯蓣（薯蓣科 Dioscoreaceae）

Dioscorea japonica Thunb. var. *oldhamii* Uline ex R. Knuth in Engl. Pflanzenr. 87（4－43）：263. 1924；中国植物志4（1）：167. 1999；Flora of China 24：293. 2000.

主要特征：本变种叶片较狭长，为线形、披针状线形至披针形。基部近截形、心形至戟形，与原变种日本薯蓣 *Dioscorea japonica* 区别明显。

原记录分布（图6.8）：广东、广西、台湾。生于山谷、溪边路旁的灌丛中。

江西新记录：安福县，陈功锡、张代贵等采于大布乡海拔629 m的林下，地理位置为27°23′21″N，115°04′36″E，标本号为LXP－06－0268（JIU）。与其原种日本薯蓣相比，细叶日本薯蓣主要分布在秦岭—淮河以南地区。本次发现为该植物在江西省及华东区首次记录。

91

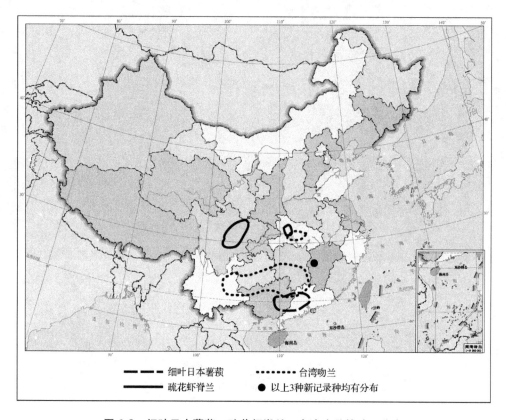

图 6.8　细叶日本薯蓣、疏花虾脊兰、台湾吻兰的地理分布

（13）疏花虾脊兰（兰科 Orchidaceae）

Calanthe henryi Rolfe，Bull. Misc. Inform. Kew. 1896：197. 1896.

主要特征：叶边缘稍波状，具 3 条脉，背面密被短毛；疏生少数花，花黄色；有较长的钩；唇瓣 3 裂，唇盘上具 3 条龙骨状突起，中央 1 条较粗延伸至中裂片先端，唇盘上有 2 个褐色斑点，该种与钩距虾脊兰 *Calanthe graciliflora* 较近，而后者唇盘上具 4 个褐色斑点和 3 条平行的龙骨状脊，因此本种不是钩距虾脊兰。

原记录分布（图 6.8）：湖北西部（长阳、宜昌）、四川（雷波）和重庆（南川金佛山）。

江西省新记录：安福县羊狮幕，分布于 1100 m 的常绿阔叶林下，地理位置为 27°33′34″N,114°14′02″E，陈功锡、张代贵等（采集人），2017 年 5 月 6 日（采集日期），凭证标本为 LXP－06－9459。

药用价值：兰科植物品种繁多，药用价值较高，曾多次被报道。万发令等（2006）在《江西兰科药用植物资源的利用与保护》中介绍，虾脊兰属 *Calanthe* 具有清热解毒的功效，药效成分含量丰富，具有很高的资源利用率和开发潜力。Chia 等

（2008）利用活性跟踪技术，从同属植物台湾虾脊兰 *Calanthe arisanensis* 乙酸乙酯提取物中分得化合物 Calanquinone A（1），对肺癌细胞（A549）、前列腺癌细胞（PC-3 及 PU145）、结肠癌细胞（HCT-8）、乳腺癌细胞（MCF7）、鼻咽癌细胞（KB）等肿瘤细胞株均有显著的细胞毒［EC（50）<0.5 g/L］作用。从虾脊兰属植物中还发现吲哚苷及具有生理活性的生物碱，而这些生物碱的存在使得虾脊兰在传统中药中有抗炎、抗菌、抗毒素等作用（苏文君，2012）。

观赏价值：单个花朵小巧玲珑、典雅清香，欣赏价值较高。

疏花虾脊兰是我国特有种和国家二级保护植物，IUCN 将其定为易危级别。本种隶属于虾脊兰属，虾脊兰属约 150 种，分布于亚洲热带和亚热带地区、新几内亚岛、澳大利亚、热带非洲及中美洲。我国有 49 种及 5 个变种，主要分布在长江流域及其以南各省区，而疏花虾脊兰主要分布在湖北和四川，分布范围更狭小。本种在江西省首次发现，使该种分布范围由 1600~2100 m，向下延伸至 1100 m，并且扩大了该珍稀濒危物种的分布范围，以及更新人们对其的认识，为进一步研究兰科植物的地理分布、起源及演化奠定基础。

（14）台湾吻兰（兰科 Orchidaceae）

Collabium formosanum Hayata in J. Coll. Sci. Univ. Tokyo 30：319. 1911.

主要特征：具匍匐根状茎和假鳞茎，唇瓣侧裂片先端锐尖，上侧边缘具不整齐的齿。

原记录分布（图 6.8）：产台湾（台北、南投等地），湖北（神农架），湖南南部（宜章），广东北部和西南部（乳源、阳春），广西东北部至西北部（融水、龙胜、凌云、全州），贵州东北部（梵净山）和云南东南部（屏边、西畴）。模式标本采自台湾。

江西省新记录：芦溪县红岩谷景区，分布于 850 m 的密林下，地理位置为 27°29′02″N，114°10′09″E，肖佳伟、谢丹等（采集人），2017 年 7 月 6 日（采集日期），凭证标本为 LXP-06-9300。

观赏价值：兰花为中国十大名花之一，本新记录种萼片和花瓣绿色，先端内面具红色斑点，唇瓣白色带红色斑点和条纹，颇具观赏价值。

本新记录种在孔令杰（2011）《江西省野生兰科植物区系的组成及特征》一文中有所提及，但信息不全，文章中没有相应的标本采集记录和详细的地理信息，现予以补充。该种和锚钩吻兰较相近，这也许是以前没有发现该种的原因之一，通过比较可发现台湾吻兰唇瓣侧裂片先端锐尖，上侧边缘具不整齐的齿，此特征可与前者相区别。台湾吻兰的发现为大陆地区植物区系和台湾植物区系的联系提供了新的佐证，为兰科植物资源的保护提供借鉴。

6.3 小结

发现新种武功山异黄精，江西省植物分布新记录 14 种，隶属 11 科、13 属。这些物种的发现和报道既拓宽了该类物种的分布范围，也丰富了江西植物多样性。其中，疏花虾脊兰等物种分布范围极其狭窄且数量相当少，已被 ICUN 收录，其发现增加了数量及其分布区；莽山绣球、峨眉繁缕、细叶日本薯蓣等都是将原来的分布区扩大到了华东地区；此外，它们的被发现丰富了江西的药用植物资源，如川西黄鹌菜可治疗火伤、腺鼠刺具有强壮筋骨功效等。

第7章 武功山地区与其他地区植物区系的比较

植物区系间相似性比较一直是区系植物地理学家感兴趣的问题，通过计算 2 个植物区系科、属、种的相似性系数比较是判断 2 个地区区系相似性的经典方法（王荷生 等，1992；张镱理，1998；Jaccard，1901）。进行相似性系数比较容易受到区系面积及物种丰富度等因素的强烈影响，不能很好地反映区系间的联系（马克平 等，1995）。任何植物区系的形成与发展都不是孤立的，都与其他地区的植物区系存在着这样和那样的联系（马克平 等，1995），孤立地研究一个地区的植物区系没有意义（张晓丽 等，2006）。

因此，为了更加深入地揭示武功山地区植物区系的特征和空间分布及演化规律，本研究选取了武夷山、井冈山、庐山、金佛山、西双版纳等我国中部和南部研究基础较好和有代表性的 15 个地区与武功山地区进行比较，以探究这些地区与武功山地区之间的区系联系，为进一步的区系地理研究和区系区划提供科学依据。

7.1 相邻地区区系丰富度比较

对一个地区植物各级分类单位的统计是植物区系分析最基本的问题，它能表明该地区植物区系的丰富程度，而单独统计一个地区意义不是很大，只有通过多个地区的综合比较才更能说明问题（左家哺，1996）。然而，当比较地区较多且植物科、属、种的数量相差较大时，这种统计方法就很难说明问题。因此，本书采用综合系数指标法来比较 16 个地区（图 7.1）的物种丰富度（左家哺，1996），计算公式如下：

$$S_i = \sum_{i=1}^{n} (X_{ij} - \bar{X}_{ij}) \sqrt{X_{ij}}; \qquad (7.1)$$

$$\bar{X}_{ij} = \frac{1}{k} \sum_{i=1}^{k} X_{ij} \circ \qquad (7.2)$$

式（7.1）中，S_i 表示 16 个地理单元中第 i 个地区植物区系成分的综合系数。S_i 越大，第 i 个地区的植物物种越丰富，反之越贫乏。式（7.2）表示 16 个地理单元中 n 个分类单元中第 j 个分类单元的平均值。

通过与其他 15 个地区比较，结果表明（表 7.1）：在这 16 个地区中，植物丰富度依次为西双版纳（综合系数 1.13，下同）（朱华，2012）、高黎贡山（0.74）（李恒 等，2000）、金佛山（0.68）（刘正宇，2010）、井冈山（0.39）（廖文波，2014）、

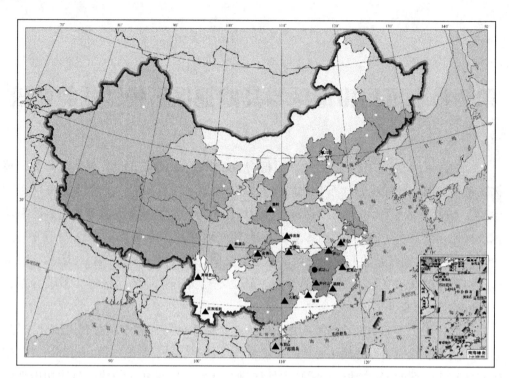

图7.1 武功山地区与其他 15 个比较地区的地理位置

神农架（0.34）（廖晓尧，2015）、南岭（0.18）（邢福武 等，2011）、秦岭（0.15）（沈茂才，2010）、峨眉山（-0.02）（李振宇，2007）、壶瓶山（-0.16）（张国珍等，2009）、武夷山（-0.28）（刘信中，2006）、吊罗山（-0.31）（江海声 等，2006）、武功山（-0.32）、大瑶山（-0.43）（广西大瑶山自然资源综合考察队，1988）、庐山（-0.54）（刘信中，2010）、梁野山（-0.64）（林鹏，2001）、黄山（-0.90）（胡嘉琪 等，1996）。武功山地区种子植物丰富度排第 12 位，处于中等偏下水平。西双版纳、高黎贡山、金佛山、井冈山、神农架、南岭、秦岭这 7 个地区的种子植物丰富度要远高于武功山地区，峨眉山、壶瓶山、武夷山、吊罗山 4 个地区的植物丰富度和武功山地区水平相当，而大瑶山、庐山、梁野山和黄山 4 个地区植物丰富度要小于武功山地区。

表7.1 武功山地区种子植物区系与其他区系丰富度和相似性系数的比较

地区	种数	共有种数	种的相似性/%	属数	共有属数	属的相似性/%	科数	共有科数	科的相似性/%	综合系数
武功山	2068	—	—	804	—	—	165	—	—	-0.32
西双版纳	4044	611	19.99	1243	537	52.47	197	149	82.32	1.13

续表

地区	种数	共有种数	种的相似性/%	属数	共有属数	属的相似性/%	科数	共有科数	科的相似性/%	综合系数
高黎贡山	3895	550	18.45	1033	575	62.60	180	147	85.22	0.74
金佛山	3688	1362	47.32	1048	712	76.89	182	157	90.49	0.68
井冈山	3188	1769	67.31	993	774	86.14	175	161	94.71	0.39
神农架	2992	1276	50.43	1004	681	75.33	179	160	93.02	0.34
南岭	2771	1353	55.92	963	679	76.85	174	152	89.68	0.18
秦岭	2967	803	31.90	901	562	65.92	167	145	87.35	0.15
峨眉山	2528	890	38.73	871	617	73.67	173	154	91.12	-0.02
壶瓶山	2349	1275	57.73	845	666	80.78	167	155	93.37	-0.16
武夷山	2073	1342	64.82	838	705	85.87	165	156	94.55	-0.28
吊罗山	1840	326	16.68	854	391	47.17	173	130	76.92	-0.31
大瑶山	1831	770	39.50	784	527	66.37	166	141	85.20	-0.43
庐山	1740	1189	62.45	737	644	83.58	162	155	94.80	-0.54
梁野山	1507	915	51.19	709	556	43.50	167	152	91.57	-0.64
黄山	1395	936	54.06	642	550	76.07	142	136	88.60	-0.90

注：引用的数据按照《Flora of China》的中文名进行处理。

7.2 相邻地区区系相似性比较

研究各地区植物区系的亲缘关系，对研究植物区系的演化具有重要意义（闫双喜 等，2004）。为了研究武功山地区植物区系与其他地区的关系及其亲缘关系，本书对选取 15 个地区的科、属、种 3 个不同等级进行比较。采用 Sorenson 指数（王荷生，1992，1994，2000）来研究，计算公式如下：

$$S = 2a/(b+c), \tag{7.3}$$

式（7.3）中，S 表示 Sorenson 相似性系数，a 为对比两地共有的分类群及科、属、种的数量，b 为存在其中一个地区科、属、种的数量，c 为存在另一个地区科、属、种的数量。S 值越大，表示该分类单元下，2 个区系的相似性越高。结果如表 7.1 所示。

（1）从科的相似性结果可以看出：武功山地区与其他地区的科均有很高的相似性，科的相似性在 76.92%~94.80%，远大于 50%，因此，科区系组成是很相似的。这和科的系统发育相关，众所周知，进化一个科的特征需要极其漫长的时间，大约需要几千万年甚至上亿年。虽然其整体相似性很高，但是也存在差异性。武功山地区与庐山、井冈山、武夷山、壶瓶山、神农架、峨眉山、梁野山和金佛山科的相似性都达到了 90% 以上，而与吊罗山、西双版纳不足 85%，其中，吊罗山不足 80%，这与地理位置有着密切的联系。吊罗山位于海南省，由于琼州海峡将其与大陆隔离，导致其差异性较大。而西双版纳的热带区系成分比较高，导致其差异性较大。因此，科的相似性一定程度上反映了其植物区系的联系和演化。

（2）从属的相似性结果可以看出：属的相似性系数在 47.17%～86.14%，低于科的相似性系数，这是由于一个属的进化要比科进化得快些，而导致属分化的。通过比较，井冈山与武功山属的相似性最高，达到 86.14%。共有属有 774 属，其共有属中鹅掌楸属 Liriodendron、青钱柳属 Cyclocarya、大血藤属 Sargentodoxa、伯乐树属 Bretschneidera、杜仲属 Eucommia 等都是较为古老且单型属，可见其亲缘性很近，说明两者同属于罗霄山脉植物区系。井冈山、武夷山、庐山与武功山属的相似性较近，都达到了 80% 以上。其与壶瓶山、金佛山、南岭、黄山、神农架、峨眉山、梁野山属的相似性存在一定差异，而与大瑶山、秦岭、高黎贡山、西双版纳和吊罗山差异较大，特别是与吊罗山的相似度不到 50%。这和科的结果差不多，其原因也和空间位置有一定的关系。

（3）从种的相似性结果可以看出：相对于科、属组成，种在各区域均具有很高的差异性。以上 15 个地区与武功山地区比较种相似性系数大小依次是，井冈山＞武夷山＞庐山＞壶瓶山＞南岭＞黄山＞梁野山＞神农架＞金佛山＞大瑶山＞峨眉山＞秦岭＞西双版纳＞高黎贡山＞吊罗山。其中，井冈山、武夷山、庐山、壶瓶山、南岭、黄山、梁野山、神农架，其相似性均大于 50%，表明其区系具有亲缘性；而金佛山、大瑶山、峨眉山、秦岭、西双版纳、高黎贡山和吊罗山，其相似性系数均小于 50%，表明其区系差异性较大。

7.2.1　与西双版纳的比较

西双版纳地处云南省南部热带地区，区系区划上属于古热带植物区滇缅泰地区（吴征镒 等，2010），该区共有野生种子植物 197 科、1243 属、4044 种，其中，属的地理分布区以热带性质为主，有热带性质属 956 属，温带性质属 209 属，热带属与温带属的比例为 Tr : Tm = 4.57，热带区系成分占绝对优势。与武功山地区共通成分有 149 科、537 属、611 种，属的相似性系数仅为 0.52。

两地间的主要差异在于西双版纳的热带成分远比武功山地区丰富，西双版纳有48 科、706 属，3433 种在武功山地区没有分布，其中以热带性的类群较多，热带性质的属有 608 属，如买麻藤属 Gnetum、琼楠属 Beilschmiedia、无根藤属 Cassytha、厚壳桂属 Cryptocarya、蕊木属 Kopsia、粘木属 Ixonanthes、假紫万年青属 Belosynapsis、

赤苍藤属 *Erythropalum*、蒲葵属 *Livistona*、大沙叶属 *Pavetta*、苏铁属 *Cycas*、刺桐属 *Erythrina*、山龙眼属 *Helicia*、诃子属 *Terminalia*、火绳树属 *Eriolaena*、刺果藤属 *Byttneria*、核果木属 *Drypetes*、大苞鞘花属 *Elytranthe*、小芸木属 *Micromelum*、牛栓藤属 *Connarus*、桃榄属 *Pouteria*、翻唇兰属 *Hetaeria*、山红树属 *Pellacalyx*、守宫木属 *Sauropus*、心翼果属 *Peripterygium*、槟榔青属 *Spondias*、梭罗树属 *Reevesia*、镰瓣豆属 *Dysolobium*、粗丝木属 *Gomphandra* 等。此外，还包括中国特有属 12 属，即拟单性木兰属 *Parakmeria*、串果藤属 *Sinofranchetia*、假贝母属 *Bolbostemma*、药囊花属 *Cyphotheca*、长穗花属 *Styrophyton*、地构叶属 *Speranskia*、牛筋条属 *Dichotomanthus*、巴豆藤属 *Craspedolobium*、秦岭藤属 *Biondia*、栌菊木属 *Nouelia*、同钟花属 *Homocodon*、虾子草属 *Mimulicalyx*。

武功山地区有 16 科、267 属、1457 种在西双版纳地区没有分布，以温带性属为主，有 199 属，包括北温带分布属 70 属，如冷杉属 *Abies*、刺柏属 *Juniperus*、联毛紫菀属 *Symphyotrichum*、点地梅属 *Androsace*、舞鹤草属 *Maianthemum*、马先蒿属 *Pedicularis*、小檗属 *Berberis*、水青冈属 *Fagus*、虎耳草属 *Saxifraga*、红豆杉属 *Taxus*、金腰属 *Chrysosplenium*、何首乌属 *Fallopia*、假升麻属 *Aruncus* 等。东亚—北美间断分布属 33 属，如铁杉属 *Tsuga*、柏木属 *Cupressus*、金缕梅属 *Hamamelis*、绣球属 *Hydrangea*、落新妇属 *Astilbe*、枫香树属 *Liquidambar*、菰属 *Zizania*、紫茎属 *Stewartia*、板凳果属 *Pachysandra*、鹅掌楸属 *Liriodendron* 等。东亚特有属 61 属，如化香树属 *Platycarya*、连香树属 *Cercidiphyllum*、草绣球属 *Cardiandra*、白木乌桕属 *Neoshirakia*、刺楸属 *Kalopanax*、茶菱属 *Trapella*、丫蕊花属 *Ypsilandra*、杜鹃兰属 *Cremastra*、蜡瓣花属 *Corylopsis*、半蒴苣苔属 *Hemiboea*、吊钟花属 *Enkianthus* 等。此外，还包含 17 属中国特有分布属，如青钱柳属 *Cyclocarya*、紫菊属 *Notoseris*、阴山荠属 *Yinshania*、青檀属 *Pteroceltis*、四棱草属 *Schnabelia*、永瓣藤属 *Monimopetalum*、动蕊花属 *Kinostemon* 等。

武功山地区与西双版纳地区相比，保存了更多的东亚特有属、中国特有属，以及孑遗性类群。这充分说明了武功山地区隶属东亚植物区，而西双版纳则不属于东亚植物区。

7.2.2 与高黎贡山的比较

高黎贡山是西藏东南部、云南西部一条南北走向的山脉，在区系区划上属于中国—喜马拉雅亚区 14SH 西缘，高黎贡山南段可归属于古热带植物区（吴征镒 等，2010）。该区共有野生种子植物 180 科、1033 属、3895 种，其中，包括热带性属 512 属，温带性属 432 属，中国特有属 21 属，本区热带属与温带属的比例为 Tr：Tm = 1.19，热带区系成分略占优势。武功山地区与高黎贡山地区共通成分有 147 科、575 属、550 种，属的相似性为 0.63。

高黎贡山有33科、458属、3345种不分布于武功山地区，包括247属热带性的属，如山柑属 *Capparis*、鱼木属 *Crateva*、八宝树属 *Duabanga*、山龙眼属 *Helicia*、西番莲属 *Passiflora*、茶梨属 *Anneslea*、八蕊花属 *Sporoxeia*、滇桐属 *Craigia*、榼藤属 *Entada*、红花荷属 *Rhodoleia*、鸦胆子属 *Brucea*、鹧鸪花属 *Heynea*、金腰箭属 *Synedrella*、山壳骨属 *Pseuderanthemum*、蒟蒻薯属 *Tacca*、新小竹属 *Neomicrocalamus* 等。东亚特有属14属，如黄杉属 *Pseudotsuga*、榧树属 *Torreya*、头蕊兰属 *Cephalanthera*、珍珠梅属 *Sorbaria*、山核桃属 *Carya*、木藜芦属 *Leucothoe* 等。此外，还包含中国特有属17属，如拟单性木兰属 *Parakmeria*、贡山竹属 *Gaoligongshania*、双盾木属 *Dipelta*、珙桐属 *Davidia*、伞花木属 *Eurycorymbus*、沙晶兰属 *Monotropastrum* 等。

武功山地区有18科、229属、1518种不分布于高黎贡山，如热带性质的伯乐树属 *Bretschneidera*、水丝梨属 *Sycopsis*、蚊母树属 *Distylium*、楝属 *Melia*、核果茶属 *Pyrenaria*、异药花属 *Fordiophyton*、罗勒属 *Ocimum*、流苏子属 *Coptosapelta*、毛茛泽泻属 *Ranalisma*、柞木属 *Xylosma*、旋蒴苣苔属 *Boea*、福建柏属 *Fokienia*、竹柏属 *Nageia*、穗花杉属 *Amentotaxus* 等。东亚特有分布属18属，如三白草属 *Saururus*、莲属 *Nelumbo*、鹅掌楸属 *Liriodendron*、金缕梅属 *Hamamelis*、藿香属 *Agastache*、红淡比属 *Cleyera*、流苏树属 *Chionanthus* 等。此外，中国特有属18属，包括阴山荠属 *Yinshania*、半枫荷属 *Semiliquidambar*、喜树属 *Camptotheca*、秤锤树属 *Sinojackia*、独花兰属 *Changnienia*、通脱木属 *Tetrapanax* 等。

武功山地区与高黎贡山相比，其东亚特有属、中国特有属，以及孑遗性类群较多，这在一定程度上说明了武功山地区隶属东亚植物区，高黎贡山的热带成分明显高于武功山地区。因此，高黎贡山属于古热带植物区。

7.2.3 与金佛山的比较

金佛山属于中国—日本森林植物亚区的华中地区，位于鄂西—川东植物分布中心。该区共有野生种子植物182科、1048属、3688种。其中，热带性属435属，温带性属480属，中国特有55种，热带属与温带属的比例为 Tr∶Tm = 0.91，温带区系成分略占优势。

武功山地区与金佛山共通成分有157科、712属、1362种，属的相似性系数达到0.77，说明两地存在一定的联系。共有热带性属313属，如草珊瑚属 *Sarcandra*、黄杞属 *Engelhardia*、槲寄生属 *Viscum*、黄肉楠属 *Actinodaphne*、蚊母树属 *Distylium*、地榆属 *Sanguisorba*、山麻杆属 *Alchornea*、无患子属 *Sapindus*、豆腐柴属 *Premna*、肖菝葜属 *Heterosmilax*、杜茎山属 *Maesa*、云实属 *Caesalpinia* 等；共有温带性属315属，如桑寄生属 *Loranthus*、地肤属 *Kochia*、檫木属 *Sassafras*、厚朴属 *Houpoea*、盐肤木属 *Rhus*、蓝果树属 *Nyssa*、点地梅属 *Androsace*、玄参属 *Scrophularia*、蜂斗菜属 *Petasites*、

舞鹤草属 *Maianthemum* 等；共有中国特有属 17 属，如瘿椒树属 *Tapiscia*、陀螺果属 *Melliodendron*、青檀属 *Pteroceltis*、青钱柳属 *Cyclocarya*、独花兰属 *Changnienia* 等。

武功山地区有 8 科、92 属、706 种不分布于金佛山，其中，热带属 45 属，温带属 41 属，两地相异属中以热带属略占优势。热带属中以泛热带分布的属最多，达到 18 属，如聚花草属 *Floscopa*、古柯属 *Erythroxylum*、黄麻属 *Corchorus*、风箱树属 *Cephalanthus* 等。温带分布属中北温带分布属最多，有 9 属，如冷杉属 *Abies*、侧柏属 *Platycladus*、水八角属 *Gratiola*、菵草属 *Beckmannia* 等。此外，中国特有属 3 属，包括永瓣藤属 *Monimopetalum*、秤锤树属 *Sinojackia* 和皿果草属 *Omphalotrigonotis*。

金佛山有 25 科、336 属、2326 种不分布于武功山地区。其中，包括 122 属热带性的属，如沟稃草属 *Aniselytron*、浆果楝属 *Cipadessa*、豆蔻属 *Amomum*、阔蕊兰属 *Peristylus*、崖角藤属 *Rhaphidophora*、茜树属 *Aidia*、南山藤属 *Dregea*、西番莲属 *Passiflora* 等。温带属 165 属，其中北温带分布属 53 属，如榛属 *Corylus*、柴胡属 *Bupleurum*、水毛茛属 *Batrachium*、红景天属 *Rhodiola*、山萮菜属 *Eutrema*、独活属 *Heracleum* 等；东亚分布属 21 属，如黄杉属 *Pseudotsuga*、檀梨属 *Pyrularia*、钩吻属 *Gelsemium*、紫万年青属 *Tradescantia*、头蕊兰属 *Cephalanthera*、赤壁木属 *Decumaria* 等。中国特有属 37 属，如银杉属 *Cathaya*、长冠苣苔属 *Rhabdothamnopsis*、金钱枫属 *Dipteronia*、长蕊斑种草属 *Antiotrema*、双盾木属 *Dipelta*、金佛山兰属 *Tangtsinia*、鹭鸶兰属 *Diuranthera*、斜萼草属 *Loxocalyx* 等。

7.2.4 与井冈山的比较

井冈山与武功山同属罗霄山脉且相距很近，在植物区系上属于华东地区，也具有向华中地区过渡的性质（刘仁林，1995）。该区共有野生种子植物 175 科、993 属、3188 种，其中热带性 442 属，温带性属 435 属，中国特有属 37 属，在属这一级中，热带成分略占优势，热带属与温带属的比例为 Tr∶Tm＝1.02。

两地区共通成分有 161 科、774 属、1769 种，相似性系数分别为 0.95，0.86，0.67，相似性系数非常高，说明两地区系的组成非常相似。在共通的属中，热带性属 348 属，温带性属 343 属，热带性和温带性数量相当，前者包括乌蔹莓属 *Cayratia*、柃木属 *Eurya*、山茶属 *Camellia*、泡花树属 *Meliosma*、冬青属 *Ilex*、木姜子属 *Litsea*、黄檀属 *Dalbergia*、樟属 *Cinnamomum*、大血藤属 *Sargentodoxa*、木荷属 *Schima*、古柯属 *Erythroxylum*、青冈属 *Cyclobalanopsis*、水丝梨属 *Sycopsis*、虎皮楠属 *Daphniphyllum*、无患子属 *Sapindus*、安息香属 *Styrax* 等。后者包括柳属 *Salix*、栗属 *Castanea*、椴树属 *Tilia*、枫属 *Acer*、山胡椒属 *Lindera*、忍冬属 *Lonicera*、蛇葡萄属 *Ampelopsis*、蜡瓣花属 *Corylopsis*、冷杉属 *Abies*、松属 *Pinus*、鹅掌楸属 *Liriodendron*、八角属 *Illicium*、虎耳草属 *Saxifraga*、绣球属 *Hydrangea*、樱属 *Cerasus*、桤木属 *Alnus*、水青冈属

Fagus、胡颓子属 *Elaeagnus*、荚蒾属 *Viburnum* 等。

武功山地区有 4 科、30 属、299 种不分布于井冈山，代表性属有异黄精属 *Hetero-polygonatum*、茶菱属 *Trapella*、丫蕊花属 *Ypsilandra*、毛茛泽泻属 *Ranalisma*、动蕊花属 *Kinostemon*、梓属 *Catalpa*、四棱草属 *Schnabelia* 等。在不分布于井冈山的种中，大多为中国特有分布，达到 133 种，如武功山异黄精 *Heteropolygonatum wugongshanensis*、粗榧 *Cephalotaxus sinensis*、润楠叶木姜子 *Litsea machiloides*、大屿八角 *Illicium angustisepalum*、落叶木莲 *Manglietia decidua*、峨眉繁缕 *Stellaria omeiensis*、武功山阴山荠 *Yinshania hui*、莽山绣球 *Hydrangea mangshanensis*、华南悬钩子 *Rubus hanceanus*、武功山冬青 *Ilex wugongshanensis*、全缘叶山茶 *Camellia subintegra*、南岭杜鹃 *Rhododendron levinei*、湖北双蝴蝶 *Tripterospermum discoideum*、湘南星 *Arisaema hunanense*、丫蕊花 *Ypsilandra thibetica*、红果菝葜 *Smilax polycolea* 等。

井冈山有 14 科、219 属、1419 种不分布于武功山地区。不分布于武功山地区的属中，热带性属 98 属，温带性属 91 属，中国特有属 22 属。热带性属中代表性的有买麻藤属 *Gnetum*、天料木属 *Homalium*、西番莲属 *Passiflora*、茶梨属 *Anneslea*、猴耳环属 *Archidendron*、灰毛豆属 *Tephrosia*、马蹄荷属 *Exbucklandia*、过江藤属 *Phyla*、鸢尾兰属 *Oberonia*、裂果薯属 *Schizocapsa*、茜树属 *Aidia*、鞘花属 *Macrosolen* 等。温带性属中代表性的有油杉属 *Keteleeria*、榧树属 *Torreya*、芸薹属 *Brassica*、茶藨子属 *Ribes*、三腺金丝桃属 *Triadenum*、双花木属 *Disanthus*、檀梨属 *Pyrularia*、川续断属 *Dipsacus*、芦竹属 *Arundo*、雪柳属 *Fontanesia* 等。不分布于武功山地区的特有属较多，代表性类群有银杉属 *Cathaya*、白豆杉属 *Pseudotaxus*、伞花木属 *Eurycorymbus*、业平竹属 *Semiarundinaria*、蜡梅属 *Chimonanthus*、毛药花属 *Bostrychanthera* 等。

7.2.5　与神农架的比较

神农架位于湖北省西北部，处于亚热带北缘，该区共有野生种子植物 179 科、1004 属、2992 种。属的地理成分中，热带性属 345 属，温带性属 527 属，热带属与温带属的比例为 Tr∶Tm = 0.65，温带成分占优势。与武功山地区共通成分有 160 科、681 属、1276 种，属的相似性 0.75。

武功山地区有 5 科、123 属、792 种不分布于神农架，相应的，神农架有 19 科、323 属、1716 种不分布于武功山地区。神农架不分布于武功山地区的大多为温带性的属，达到 195 属，如云杉属 *Picea*、黄杉属 *Pseudotsuga*、獐耳细辛属 *Hepatica*、荷包牡丹属 *Lamprocapnos*、省沽油属 *Staphylea*、独活属 *Heracleum*、喜冬草属 *Chimaphila*、和尚菜属 *Adenocaulon*、风铃草属 *Campanula*、短柄草属 *Brachypodium*、罂粟属 *Papaver*、山黧豆属 *Lathyrus* 等。神农架不分布于武功山地区的特有属有 36 属，如珙桐属 *Davidia*、秦岭藤属 *Biondia*、双盾木属 *Dipelta*、华蟹甲属 *Sinacalia*、金盏苣苔属

Isometrum、瘦房兰属 *Ischnogyne* 等。武功山地区不分布于神农架地区的属以热带性为主，有 98 属，如波罗蜜属 *Artocarpus*、石斑木属 *Rhaphiolepis*、蕈树属 *Altingia*、古柯属 *Erythroxylum*、簕竹属 *Bambusa*、粗叶木属 *Lasianthus*、乌口树属 *Tarenna*、福建柏属 *Fokienia*、马铃苣苔属 *Oreocharis*、流苏子属 *Coptosapelta*、藤黄属 *Garcinia*、核果茶属 *Pyrenaria* 等。

7.2.6　与南岭的比较

南岭自然保护区位于罗霄山脉南端，是南岭山脉的主体部分。该区共有野生种子植物 174 科、963 属、2771 种。其中，包括热带分布属 544 属，温带分布属 322 属，中国特有分布属 30 属，热带属与温带属的比例为 Tr∶Tm = 1.69，热带性质占较大优势。

武功山地区所处的罗霄山脉与南岭山脉垂直相连，联系较为紧密，共通成分有 152 科、679 属、1353 种。两地属的相似性为 0.77，代表性的共通属有猴欢喜属 *Sloanea*、罗汉松属 *Podocarpus*、杜鹃花属 *Rhododendron*、无患子属 *Sapindus*、柃属 *Eurya*、吊钟花属 *Enkianthus*、狗骨柴属 *Diplospora*、凤仙花属 *Impatiens*、三尖杉属 *Cephalotaxus*、核果茶属 *Pyrenaria*、黄檀属 *Dalbergia*、蛇菰属 *Balanophora*、桤叶树属 *Clethra*、钩藤属 *Uncaria* 等。

武功山地区不分布于南岭的有 13 科、125 属、715 种，未分布于南岭的属中，温带属 81 属，热带属 31 属，温带属占绝对优势。温带属包括冷杉属 *Abies*、柳杉属 *Cryptomeria*、沟酸浆属 *Mimulus*、郁金香属 *Tulipa*、三毛草属 *Trisetum*、山柳菊属 *Hieracium*、萝藦属 *Metaplexis*、梓属 *Catalpa*、玄参属 *Scrophularia*、蜂斗菜属 *Petasites* 等。

南岭保护区有 22 科、284 属、1418 种不分布于武功山地区，以热带性成分为主。不分布于武功山的属中热带性有 214 属，如丰花草属 *Spermacoce*、克拉莎属 *Cladium*、金钮扣属 *Acmella*、天料木属 *Homalium*、西番莲属 *Passiflora*、水东哥属 *Saurauia*、土蜜树属 *Bridelia*、蝶豆属 *Clitoria*、粗丝木属 *Gomphandra*、罗伞属 *Brassaiopsis*、黄梨木属 *Boniodendron*、银胶菊属 *Parthenium*、阔蕊兰属 *Peristylus*、线柱兰属 *Zeuxine* 等。

7.2.7　与秦岭的比较

秦岭为东西走向的大型山脉，是我国温带、亚热带的分界线（张学忠 等，1979；康慕谊 等，2007）。秦岭山地区系性质表现为明显的温带性，区系区划属于华中地区，秦岭—巴山亚地区（吴征镒 等，2010）。该区共有野生种子植物 167 科、901 属、2967 种。其中，热带性属 229 属，温带性属 559 属，中国特有属 38 属，热带属与温带属的比例为 Tr∶Tm = 0.41。武功山地区与秦岭区系组成存在较大差异，共通成分有 145 科、562 属、803 种，属的相似性系数为 0.66。

武功山地区有 20 科、242 属、1265 种不分布于秦岭，其中，热带性属 170 属，温带性属 58 属，中国特有属 12。武功山地区不同于秦岭的成分主要体现在热带性成分上，泛热带分布属 59 属，如糙叶树属 *Aphananthe*、黄花稔属 *Sida*、罗勒属 *Ocimum*、水蓑衣属 *Hygrophila*、梵天花属 *Urena*、胡椒属 *Piper*、鹅掌柴属 *Schefflera*、山扁豆属 *Chamaecrista* 等。旧世界热带分布属 22 属，如杜茎山属 *Maesa*、帽儿瓜属 *Mukia*、五月茶属 *Antidesma*、酸藤子属 *Embelia*、绣球防风属 *Leucas*、乌口树属 *Tarenna* 等。热带亚洲至热带大洋洲分布属 24 属，如桉属 *Eucalyptus*、链珠藤属 *Alyxia*、瓜馥木属 *Fissistigma*、带唇兰属 *Tainia*、舞花姜属 *Globba*、杜英属 *Elaeocarpus* 等。热带东南亚至印度—马来西亚、太平洋诸岛（热带亚洲）分布属 44 属，如蚊母树属 *Distylium*、蕈树属 *Altingia*、细圆藤属 *Pericampylus*、山豆根属 *Euchresta*、轮钟花属 *Cyclocodon*、肖菝葜属 *Heterosmilax*、穗花杉属 *Amentotaxus* 等。

秦岭有 22 科、339 属、2164 种不分布于武功山地区，其中，热带性属 33 属，温带性属 259 属，温带性具有巨大优势。温带性成分中，北温带分布属最多，达 88 属，如云杉属 *Picea*、落叶松属 *Larix*、狗舌草属 *Tephroseris*、独活属 *Heracleum*、柳穿鱼属 *Linaria*、草苁蓉属 *Boschniakia*、列当属 *Orobanche* 等。北美特有属也较多，有 28 属，如凌霄花属 *Campsis*、红毛七属 *Caulophyllum*、莛子藨属 *Triosteum*、头蕊兰属 *Cephalanthera*、罗布麻属 *Apocynum* 等。

7.2.8　与峨眉山的比较

峨眉山地处四川盆地西缘，中国—日本亚区及中国—喜马拉雅亚区的过渡带之上，区系区划属于华中地区，四川盆地亚地区（吴征镒 等，2010）；峨眉山的特有种相当丰富，以峨眉山为模式标本产地的植物达 400 余种（邬家林 等，1993）。该区共有野生种子植物 173 科、871 属、2528 种。峨眉山的区系性质以温带性成分略占优势，热带属与温带属的比例为 Tr：Tm = 0.91，包括热带性属 369 属，温带性属 404 属，中国特有属 35 属。峨眉山与武功山地区共通成分有 154 科、617 属、890 种。

峨眉山不分布于武功山地区的有 19 科、254 属、1638 种。其中，峨眉山不分布于武功山的属以温带性属为主（热带性属 96 属，温带性属 126 属），如榧树属 *Torreya*、黄杉属 *Pseudotsuga*、榛属 *Corylus*、金莲花属 *Trollius*、夏蜡梅属 *Calycanthus*、红景天属 *Rhodiola*、栒子属 *Cotoneaster*、百脉根属 *Lotus*、五福花属 *Adoxa*、扁穗草属 *Blysmus*、火烧兰属 *Epipactis*、盔花兰属 *Galearis*、岩菖蒲属 *Tofieldia* 等。此外，还有 25 属中国特有属不分布于武功山地区，如金钱松属 *Pseudolarix*、裸蒴属 *Gymnotheca*、沙晶兰属 *Monotropastrum*、直瓣苣苔属 *Ancylostemon*、花佩菊属 *Faberia*、珙桐属 *Davidia* 等。

武功山地区不分布于峨眉山的有11科、187属、1178种。其中，不分布于峨眉山的属中有温带性属80属，热带性93属，中国特有属11属。这些属主要是华东、华南、西南地区亚热带山地区系的重要代表类群，如古柯属 *Erythroxylum*、假卫矛属 *Microtropis*、乌口树属 *Tarenna*、瓜馥木属 *Fissistigma*、藤黄属 *Garcinia*、蚊母树属 *Distylium*、金缕梅属 *Hamamelis*、鹅掌楸属 *Liriodendron*、伯乐树属 *Bretschneidera*、青檀属 *Pteroceltis*、风箱树属 *Cephalanthus*、吻兰属 *Collabium*、桤叶树属 *Clethra*、唇柱苣苔属 *Chirita*、流苏子属 *Coptosapelta*、桉属 *Eucalyptus* 等。

7.2.9　与壶瓶山的比较

壶瓶山地处武陵山脉的东北端，属云贵高原向东部低山丘陵的过渡地带，为热带植物区系和温带植物区系的重要交汇地带。该区共有野生种子植物167科、845属、2349种。壶瓶山的区系性质以温带性成分占优势，热带属与温带属的比例为 $Tr : Tm = 0.78$，包括热带性属327属，温带性属420属，中国特有属39属。壶瓶山与武功山地区共通成分有155科、666属、1275种，相似度很高，种的相似度达到93.37%。

壶瓶山不分布于武功山地区的有12科、179属、1074种。在不分布于武功山地区的类群中主要以温带性质的属居多，有102属，如柴胡属 *Bupleurum*、喜冬草属 *Chimaphila*、榛属 *Corylus*、白鹃梅属 *Exochorda*、山萮菜属 *Eutrema*、独活属 *Heracleum*、铁木属 *Ostrya*、水青树属 *Tetracentron*、车轴草属 *Trifolium* 等。也存在一些热带性质的属，如米仔兰属 *Aglaia*、山羊角树属 *Carrierea*、薄柱草属 *Nertera*、白点兰属 *Thrixspermum*、三翅藤属 *Tridynamia* 等49属。该区存在较多特有属在武功山分布的，达25属，如伞花木属 *Eurycorymbus*、白豆杉属 *Pseudotaxus*、钩子木属 *Rostrinucula*、虾须草属 *Sheareria*、串果藤属 *Sinofranchetia* 等。可见该区的温带成分要明显高于武功山地区。

武功山地区不分布于壶瓶山的有10科、138属、793种。不分布的成分中以热带成分为主，热带性质属87属，其中，很多是亚热带山地区系的重要代表类群，如福建柏属 *Fokienia*、穗花杉属 *Amentotaxus*、蕈树属 *Altingia*、银合欢属 *Leucaena*、楝属 *Melia*、古柯属 *Erythroxylum*、核果茶属 *Pyrenaria*、番薯属 *Ipomoea*、乳豆属 *Galactia*、瓜馥木属 *Fissistigma*、伯乐树属 *Bretschneidera* 等。

7.2.10　与武夷山的比较

武夷山脉是我国大陆东南部重要的山脉，南北跨越广东、福建、江西、浙江四省。武夷山脉地区尚没有完善的植物名录，因此，本研究选取江西武夷山国家级自然保护区（简称武夷山）的种子植物名录与武功山地区进行比较。该区在区系区划上属于华东地区，共有野生种子植物165科、838属、2073种，温带性质略占优势，热带属与温带属的比例为 Tr∶Tm = 0.97，其中，热带性368属，温带性属379属，中国特有属22属。两地区共通成分有156科、705属、1342种，科、属、种相似性系数分别为0.95、0.86、0.65，这表明两地之间的区系组成成分接近。

武功山地区不分布于武夷山的成分有9科、99属、726种。不分布于武夷山的属主要以热带性的为主，共有58属，其中泛热带分布属18属，包括黄花稔属 *Sida*、锋芒草属 *Tragus*、孔颖草属 *Bothriochloa*、银合欢属 *Leucaena* 等。热带亚洲和热带美洲间断分布属5属，包括黄杞属 *Engelhardia*、莼菜属 *Brasenia*、白珠树属 *Gaultheria* 等。旧世界热带分布属10属，包括绣球防风属 *Leucas*、牛鞭草属 *Hemarthria*、弓果黍属 *Cyrtococcum*、短冠草属 *Sopubia* 等。热带亚洲至热带大洋洲分布属6属，包括舞花姜属 *Globba*、旋蒴苣苔属 *Boea*、瓜馥木属 *Fissistigma* 等。热带亚洲至热带非洲分布属4属，包括蝎子草属 *Girardinia*、黄花草属 *Arivela*、老虎刺属 *Pterolobium*、毛茛泽泻属 *Ranalisma*。热带亚洲分布属15属，包括轮环藤属 *Cyclea*、细圆藤属 *Pericampylus*、水丝梨属 *Sycopsis*、吻兰属 *Collabium*、穗花杉属 *Amentotaxus* 等。

武夷山不分布于武功山的成分有9科、133属、731种。不分布于武功山地区的属热带和温带成分相差不大，热带属60属，温带属57属。在热带属中热带亚洲分布属最多，达到16属，包括柏拉木属 *Blastus*、锥花属 *Gomphostemma*、无叶莲属 *Petrosavia*、小沼兰属 *Oberonioides*、全唇兰属 *Myrmechis* 等。热带亚洲至热带大洋洲分布属也较多，有15属，包括山龙眼属 *Helicia*、石斛属 *Dendrobium*、鹧鸪草属 *Eriachne*、异蕊草属 *Thysanotus*、鞘蕊花属 *Coleus* 等。泛热带分布属14属，包括沟繁缕属 *Elatine*、金须茅属 *Chrysopogon*、山菅属 *Dianella*、水玉簪属 *Burmannia* 等。在不分布的温带属中北温带分布属11属，包括茶藨子属 *Ribes*、省沽油属 *Staphylea*、紫荆属 *Cercis*、独活属 *Heracleum*、穗花属 *Pseudolysimachion* 等。东亚和北美洲间断分布属12属，包括榧树属 *Torreya*、檀梨属 *Pyrularia*、头蕊兰属 *Cephalanthera*、延龄草属 *Trillium*、凌霄花属 *Campsis* 等。旧世界温带分布属11属，主要以草本类群为主，如鸟巢兰属 *Neottia*、麦氏草属 *Molinia*、飞廉属 *Carduus*、草木犀属 *Melilotus* 等。东亚分布及其变型属21属，如领春木属 *Euptelea*、蛛网萼属 *Platycrater*、蜘蛛抱蛋属 *Aspidistra*、鹅毛竹属 *Shibataea*、鞭打绣球属 *Hemiphragma*、涧边草属 *Peltoboykinia* 等。中国特有分布属10属，包括沙晶兰属 *Monotropastrum*、匙叶草属 *Latouchea*、少穗竹属 *Oligostachyum*、箬竹属 *Indocalamus*、毛药花属 *Bostrychanthera*、白穗花属 *Speirantha* 等。

7.2.11　与吊罗山的比较

吊罗山是中国极为珍稀的原始热带雨林区之一，该区共有野生种子植物173科、854属、1840种。热带性极强，热带属与温带属的比例为 Tr∶Tm = 7.69，热带性属

715 属，温带性属 93 属，中国特有属 7 属。该区位于海南岛，而海南岛与中国大陆从地理上隔开的时间大约在 4000 万年前，因此植物区系组成上与大陆具有较多联系。武功山地区与吊罗山共通成分有 130 科、391 属、326 种，共通的代表性属有蚊母树属 *Distylium*、楝属 *Melia*、黄连木属 *Pistacia*、无患子属 *Sapindus*、蓝果树 *Nyssa*、木荷属 *Schima*、猴欢喜属 *Sloanea*、粗叶木属 *Lasianthus*、构属 *Broussonetia*、花楸属 *Sorbus*、黄檀属 *Dalbergia*、冬青属 *Ilex*、榕属 *Ficus*、柃木属 *Eurya*、山矾属 *Symplocos*、秋海棠属 *Begonia*、木姜子属 *Litsea*、锦香草属 *Phyllagathis*、猕猴桃属 *Actinidia* 等。

吊罗山有 43 科、463 属、1514 种不分布于武功山地区，在不分布的属中以热带性质的为主，共有 444 属，代表性的属有苏铁属 *Cycas*、陆均松属 *Dacrydium*、买麻藤属 *Gnetum*、澄广花属 *Orophea*、琼楠属 *Beilschmiedia*、土楠属 *Endiandra*、线果兜铃属 *Thottea*、密花藤属 *Pycnarrhena*、黄叶树属 *Xanthophyllum*、山桂花属 *Bennettiodendron*、大头茶属 *Polyspora*、水东哥属 *Saurauia*、谷木属 *Memecylon*、红厚壳属 *Calophyllum*、银柴属 *Aporosa*、核果木属 *Drypetes*、猴耳环属 *Archidendron*、剑叶莎属 *Machaerina*、山榄属 *Planchonella*、山壳骨属 *Pseuderanthemum*、火焰兰属 *Renanthera*、虎舌兰属 *Epipogium*、棕叶芦属 *Thysanolaena* 等。

7.2.12　与大瑶山的比较

广西大瑶山自然保护区处于南亚热带与中亚热带过渡地带季风气候区，区系划分上属于华南地区（韦毅刚，2008）。该区共有野生种子植物 166 科、784 属、1831 种。热带性极强，热带属与温带属的比例为 Tr：Tm = 2.36，热带性属 505 属，温带性属 214 属，中国特有属 21 属。

两地区共通成分有 141 科、527 属、770 种，科、属、种的相似性系数分别为 0.85、0.66、0.40，两地存在一定的联系。共通成分中以热带性属为主，其中，热带性属 286 属，温带性属 192 属，中国特有属 9 属，共通的代表性属有半枫荷属 *Semiliquidambar*、苦木属 *Picrasma*、通脱木属 *Tetrapanax*、赤杨叶属 *Alniphyllum*、柘属 *Maclura*、木莲属 *Manglietia*、猴欢喜属 *Sloanea*、粗叶木属 *Lasianthus*、漆树属 *Toxicodendron*、榆属 *Ulmus*、忍冬属 *Lonicera*、冬青属 *Ilex*、杜鹃属 *Rhododendron*、山茶属 *Camellia*、青冈属 *Cyclobalanopsis*、木姜子属 *Litsea* 等。

武功山地区不分布于大瑶山的成分有 24 科、277 属、1298 种，热带性的类群占优势。在属这一级中，热带性属 167 属，温带性属 81 属，前者如莼菜属 *Brasenia*、黄肉楠属 *Actinodaphne*、蚊母树属 *Distylium*、无患子属 *Sapindus*、土丁桂属 *Evolvulus*、香果树属 *Emmenopterys*、黄茅属 *Heteropogon*、旋蒴苣苔属 *Boea*、独蒜兰属 *Pleione* 等；后者如桤木属 *Alnus*、刺榆属 *Hemiptelea*、连香树属 *Cercidiphyllum*、鹅掌楸属 *Lirioden-*

dron、金缕梅属 *Hamamelis*、雷公藤属 *Tripterygium*、丫蕊花属 *Ypsilandra*、阴行草属 *Siphonostegia* 等。

大瑶山不分布于武功山地区的成分有 25 科、257 属、1061 种，热带性的类群占绝对优势。在属这一级中，热带性属 220 属，温带性属 23 属，代表性属有猴耳环属 *Archidendron*、血桐属 *Macaranga*、柏拉木属 *Blastus*、琼楠属 *Beilschmiedia*、蝉翼藤属 *Securidaca*、西番莲属 *Passiflora*、大头茶属 *Polyspora*、梭罗树属 *Reevesia*、链荚豆属 *Alysicarpus*、榼藤属 *Entada*、翼核果属 *Ventilago*、幌伞枫属 *Heteropanax*、腺萼木属 *Mycetia*、茜树属 *Aidia*、棕叶芦属 *Thysanolaena*、鹤顶兰属 *Phaius* 等。

7.2.13　与庐山的比较

庐山位于江西省北部，属于中亚热带北缘，野生种子植物有 162 科、737 属、1740 种，热带属与温带属的比例为 Tr : Tm = 0.77，其中，热带性属 284 属，温带性属 369 属，中国特有属 18 属。与武功山地区共通成分有 155 科、644 属、1189 种，相似性系数分别 0.95、0.84、0.62，具有很高的相似性，说明区系组成是相近的。事实上，在区系比较中，庐山植物区系具有非常重要的参考价值，庐山被认为曾经受到冰期的直接影响，目前存在许多有争议的冰川遗迹，通过与庐山对比，能够较好地揭示某些区系性质。

武功山地区不分布于庐山的成分共有 10 科、160 属、879 种，主要的科有罗汉松科 Podocarpaceae、铁青树科 Olacaceae、伯乐树科 Bretschneideraceae、古柯科 Erythroxylaceae、七叶树科 Hippocastanaceae、沟繁缕科 Elatinaceae、桃叶珊瑚科 Aucubaceae 等。

武功山地区不分布于庐山的属中热带属与温带属的比例为 Tr : Tm = 2.00，其中，热带性属 100 属，温带性属 50 属，显然，由于地带性差异的原因，武功山地区大量的热带性属未分布于庐山，如蕈树属 *Altingia*、伯乐树属 *Bretschneidera*、古柯属 *Erythroxylum*、飞龙掌血属 *Toddalia*、肖菝葜属 *Heterosmilax*、酸藤子属 *Embelia*、鹅掌柴属 *Schefflera*、构属 *Broussonetia*、山香圆属 *Turpinia*、瓜馥木属 *Fissistigma* 等，这些主要是华南成分。当然也存在一些具有特征性的温带属，如桤木属 *Alnus*、漆树属 *Toxicodendron*、桃叶珊瑚属 *Aucuba*、梓属 *Catalpa*、桦木属 *Betula*、玉兰属 *Yulania*、七叶树属 *Aesculus*、冷杉属 *Abies*、铁杉属 *Tsuga*、柏木属 *Cupressus* 等。

庐山不分布于武功山地区的成分有 7 科、93 属、551 种，不分布于武功山地区的属中热带与温带的比例为 Tr : Tm = 0.30，温带成分占有较大优势，其中，热带性属 18 属，温带性属 61 属，中国特有属 8 属。代表性属有芍药属 *Paeonia*、榛属 *Corylus*、省沽油属 *Staphylea*、川续断属 *Dipsacus*、凌霄花属 *Campsis*、穗花属 *Pseudolysimachion*、玉山竹属 *Yushania* 等。中国特有属包括金钱松属 *Pseudolarix*、串果藤属 *Sino-*

franchetia、虾须草属 *Sheareria*、箬竹属 *Indocalamus* 等。

7. 2. 14　与梁野山的比较

梁野山自然保护区地处福建、广东、江西的交界处，武夷山脉最南端，区系划分上属于华南地区。该区共有野生种子植物 167 科、709 属、1507 种。热带性极强，热带属与温带属的比例为 Tr∶Tm = 1. 65，热带性属 394 属，温带性属 239 属，中国特有属 18 属。

两地区共通成分有 152 科、556 属、915 种，科、属、种的相似性系数分别为 0. 92、0. 73、0. 51，两地存在一定的联系。共通的成分中热带性略占优势，其中，热带性属 276 属，温带性属 221 属。代表性的属有柃木属 *Eurya*、核果茶属 *Pyrenaria*、山茶属 *Camellia*、荚蒾属 *Viburnum*、冬青属 *Ilex*、南五味子属 *Kadsura*、杜鹃属 *Rhododendron*、五加属 *Eleutherococcus*、枫属 *Acer*、猕猴桃属 *Actinidia*、桤木属 *Alnus*、穗花杉属 *Amentotaxus*、锥栗属 *Castanopsis*、木姜子属 *Litsea*、忍冬属 *Lonicera*、马醉木属 *Pieris*、栎属 *Quercus*、无患子属 *Sapindus* 等。

武功山地区不分布于梁野山的成分有 13 科、248 属、1153 种，温带性的类群略占优势。在属这一级中，热带性属 91 属，温带性属 138 属，前者有地榆属 *Sanguisorba*、大豆属 *Glycine*、肖菝葜属 *Heterosmilax*、厚壳树属 *Ehretia*、赤爬属 *Thladiantha*、豇豆属 *Vigna* 等；后者有刺榆属 *Hemiptelea*、连香树属 *Cercidiphyllum*、金缕梅属 *Hamamelis*、棣棠花属 *Kerria*、绣线梅属 *Neillia*、马桑属 *Coriaria*、板凳果属 *Pachysandra*、点地梅属 *Androsace*、茶菱属 *Trapella*、杓兰属 *Cypripedium* 等。

梁野山地区不分布于武功山地区的成分有 15 科、153 属、592 种，热带性属 120 属，温带性属 18 属，中国特有属 10 属，可见热带性占有巨大优势。热带性属有白香楠属 *Alleizettella*、茶梨属 *Anneslea*、岗松属 *Baeckea*、麻楝属 *Chukrasia*、黄桐属 *Endospermum*、天料木属 *Homalium*、买麻藤属 *Gnetum*、蒲葵属 *Livistona*、五列木属 *Pentaphylax*、密子豆属 *Pycnospora*、梭罗树属 *Reevesia*、番杏属 *Tetragonia*、翼核果属 *Ventilago*、胡麻属 *Sesamum* 等。中国特有属有金钱松属 *Pseudolarix*、少穗竹属 *Oligostachyum*、水杉属 *Metasequoia*、伞花木属 *Eurycorymbus*、双片苣苔属 *Didymostigma*、拟单性木兰属 *Parakmeria* 等。

7. 2. 15　与黄山的比较

黄山位于北亚热带地区（胡嘉琪 等，1996），在区系区划上归属于华东地区，浙南山地亚地区（吴征镒 等，2010），该区共有野生种子植物 142 科、642 属、1395 种。黄山区系性质表现出明显的温带性，热带属与温带属的比例为 Tr∶Tm = 0. 55，热带性属 203 属，温带性属 366 属，中国特有属 19 属。

两地区共通成分有 136 科、550 属、936 种，科、属、种相似性系数分别为 0.89、0.76、0.54，这表明两地之间的区系组成成分具一定的相似性。共有属中温带性属 299 属，热带性属 192 属，中国特有属 8 属。武功山地区和黄山的相似性主要体现在温带性成分上。两地的温带性代表属包括化香树属 Platycarya、虎耳草属 Saxifraga、金缕梅属 Hamamelis、黄连木属 Pistacia、南酸枣属 Choerospondias、刺楸属 Kalopanax、青荚叶属 Helwingia、桦木属 Betula、桑属 Morus、枫香树属 Liquidambar、珍珠花属 Lyonia、鹅耳枥属 Carpinus、榆属 Ulmus、越桔属 Vaccinium、杜鹃属 Rhododendron、山茱萸属 Cornus、荚蒾属 Viburnum、石楠属 Photinia 等。

武功山地区不分布于黄山的成分有 29 科、254 属、1132 种。不分布于黄山的属主要以热带性的为主，共有 173 属，可见武功山地区区系组成热带性质高于黄山。其中，泛热带分布属 65 属，包括古柯属 Erythroxylum、鱼藤属 Derris、钩藤属 Uncaria、苦草属 Vallisneria、小金梅草属 Hypoxis、鹅掌柴属 Schefflera、梵天花属 Urena 等。热带亚洲和热带美洲间断分布属 9 属，包括黄杞属 Engelhardia、猴欢喜属 Sloanea、白珠树属 Gaultheria、桤叶树属 Clethra 等。旧世界热带分布属 28 属，包括槲寄生属 Viscum、酸藤子属 Embelia、石龙尾属 Limnophila、娃儿藤属 Tylophora、泽薹草属 Caldesia 等。热带亚洲至热带大洋洲分布属 21 属，包括蛇菰属 Balanophora、链珠藤属 Alyxia、崖爬藤属 Tetrastigma、杜英属 Elaeocarpus、舞花姜属 Globba 等。热带亚洲至热带非洲分布属 13 属，包括黄花草属 Arivela、藤黄属 Garcinia、筒轴茅属 Rottboellia、毛茛泽泻属 Ranalisma 等。热带亚洲分布属 37 属，包括黄肉楠属 Actinodaphne、核果茶属 Pyrenaria、山豆根属 Euchresta、唇柱苣苔属 Chirita、红果树属 Stranvaesia、竹根七属 Disporopsis 等。

黄山不分布于武功山的成分有 6 科、92 属、459 种。不分布于武功山地区的科包括领春木科 Eupteleaceae、川续断科 Dipsacaceae、芍药科 Paeoniaceae 等，主要为温带性的科。不分布于武功山地区的属以温带性的属为主，有 66 属，主要的特征属有黄精叶钩吻属 Croomia、领春木属 Euptelea、川续断属 Dipsacus、芍药属 Paeonia、榧树属 Torreya、省沽油属 Staphylea、黄杉属 Pseudotsuga、黄山梅属 Kirengeshoma、凌霄花属 Campsis 等。热带性属较少，只有 11 属，包括羽叶参属 Pentapanax、刺蕊草属 Pogostemon、蝙蝠草属 Christia、孩儿草属 Rungia 等。

7.3 各地区区系聚类分析

不同地区植物区系的关系是一种模糊相似关系，因此，模糊聚类理论上适用于植物区系关系比较（郭水良，1995）。目前，许多学者将 SPSS 软件中的聚类方法运用到植物区系比较的研究中（张晓丽，2006；闫双喜，2004；冯建孟，2010；徐亮，

2010；李思锋，2014）。本书采用SPSS19.0软件对选取的地区进行聚类分析，进一步探讨各区域之间的亲缘关系。

首先在Excel中将16个地区的名录进行录入并按照《Flora of China》的中文名进行统一，建立总表。其次将各个地区中的种以0、1数据作为观测值。有变量中的种输入1，无变量中的种输入0。最后将此表导入SPSS19.0软件中进行聚类分析，从而得到各地区之间的亲缘关系树形图（图7.2）。

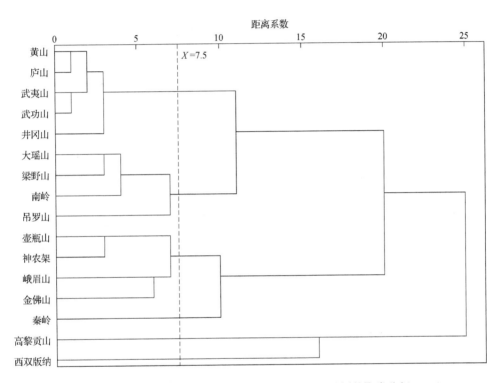

图7.2　武功山地区与其他15个地区种的多样性树状聚类分析

以X = 7.5为参考线，可将16个地区分为6类。

第一类：包括黄山、庐山、武夷山、武功山、井冈山5个地区，从图7.1中可以看出这5个地区都位于华东地区，联系很紧密，因此聚为一类。该类群共有科、属、种分别有120科、423属、671种。共有科中种数较多的是菊科Asteraceae（46种）、蔷薇科Rosaceae（38种）、禾本科Poaceae（31种）、豆科Fabaceae（29种）、百合科Liliaceae（25种）、唇形科Lamiaceae（22种）、樟科Lauraceae（19种）、毛茛科Ranunculaceae（17种）、壳斗科Fagaceae（15种）、蓼科Polygonaceae（15种）、荨麻科Urticaceae（14种）、茜草科Rubiaceae（13种）、莎草科Cyperaceae（13种）、大戟科Euphorbiaceae（12种）、虎耳草科Saxifragaceae（12种）、兰科Orchidaceae（11种）、葡萄科Vitaceae（10种）等。其中，除去世界一些广布科外都是具有热带性质的科，如樟科、壳斗科、荨麻科、大戟科、葡萄科等，这些科也是这些区系的重要组成部分。共有属中种数较多的是悬钩子属 Rubus（11 种）、蓼属 Polygonum（11种）、山胡椒属 Lindera（9 种）、堇菜属 Viola（8 种）、铁线莲属 Clematis（8 种）、冬青属 Ilex（7 种）、安息香属 Styrax（5 种）、珍珠菜属 Lysimachia（5 种）、栎属 Quercus（5 种）、石楠属 Photinia（5 种）等，这些属都是该小类的主要类群。在共有属中温带成分（8～14 分布型）属有 208 属，热带成分（2～7 分布型）属有 172属，因此，热带属与温带属的比例为 Tr：Tm = 172/208 = 0.83，即在共有属中温带性和热带性相差不大，温带性略占优势。共有种有藤黄檀 Dalbergia hancei、小果冬青 Ilex micrococca、云锦杜鹃 Rhododendron fortunei、雷公鹅耳枥 Carpinus viminea、金缕梅 Hamamelis mollis、云山青冈 Cyclobalanopsis sessilifolia、大血藤 Sargentodoxa cuneata、浙江新木姜子 Neolitsea aurata var. chekiangensis 等。

第二类：包括大瑶山、梁野山、南岭、吊罗山 4 个地区，从图 7.1 中可以看出该类主要位于华南地区，因此聚为一类。该类群共有科、属、种分别有 82 科、185 属、230 种。共有科中种数较多的是禾本科 Poaceae（14 种）、豆科 Fabaceae（13 种）、菊科 Asteraceae（12 种）、茜草科 Rubiaceae（11 种）、莎草科 Cyperaceae（11 种）、紫金牛科 Myrsinaceae（10 种）、桑科 Moraceae（9 种）、山矾科 Symplocaceae（8 种）、大戟科 Euphorbiaceae（6 种）、山茶科 Theaceae（6 种）、樟科 Lauraceae（6 种）、冬青科 Aquifoliaceae（5 种）、荨麻科 Urticaceae（5 种）、金缕梅科 Hamamelidaceae（4种）、兰科 Orchidaceae（4 种）等，在这一类中广布科较少，而都是以热带性的科为主。共有属中种数较多的为榕属 Ficus（8 种）、山矾属 Symplocos（8 种）、冬青属 Ilex（5 种）、酸藤子属 Embelia（4 种）、薯蓣属 Dioscorea（3 种）、紫金牛属 Ardisia（3 种）等，在共有属中温带成分（8～14 分布型）属有 24 属，热带成分（2～7 分布型）属有 143 属，因此，热带属与温带属的比例为 Tr：Tm = 143/24 = 5.96，即在共有属中热带性质明显较强，这与前一类存在很大差别。共有种有广东冬青 Ilex kwangtungensis、木姜叶柯 Lithocarpus litseifolius、红腺悬钩子 Rubus sumatranus、台湾榕 Ficus formosana、密花山矾 Symplocos congesta、茶梨 Anneslea fragrans、黄丹木姜子 Litsea elongata 等，这些都是该区较常见的种类。

第三类：包括壶瓶山、神农架、峨眉山、金佛山 4 个地区，从图 7.1 中可以看出该类主要位于华中地区，因此聚为一类。该类群共有科、属、种分别有 143 科、507属、920 种。共有科中种数较多的是菊科 Asteraceae（63 种）、蔷薇科 Rosaceae（48种）、百合科 Liliaceae（37 种）、毛茛科 Ranunculaceae（36 种）、兰科 Orchidaceae（33 种）、豆科 Fabaceae（29 种）、禾本科 Poaceae（25 种）、荨麻科 Urticaceae（25种）、唇形科 Lamiaceae（23 种）、蓼科 Polygonaceae（22 种）、樟科 Lauraceae（20种）等，这些共有科所含种数明显多于前两类，在科的种类上也存在一些差异，如在这一类种数较多的科中以广布种为主，而前两类存在许多热带性质的科。共有属中种数较多的为悬钩子属 *Rubus*（17 种）、蓼属 *Polygonum*（15 种）、铁线莲属 *Clematis*（12 种）、荚蒾属 *Viburnum*（12 种）、枫属 *Acer*（9 种）、卫矛属 *Euonymus*（9 种）、堇菜属 *Viola*（7 种）、山茱萸属 *Cornus*（7 种）、山胡椒属 *Lindera*（7 种）等，在共有属中温带成分（8~14 分布型）属有 252 属，热带成分（2~7 分布型）属有 192 属，因此，热带属与温带属的比例为 Tr : Tm = 192/252 = 0.76，即在共有属中温带性质的属占优势，这与我国整体的植物区系组成是一致的，越往内陆温带成分越强。共有种有宜昌胡颓子 *Elaeagnus henryi*、粗齿铁线莲 *Clematis grandidentata*、五裂枫 *Acer oliverianum*、高粱泡 *Rubus lambertianus*、尖叶四照花 *Cornus elliptica* 等。

第四类：只有 1 个地区，即秦岭。从图 7.1 中可以看出，该区位于西北地区。它是我国暖温带和北亚热带气候的分界线，属于东西横亘的大型山脉。植物区系以温带成分为主，且具有绝对优势（李思锋，2014）。而选取的其他地区以热带成分为主或热带与温带成分相当，因此该区单独聚为一类。主要的大属有薹草属 *Carex*（74 种）、风毛菊属 *Saussurea*（41 种）、柳属 *Fraxinus*（40 种）、紫菀属 *Aster*（31 种）、蒿属 *Pedicularis*（31 种）、枫属 *Acer*（29 种）等，这个地区的大属与前几类存在不同，都是带有温带性质的属，除薹草属世界广布外，该区存在很多特有种，如秦岭冷杉 *Abies chensiensis*、秦岭红杉 *Larix potaninii* var. *chinensis*、水青树 *Tetracentron sinense*、秦岭薹草 *Carex diplodon*、秦岭藤 *Biondia chinensis*、秦岭木姜子 *Litsea tsinlingensis*、秦岭梣 *Fraxinus paxiana* 等。

第五类：只有 1 个地区，即高黎贡山。该区位于西南横断山脉地区，地形地貌、气候环境非常复杂，从南到北纵跨 3 个气候带。该区较多的科是兰科 Orchidaceae（249 种）、菊科 Asteraceae（234 种）、蔷薇科 Rosaceae（224 种）、杜鹃花科 Ericaceae（221 种）、禾本科 Poaceae（155 种）、豆科 Fabaceae（121 种）等，该区与其他地区不同，不以菊科或禾本科为头等大科，而是以兰科为第一大科，可见其植物组成的特殊性。该区东亚特有科较多，如星叶草科 Circaeasteraceae、水青树科 Tetracentraceae、肋果茶科 Sladeniaceae、领春木科 Eupteleaceae 等，这些科是在其他比较地区少见或不见的科。属含种数较多的是杜鹃属 *Rhododendron*（140 种）、悬钩子属 *Rubus*（56 种）、薹草属 *Carex*（48 种）、报春花属 *Primula*（44 种）、马先蒿属 *Pedicularis*（42 种）、柳属 *Salix*（38 种）、龙胆属 *Crawfurdia*（38 种）等，这些属与其他地区种数较多的属也存在较多不同。一方面，该区杜鹃属含种数最多，而且与其他属种数相差较大；另一方面，在其他地区报春花属、马先蒿属、龙胆属所含种数较少，可见其植物的组成存在较大差异。该区有 434 种（含变种）特有种（彭华，1995），如滇西杜鹃 *Rhododendron euchroum*、大树杜鹃 *Rhododendron protistum* var. *giganteum*、腾冲柿 *Diospyros forrestii*、腾冲灯台报春 *Primula chrysochlora*、高黎贡山凤仙花 *Impatiens chim-*

iliensis、贡山独活 *Heracleum kingdonii* 等。

第六类：只有 1 个地区，即西双版纳。该区位于西南热带地区，横断山系末端，保存了较为典型和最大面积热带森林的地区。该区较多的科是兰科 Orchidaceae（374种）、豆科 Fabaceae（252种）、茜草科 Rubiaceae（193种）、禾本科 Poaceae（187种）、大戟科 Euphorbiaceae（143种）、菊科 Asteraceae（134种）、樟科 Lauraceae（103种）等，虽然与高黎贡山一样，都以兰科为第一大科，但是西双版纳兰科植物明显较多，而且其他科的组成和数量也有较大差别。属含种数较多的榕属 *Ficus*（64种）、石斛属 *Dendrobium*（47种）、石豆兰属 *Bulbophyllum*（40种）、蓼属 *Polygonum*（33种）、木姜子属 *Litsea*（29种）、蒲桃属 *Syzygium*（27种）、薯蓣属 *Dioscorea*（27种）、胡椒属 *Piper*（24种）、秋海棠属 *Begonia*（24种）、崖爬藤属 *Tetrastigma*（22种）等，除蓼属广布外，其余都是具有热带性质的属，这些也是该区系的重要组成部分，这与其他地区的组成有着较大差别。因此，该区单独聚为一类。当然，该区也存在较多的特有种，如西双版纳崖爬藤 *Tetrastigma xishuangbannaense*、西双版纳粗榧 *Cephalotaxus mannii*、隔界竹 *Yushania menghaiensis*、南峤滇竹 *Gigantochloa parviflora*、勐腊鸢尾兰 *Oberonia menglaensis* 等。

7.4 小结

通过武功山地区与其他地区种子植物区系的比较，进一步了解了植物区系的特征及其亲缘关系。

（1）武功山地区种子植物较为丰富，在 16 个区系中处于中等水平，西双版纳、高黎贡山、金佛山、井冈山、神农架、南岭、秦岭的丰富度要远高于武功山地区；峨眉山、壶瓶山、武夷山、吊罗山的植物丰富度和武功山地区水平相当；而大瑶山、庐山、梁野山、黄山 4 个地区丰富度要小于武功山地区。

（2）武功山地区与庐山、井冈山、武夷山、壶瓶山、神农架、峨眉山、梁野山和金佛山科的相似性很高，都达到了 90% 以上，与吊罗山、西双版纳不足 85%，其中吊罗山不足 80%。武功山地区与相邻地区属的相似性系数在 47.17% ~ 86.14%，低于科的相似性系数。通过比较，井冈山与武功山属的相似性最高，其亲缘性很近。井冈山、武夷山、庐山与武功山属的相似性较近，都达到了 80% 以上。与壶瓶山、金佛山、南岭、黄山、神农架、峨眉山、梁野山属的相似性存在一定差异，而与大瑶山、秦岭、高黎贡山、西双版纳和吊罗山差异较大，特别是吊罗山。相对于科、属组成，种在各区域均具有很高的差异性。井冈山、武夷山、庐山、壶瓶山、南岭、黄山、梁野山、神农架，其相似性大于 50%，表明其区系具有一定的亲缘性；而金佛山、大瑶山、峨眉山、秦岭、西双版纳、高黎贡山和吊罗山，其相似性系数均小于

50%，表明其区系差异性较大。

（3）通过种的聚类分析，将16个地区分为6类，武功山与华东地区的黄山、庐山、武夷山和井冈山的区系关系最为密切；与华南地区的大瑶山、梁野山、南岭和吊罗山区系关系密切；与华中地区的壶瓶山、神农架、峨眉山和金佛山区系关系较为密切；与秦岭、西双版纳和高黎贡山的区系关系疏远，特别是西双版纳和高黎贡山。该研究结果支持吴征镒等（2010）将中国植物区系划为4个植物区、7个亚区和23个地区（49个亚地区）中武功山属于东亚植物区系下中国—日本植物亚区中的华东地区（赣南—湘东丘陵亚地区）的观点。

第 8 章　武功山地区珍稀濒危及国家重点保护植物多样性及其保护

当今世界，随着全球环境问题及人类活动干扰加剧，加上植物自身原因，使得大量植物正面临着严重的生存危机，植物多样性和珍稀濒危植物保护已经引起世界各国的高度关注。我国政府十分重视这项工作，分别于 1987 年由国家环保局颁布了《中国珍稀濒危保护植物名录（第一册）》，1999 年公布了《国家重点保护野生植物名录（第一批）》，2004 年出版了《中国物种红色名录》。其中《国家重点保护野生植物名录（第一批）》是将植物的科研价值和经济价值放在第一位，而《中国物种红色名录》则是首先考虑植物的濒危状况（李红清 等，2008）。这些工作无疑对我国珍稀濒危植物保护起到了极其重要的作用。

武功山地区位于江西省与湖南省交界的罗霄山脉中段，地处华东、华中、华南 3个地区的交汇地带，是我国生物多样性的关键地区之一，也是重要的生物地理和生物迁移通道。研究该地区珍稀濒危植物对进一步揭示该地区植物多样性特征及价值、制定有效的保护和管理策略具有重要意义。

8.1　珍稀濒危及国家重点保护植物多样性

8.1.1　基本统计分析

根据项目实地调查，结合《国家重点保护野生植物名录（第一批）》和《中国物种红色名录》统计，武功山地区珍稀濒危及国家重点保护植物共有 113 种（表 8.1），分别隶属于 58 科、92 属，占武功山地区植物总种数的 5.46%。从类群构成上看，裸子植物有 5 科、6 属、6 种，分别占该地区珍稀濒危及国家重点保护植物科属种总数的 8.62%、6.52%、5.31%；被子植物有 53 科、86 属、107 种，分别占科属种总数的 91.38%、93.48%、94.69%。各科中尤以兰科 Orchidaceae 植物最多，共 12 属、17 种，占总属种数的比例高达 13.04%、15.04%，其次为木兰科 Magnoliaceae，有 6属、7 种，分别占总属数的 6.52% 和总种数的 6.19%。

武功山地区的珍稀濒危植物中被《中国物种红色名录》收录的有 105 种，占全国濒危物种红色名录的 1.97%。近危(NT)物种有 43 种，包括大叶榉树 *Zelkova schneideriana*、

表 8.1　武功山地区珍稀濒危及国家重点保护植物基本情况一览

科名	种名	中国物种红色名录2004	国家重点保护野生植物名录	生活习性	在武功山分布地区	海拔/m	分布类型	在中国分布地区	主要应用价值
银杏科	银杏 Ginkgo biloba	CR		落叶乔木	安福县	400~800	15	华东	药用、观赏
柏科	福建柏 Fokienia hodginsii	VU	II	常绿乔木	分宜县	100~1500	7	华东—西南	材用
罗汉松科	罗汉松 Podocarpus macrophyllus	VU		常绿乔木	安福县、分宜县	200~300	14	华东—华南—华中	材用、观赏
罗汉松科	竹柏 Nageia nagi	EN		常绿乔木	安福县、分宜县	200~500	7	华东—华南—华中	材用
三尖杉科	粗榧 Cephalotaxus sinensis	NT		常绿乔木	芦溪县、安福县	300~400	15	华东—华中	材用、药用
红豆杉科	南方红豆杉 Taxus wallichiana	VU	I	常绿乔木	安福县、袁州区、茶陵县、莲花县、芦溪	100~800	15	华东—华中	材用、观赏
壳斗科	大叶苦柯 Lithocarpus paihengii	NT		常绿乔木	安福县	100~200	15	华中	材用
榆科	大叶榉树 Zelkova schneideriana	NT	II	落叶乔木	芦溪县	200~1000	15	华东—华南—华中	材用
桑科	白桂木 Artocarpus hypargyreus	EN		乔木	分宜县、莲花县	100~1700	15	华南	材用
荨麻科	水丝麻 Maoutia puya	NT		灌木	安福县	300~800	7	华南—西南	优良的纤维植物
马兜铃科	马蹄香 Saruma henryi	EN		多年生草本	安福县	600~1000	15	华中	药用
马兜铃科	短尾细辛 Asarum caudigerellum	VU		多年生草本	安福县	600~1500	15	西南	药用
马兜铃科	杜衡 Asarum forbesii	NT		一年生草本	安福县、分宜县、袁州区	100~800	15	华东	药用
蓼科	金荞 Fagopyrum dibotrys		II	多年生草本	安福县、袁州区、攸县	100~800	10	华东—华中—西南	药用

续表

科名	种名	中国物种红色名录2004	国家重点保护野生植物名录	生活习性	在武功山分布地区	海拔/m	分布类型	在中国分布地区	主要应用价值
莲科	莲 Nelumbo nucifera		II	多年生草本	莲花县	100~300	9	广布于全国，除内蒙古、青海、西藏	食用、药用、观赏
睡莲科	萍蓬草 Nuphar pumila	VU	II	一年生草本	安福县	100~300	8	华东—华南—华中—西南	食用、药用、观赏
莼菜科	莼菜 Brasenia schreberi	CR	I	多年生草本	茶陵县	50~200	8	华东—华南—西南	食用
连香树科	连香树 Cercidiphyllum japonicum		II	一年生草本	安福县	600~800	14SH	华东—华中—西南	观赏
毛茛科	黄连 Coptis chinensis	VU		多年生草本	芦溪县、安福县、袁州区	100~1500	15	华东—华中	药用
毛茛科	尖叶唐松草 Thalictrum acutifolium	NT		多年生草本	安福县、袁州区、茶陵县	600~900	15	华南—华东	药用
木通科	野木瓜 Stauntonia chinensis	NT		藤本	分宜县	500~1300	15	华南—华东	药用
防己科	青牛胆 Tinospora sagittata	EN		藤本	安福县、分宜县	200~800	4	华东—华南—西南—华中—西北	药用
五味子科	黑老虎 Kadsura coccinea	VU		藤本	安福县	400~1400	7	华东—华南—西南	药用、食用
木兰科	鹅掌楸 Liriodendron chinense		II	常绿乔木	安福县、分宜县	100~200	2	华东—华中—西南	材用、观赏
木兰科	乐昌含笑 Michelia chapensis	NT		常绿乔木	安福县	500~1700	15	华南	材用、观赏
木兰科	紫花含笑 Michelia crassipes	EN		灌木	安福县、分宜县、茶陵县	100~600	15	华南	材用、观赏

续表

科名	种名	中国物种红色名录2004	国家重点保护野生植物名录	生活习性	在武功山分布地区	海拔/m	分布类型	在中国分布地区	主要应用价值
木兰科	厚朴 Houpoea officinalis		II	常绿乔木	芦溪县、上高县、安福县、茶陵县、袁州区	300~700	15	华东—华南—华中	材用
木兰科	落叶木莲 Manglietia decidua	VU	I	常绿乔木	袁州区	400~700	15-1	江西特有种	科研、观赏
木兰科	天女花 Oyama sieboldii	NT		落叶乔木	安福县、芦溪县、袁州区	1600~1800	14SJ	华东—华中—华北	材用、观赏
木兰科	玉兰 Yulania denudata	NT		落叶乔木	安福县、分宜县、莲花县	500~1000	15	华南	材用、观赏
樟科	润楠叶木姜子 Litsea machiloides	EN		常绿乔木	安福县	200~400	15	华南	材用
樟科	闽楠 Phoebe bournei	VU	II	乔木	安福县	300~500	14SJ	华东—华南	材用
樟科	天竺桂 Cinnamomum japonicum	VU	II	常绿乔木	安福县	300~1000	14SJ	华东	材用
樟科	樟 Cinnamomum camphora	VU	II	常绿乔木	安福县、袁州区、上高县、宜春县、莲花县、茶陵县、攸县	100~400	3	长江以南，台湾	材用、香料
樟科	沉水樟 Cinnamomum micranthum	VU		常绿乔木	安福县	200~300	7	华东—华南	材用、提取精油
十字花科	武功山阴山荠 Yinshania hui	VU		落叶乔木	安福县	800~1300	15-3	江西特有种	材用
伯乐树科	伯乐树 Bretschneidera sinensis	NT	I	乔木	安福县	1000~1300	15	华南—华东	材用、科研

续表

科名	种名	中国物种红色名录	国家重点保护野生植物名录 2004	生活习性	在武功山分布地区	海拔/m	分布类型	在中国分布地区	主要应用价值
金缕梅科	半枫荷 Semiliquidambar cathayensis	VU	II	落叶乔木	安福县、芦溪县	100~1000	15	华南	材用
金缕梅科	腺蜡瓣花 Corylopsis glandulifera	NT		落叶灌木	安福县	100~1300	15-1	华东	观赏
杜仲科	杜仲 Eucommia ulmoides	VU		落叶乔木	安福县、分宜县	150~200	15	华中	材用、科研
豆科	花榈木 Ormosia henryi	VU	II	常绿乔木	安福县、莲花县、茶陵县、攸县	100~200	3	华东—西南	材用、药用
豆科	红豆树 Ormosia hosiei	EN	II	常绿乔木	安福县、上高县	200~900	15	华东—华中	材用、观赏
豆科	秧青 Dalbergia assamica	EN		乔木	茶陵县	100~600	7	华东—西南	材用
豆科	黄檀 Dalbergia hupeana	NT		乔木	安福县	800~1400	15	华东—华南—华中	材用
豆科	山豆根 Euchresta japonica	VU	II	灌木	芦溪县、茶陵县	300~700	14	华东—华南	药用、材用
芸香科	朵花椒 Zanthoxylum molle	VU		落叶乔木	芦溪县	300~350	15	华东	药用
芸香科	川黄檗 Phellodendron chinense	VU	II	落叶乔木	莲花县、安福县	800~1500	15	华东—华南—华中	药用
楝科	红椿 Toona ciliata	VU	II	落叶乔木	上高县	300~400	5	华南—西南	材用、制栲胶
黄杨科	长叶柄野扇花 Sarcococca longipetiolata	EN		灌木	安福县、莲花县	300~600	15	华南	观赏、药用
冬青科	武功山冬青 Ilex wugongshanensis	EN		灌木	安福县	400~800	15-1	江西特有种	观赏
卫矛科	永瓣藤 Monimopetalum chinense	EN	II	藤本	安福县、分宜县	300~600	15-1	华东	科研

续表

科名	种名	中国物种红色名录2004	国家重点保护野生植物名录	生活习性	在武功山分布地区	海拔/m	分布类型	在中国分布地区	主要应用价值
凤仙花科	湖北凤仙花 Impatiens pritzelii	VU		一年生草本	茶陵县	200~800	15	华中	观赏
猕猴桃科	条叶猕猴桃 Actinidia fortunatii	NT		藤本	安福县, 芦溪县	200~300	15	华南	食用、药用
猕猴桃科	小叶猕猴桃 Actinidia lanceolata	VU		藤本	莲花县, 茶陵县	100~400	15	华东	食用、药用
猕猴桃科	红茎猕猴桃 Actinidia rubricaulis	NT		藤本	安福县, 袁州区, 茶陵县	200~600	15	华中	食用、药用
猕猴桃科	对萼猕猴桃 Actinidia valvata	NT		灌木	安福县	300~700	14SJ	华东—华中	食用
山茶科	全缘叶山茶 Camellia subintegra	NT		灌木	芦溪县, 安福县, 袁州区	500~1100	15	华南	观赏
堇菜科	亮毛堇菜 Viola lucens	EN		多年生草本	芦溪县	1200~1700	15	华东—华中	观赏
秋海棠科	美丽秋海棠 Begonia algaia	NT		多年生草本	安福县, 袁州区	300~800	15-1	江西特有种	观赏
蓝果树科	喜树 Camptotheca acuminata		II	落叶乔木	安福县, 分宜县, 茶陵县	100~1000	15	华东—华南—华中	药用, 可作为行道树
五加科	吴茱萸五加 Gamblea ciliata	VU		灌木	安福县	900~1300	14SH	华东—华南—西南	药用
伞形科	台湾前胡 Peucedanum formosanum	NT		多年生草本	安福县, 芦溪县	600~800	15	华东—华南	药用
伞形科	鄂西前胡 Peucedanum henryi	NT		多年生草本	芦溪县, 安福县	1300~1900	15-1	华中	药用
杜鹃花科	江西杜鹃 Rhododendron kiangsiense	EN		灌木	安福县, 袁州区	1000~1500	15-1	江西特有种	观赏

续表

科名	种名	中国物种红色名录 2004	国家重点保护野生植物名录	生活习性	在武功山分布地区	海拔/m	分布类型	在中国分布地区	主要应用价值
杜鹃花科	南岭杜鹃 Rhododendron levinei	NT		灌木	袁州区	1000~1500	15	华南	观赏
杜鹃花科	水晶兰 Monotropa uniflora	NT		多年生草本	安福县	300~1500	8	华东—西南	药用、观赏
报春花科	毛茛叶报春 Primula cicutariifolia	VU		多年生草本	炎陵县	600~800	15-1	华东	观赏
安息香科	白辛树 Pterostyrax psilophyllus	NT		乔木	芦溪县	180~600	15	华中	材用
安息香科	狭果秤锤树 Sinojackia rehderiana	EN		落叶乔木	芦溪县	500~800	15	华南	材用
安息香科	银钟花 Halesia macgregorii	NT		乔木	莲花县	700~900	15	华东—华南	观赏
龙胆科	条叶龙胆 Gentiana manshurica	EN		多年生草本	芦溪县	300~1100	15	华东—华南—华中	药用
龙胆科	湖北双蝴蝶 Tripterospermum discoideum	NT		一年生草本	袁州区	600~700	15	华中—西南	观赏
唇形科	出蕊四轮香 Hanceola exserta	NT		多年生草本	安福县	600~1300	15	华东	观赏
玄参科	江西马先蒿 Pedicularis kiangsiensis	VU		一年生草本	安福县	1500~1700	15-1	华东	观赏
葫芦科	罗汉果 Siraitia grosvenorii	NT		多年生草本	安福县	400~1400	15	华南	药用、观赏
葫芦科	浙江雪胆 Hemsleya zhejiangensis	NT		藤本	安福县	800~1000	15-1	华东	药用
茜草科	香果树 Emmenopterys henryi	NT	II	乔木	安福县	500~1500	15	华东—华南—华中	科研、观赏
桤叶树科	城口桤叶树 Clethra fargesii	EN		灌木	安福县	800~1600	15	华中	药用
五福花科	黑果荚蒾 Viburnum melanocarpum	NT		灌木	安福县	200~900	15-1	华东	观赏

续表

科名	种名	中国物种红色名录2004	国家重点保护野生植物名录	生活习性	在武功山分布地区	海拔/m	分布类型	在中国分布地区	主要应用价值
小檗科	八角莲 Dysosma versipellis	VU		灌木	安福县	500~1800	14SJ	华东—华南—华中	科研、药用
小檗科	三枝九叶草 Epimedium sagittatum	NT		一年生草本	安福县	400~1600	15	华东—华南—华中	药用
禾本科	普通野生稻 Oryza rufipogon	CR	II	多年生草本	茶陵县	100~300	7	华东—华南	科研
泽泻科	冠果草 Sagittaria guyanensis	EN		一年生草本	芦溪县、安福县	600~650	2	华东—华南	药用
泽泻科	小慈姑 Sagittaria potamogetonifolia	VU		一年生草本	安福县、茶陵县	100~400	15	华东—华南—华中	观赏
泽泻科	长喙毛茛泽泻 Ranalisma rostrata	CR	I	多年生草本	茶陵县	200~400	6	华东	观赏、科研
泽泻科	泽薹草 Caldesia parnassifolia	CR		多年生草本	莲花县	300~500	4	华东—华北	观赏
水鳖科	龙舌草 Ottelia alismoides	VU		多年生草本	安福县	200~800	8	华东—华南	药用
百合科	矮拔葜 Smilax nana	EN		一年生草本	分宜县、芦溪县、上高县，安福县、芦溪	450~500	15-3	华中	科研
百合科	多花黄精 Polygonatum cyrtonema	NT		多年生草本	袁州区、莲花县、茶陵县	200~1200	15	华东—华南—华中	药用、观赏
百合科	球药隔重楼 Paris fargesii	NT		多年生草本	安福县、攸县	700~1100	15	华东—华南—华中	药用、观赏
百合科	七叶一枝花 Paris polyphylla	NT		多年生草本	茶陵县	800~1000	14SJ	华东—华南—西南	药用、观赏
百合科	华重楼 Paris polyphylla var. chinensis	VU		多年生草本	芦溪县、安福县、分宜县	1300~1400	15	华东—华南—华中	药用、观赏

续表

科名	种名	中国物种红色名录 2004	国家重点保护野生植物名录	生活习性	在武功山分布地区	海拔/m	分布类型	在中国分布地区	主要应用价值
百合科	狭叶重楼 Paris polyphylla var. stenophylla	NT		多年生草本	安福县	100~2000	7	华东—华中—西南	药用、科研
薯蓣科	纤细薯蓣 Dioscorea gracillima	NT		藤本	安福县	200~1700	14SJ	华东—华中	药用
薯蓣科	细柄薯蓣 Dioscorea tenuipes	VU		藤本	安福县	800~1100	14SJ	华东	药用
姜科	峨眉舞花姜 Globba emeiensis	VU		多年生草本	芦溪县	600~650	15	华中	药用、观赏
兰科	白及 Bletilla striata	EN		多年生草本	安福县	200~1800	14	华东—华中—西南	药用
兰科	斑叶兰 Goodyera schlechtendaliana	NT		多年生草本	芦溪县、安福县	460~1100	2	华东—华中—西南	药用、观赏
兰科	带唇兰 Tainia dunnii	NT		多年生草本	安福县	700~1700	15	华东—华中	观赏
兰科	独花兰 Changnienia amoena	EN		多年生草本	安福县、芦溪县	400~1300	15	华东—华中	观赏
兰科	杜鹃兰 Cremastra appendiculata	NT		多年生草本	芦溪县	500~1700	14	华东—华中—西南	药用、观赏
兰科	金线兰 Anoectochilus roxburghii	EN		多年生草本	芦溪县	600~700	5	华东—西南	药用、观赏
兰科	建兰 Cymbidium ensifolium	VU		多年生草本	安福县、芦溪县	600~1800	5	华东—华中—华南—西南	观赏
兰科	多花兰 Cymbidium floribundum	VU		多年生草本	安福县	200~1900	7	华东—华中—华南—西南	药用、观赏
兰科	春兰 Cymbidium goeringii	VU		多年生草本	安福县	300~1700	14	华东—华中—华南—西南	药用、观赏
兰科	寒兰 Cymbidium kanran	VU		多年生草本	安福县	500~1700	14SJ	华东—华中—华南—西南	药用、观赏

续表

科名	种名	中国物种红色名录	国家重点保护野生植物名录2004	生活习性	在武功山分布地区	海拔/m	分布类型	在中国分布地区	主要应用价值
兰科	钩距虾脊兰 *Calanthe graciliflora*	NT		多年生草本	安福县、莲花县、茶陵县、芦溪	270~1200	15	华南—华东	药用、观赏
兰科	疏花虾脊兰 *Calanthe henryi*	VU		草本	安福县	1000~1400	15	华中—西南	药用、观赏
兰科	柄叶羊耳蒜 *Liparis petiolata*	VU		多年生草本	安福县	1000~1600	7	华东—华南—西南	观赏
兰科	线叶十字兰 *Habenaria lineariifolia*	NT		多年生草本	安福县	300~800	8	华东—华中—东北	观赏
兰科	十字兰 *Habenaria schindleri*	VU		多年生草本	安福县、芦溪县、袁州区	600~1500	14	华东—华中—东北	观赏
兰科	小沼兰 *Malaxis microtatantha*	NT		草本	茶陵县	100~300	15	华东	药用、观赏、科研
兰科	朱兰 *Pogonia japonica*	NT		草本	安福县	1200~1700	14	华东—华南—华中—西南	观赏

注：1. NT 表示近危物种；VU 表示易危物种；EN 表示濒危物种；CR 表示极危物种。

2. 2 表示泛热带分布；3 表示热带亚洲和热带美洲间断分布；4 表示旧世界热带分布；5 表示热带亚洲至热带大洋洲分布；6 表示热带亚洲至热带非洲分布；7 表示热带亚洲分布；8 表示北温带广布；9 表示亚洲和北美洲间断分布；10 表示旧世界温带分布或旧世界温带分布；14 表示东亚分布，其中 14SJ 表示中国—日本变型，14SH 表示中国—喜马拉雅变型；15 表示中国特有分布，其中 15-1 表示华东—华中分布，15-3 表示横断山区分布。

三枝九叶草 *Epimedium sagittatum*、乐昌含笑 *Michelia chapensis* 等，其中黑果荚蒾 *Viburnum melanocarpum*、全缘叶山茶 *Camellia subintegra*、香果树 *Emmenopterys henryi* 等 32 种为中国特有。易危（VU）物种有 36 种，包括建兰 *Cymbidium ensifolium*、天竺桂 *Cinnamomum japonicum*、毛茛叶报春 *Primula cicutariifolia* 等，其中小慈姑 *Sagittaria potamogetonifolia*、短尾细辛 *Asarum caudigerellum*、杜仲 *Eucommia ulmoides* 等 16 种为中国特有。濒危（EN）物种有 21 种，包括竹柏 *Nageia nagi*、紫花含笑 *Michelia crassipes*、长叶柄野扇花 *Sarcococca longipetiolata* 等，其中白桂木 *Artocarpus hypargyreus*、马蹄香 *Saruma henryi*、永瓣藤 *Monimopetalum chinense* 等 15 种为中国特有。极危（CR）物种有 5 种，包括银杏 *Ginkgo biloba*、莼菜 *Brasenia schreberi*、长喙毛茛泽泻 *Ranalisma rostrata*、泽薹草 *Caldesia parnassifolia*、普通野生稻 *Oryza rufipogon*，全部为中国特有。

武功山地区有国家重点保护植物 27 种，占全国重点保护植物的 9.47%。一级保护植物 6 种，即银杏 *Ginkgo biloba*、南方红豆杉 *Taxus wallichiana*、莼菜 *Brasenia schreberi*、落叶木莲 *Manglietia decidua*、伯乐树 *Bretschneidera sinensis*、长喙毛茛泽泻 *Ranalisma rostrata*，占全国重点保护植物总种数的 2.11%，其中银杏、伯乐树、长喙毛茛泽为中国特有。二级保护植物 21 种，包括福建柏 *Fokienia hodginsii*、大叶榉树 *Zelkova schneideriana*、连香树 *Cercidiphyllum japonicum* 等，占全国重点保护植物总种数的 7.36%，其中香果树 *Emmenopterys henryi*、粗榧 *Cephalotaxus sinensis*、尖叶唐松草 *Thalictrum acutifolium* 等 11 种为中国特有。

8.1.2 生活习性及分布格局分析

（1）生活习性分析

生活习性是植物适应气候环境的重要表现。为便于统计分析，人们习惯将植物的生活习性划分为乔木、灌木、草本和藤本四大类。从表 8.1 得知，该地区珍稀濒危及国家重点保护植物以草本为主，有 52 种，包括水丝麻 *Maoutia puya*、萍蓬草 *Nuphar pumila*、湖北双蝴蝶 *Tripterospermum discoideum* 等，占武功山珍稀濒危及国家重点保护植物总种数的 46.02%（下同）。其次为乔木，包括福建柏 *Fokienia hodginsii*、鹅掌楸 *Liriodendron chinense*、杜仲 *Eucommia ulmoides* 等 37 种，占 32.74%。灌木包括紫花含笑 *Michelia crassipes*、对萼猕猴桃 *Actinidia valvata*、腺蜡瓣花 *Corylopsis glandulifera* 等 14 种，占 12.39%。藤本包括秧青 *Dalbergia assamica*、浙江雪胆 *Hemsleya zhejiangensis*、黑老虎 *Kadsura coccinea* 等 10 种，占 8.85%。

（2）分布格局分析

研究珍稀濒危及国家重点保护植物的分布格局，本质上是探求随着经纬度和地形地势的变化，该地区物种丰富度发生变化的基本规律，为进一步认识植物与环境之间的生态关系、制定保护策略提供科学依据。

　　统计武功山地区各县珍稀濒危及国家重点保护植物的数量（图8.1），可以发现其种数由多到少依次是安福县（85 种，下同）、芦溪县（28）、茶陵县（20）、袁州区（17）、分宜县（16）、莲花县（13）、上高县（6）、渝水区（6）、攸县（3）。安福县物种丰富度最高，包括大叶苦柯 *Lithocarpus paihengii*、萍蓬草 *Nuphar pumila*、狭叶重楼 *Paris polyphylla* var. *stenophylla* 等 85 种，占武功山珍稀濒危及国家重点保护植物总种数的比例高达 75.22%（下同），是武功山地区珍稀濒危及国家保护植物最丰富的地区。主要是因为该地区地形复杂，土地资源丰富，土壤类型多样，加之安福县内分布有白鹤峰等山峰，海拔较高，适合多种植物生存和繁衍，为各种珍稀濒危及国家保护植物的繁育提供了得天独厚的生境条件。

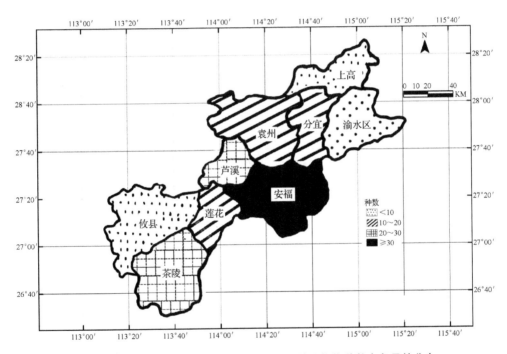

图8.1　武功山地区珍稀濒危及国家重点保护植物物种数在各县的分布

　　其次是芦溪县和茶陵县，分别占 24.78%、17.70%。袁州区、分宜县、莲花县次之，分别占 15.04%、14.16%、11.50%。上高县、渝水区和攸县所含种类最低，仅占总种数的 5.31%、5.31%、2.65%。芦溪县、茶陵县、袁州区、分宜县、莲花县分布的珍稀濒危及国家重点保护植物种数相差不大，都在 10～30 种，而渝水区、上高县和攸县分布较少。推测这种分布不均的原因可能是由于这些地区生境差异较大，不完全适合这些珍稀濒危及国家重点保护植物的分布，或者由于人为采摘、砍伐等破坏较严重所致，具体原因有待进一步查明。

在垂直分布方面，根据武功山地区的海拔高度，同时考虑到统计样本数量的需要，按照每隔 100 m 进行分段设置海拔梯度，分成 20 个区段，统计每个区段珍稀濒危及国家重点保护植物的总种数。从图 8.2 可以看出，该地区珍稀濒危及国家重点保护植物海拔分布较广，从海平面到 2000 m 的范围内均有分布，且呈现单峰形态，植物的总种数在 700 m 以下随海拔升高而逐渐增加，其中在 300 ~ 500 m 总种数基本不变，而在 700 ~ 2000 m 随海拔升高而逐渐降低。在 600 ~ 700 m 海拔区段分布的总种数最多，共有 56 种，占总数的 49.56%，如马蹄香 *Saruma henryi*、黑老虎 *Kadsura coccinea*、罗汉果 *Siraitia grosvenorii* 等。

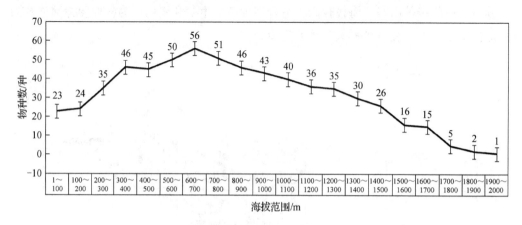

图 8.2　武功山地区珍稀濒危及国家重点保护植物物种数的海拔梯度分布

在 200 m 以下低海拔地区，珍稀濒危及国家重点保护植物由于受人为干扰严重，分布的总种数相对较少，基本在 30 种以下，典型的有莼菜 *Brasenia schreberi*、大叶苦柯 *Lithocarpus paihengii*、鹅掌楸 *Liriodendron chinense* 等。在 1800 m 以上高海拔地区，由于海拔高、气温低、环境恶劣，许多珍稀濒危及国家重点保护植物难以生存，导致分布的总种数下降，仅有鄂西前胡 *Peucedanum henryi*、狭叶重楼 *Paris polyphylla* var. *stenophylla* 两种植物分布在此区段。而在海拔 500 ~ 800 m 区段内分布的植物总种数均达到了 50 种以上，如兰科中的春兰 *Cymbidium goeringii*、线叶十字兰 *Habenaria linearifolia*，金缕梅科中的半枫荷 *Semiliquidambar cathayensis*、腺蜡瓣花 *Corylopsis glandulifera*，木兰科中的乐昌含笑 *Michelia chapensis*、玉兰 *Yulania denudata* 等。

关于海拔梯度分布关系的研究，Colwell RK 和 Lees DC（2000）做出了杰出贡献，并提出了中度膨胀效应（Mid-domain Effect）。该理论是指在垂直分布上，物种的海拔分布范围相互重叠，突出表现是在中海拔区域的相互重叠强度最大，而在低海拔区域与高海拔区域其重叠强度相对较弱，结果可能导致物种丰富度的峰值出现在中海拔区域。本次调查结果显示，在海拔 500 ~ 800 m 分布的濒危植物物种数最丰富，在

200 m 以下和 1800 m 以上的海拔分布的濒危植物物种数较少，说明濒危植物在 500 ~ 800 m 海拔区段分布范围相互重叠最大，而在低海拔和高海拔区域则相对较弱，这一分布趋势符合中度膨胀效应，从而使武功山地区珍稀濒危及国家重点保护植物垂直分布曲线呈现单峰状。

8.1.3　地理成分分析

参照吴征镒（1991）关于种子植物地理成分的划分方案，武功山地区 113 种珍稀濒危和国家重点保护植物可划分为 11 个分布类型。泛热带分布种（2 型）有 3 种，包括龙舌草 *Ottelia alismoides*、矮菝葜 *Smilax nana*、多花黄精 *Polygonatum cyrtonema*；热带亚洲和热带美洲洲际间断分布种（3 型）有 2 种，包括球药隔重楼 *Paris fargesii* 和七叶一枝花 *Paris polyphylla*；旧世界热带分布种（4 型）有 2 种，包括华重楼 *Paris polyphylla* var. *chinensis* 和狭叶重楼 *Paris polyphylla* var. *stenophylla*；热带亚洲至热带澳大利亚分布种（5 型）有 3 种，包括纤细薯蓣 *Dioscorea gracillima*、细柄薯蓣 *Dioscorea tenuipes*、峨眉舞花姜 *Globba emeiensis*；热带亚洲至热带非洲分布种（6 型）仅有白及 *Bletilla striata* 1 种；热带亚洲分布种（7 型）包括斑叶兰 *Goodyera schlechtendaliana*、带唇兰 *Tainia dunnii*、独花兰 *Changnienia amoena* 等 10 种；北温带广布种（8 型）包括疏花虾脊兰 *Calanthe henryi*、柄叶羊耳蒜 *Liparis petiolata*、线叶十字兰 *Habenaria linearifolia* 等 5 种；东亚—北美间断分布种（9 型）仅有朱兰 *Pogonia japonica* 1 种；欧亚温带分布或旧世界温带分布种（10 型）仅有银杏 *Ginkgo biloba* 1 种；东亚分布种（14 型）包括福建柏 *Fokienia hodginsii*、罗汉松 *Podocarpus macrophyllus*、竹柏 *Nageia nagi* 等 7 种，此外，中国—喜马拉雅变型（14SH）有 2 种，包括白桂木 *Artocarpus hypargyreus* 和水丝麻 *Maoutia puya*，中国—日本变型（14SJ）有 9 种，包括马蹄香 *Saruma henryi*、短尾细辛 *Asarum caudigerellum*、杜衡 *Asarum forbesii* 等；中国特有分布种（15 型）共有 54 种，远高于其他分布类型，如白桂木 *Artocarpus hypargyreus*、玉兰 *Yulania denudata*、银钟花 *Halesia macgregorii* 等，占总种数的 47.79%，其中华东—华中分布种（15-1）有 11 种，包括江西马先蒿 *Pedicularis kiangsiensis*、罗汉果 *Siraitia grosvenorii*、浙江雪胆 *Hemsleya zhejiangensis* 等，横断山区分布种（15-3）包括长喙毛茛泽泻 *Ranalisma rostrata*、泽薹草 *Caldesia parnassifolia* 2 种。可以看出，武功山珍稀濒危及国家重点保护植物物种中中国特有种占优势。而中国特有种主要分布于我国华东、华中、华南三大区域，其中有 14 种特有植物为三地所共有，如喜树 *Camptotheca acuminata*、条叶龙胆 *Gentiana manshurica*、球药隔重楼 *Paris fargesii* 等。

8.1.4　珍稀濒危及重点保护植物的主要应用价值

随着资源开发研究工作的不断深入，野生珍稀濒危及国家重点保护植物的利用价值也趋向多样化。根据武功山野生珍稀濒危及国家重点保护植物的特点及资源优势，可以从食用价值、药用价值、观赏价值等方面开发利用，且多数珍稀濒危及国家重点保护植物兼具多种用途。

（1）食用

武功山地区珍稀濒危及国家重点保护植物中具有食用价值的代表性植物有 8 种，主要为猕猴桃科，如小叶猕猴桃 Actinidia lanceolata、条叶猕猴桃 Actinidia fortunatii、红茎猕猴桃 Actinidia rubricaulis 等。猕猴桃既是一种美味的水果，也可以用来制作饮料、果酒等保健饮品，具有多种营养价值。另外，还有莼菜 Brasenia schreberi、黑老虎 Kadsura coccinea 等，也同样具有食用价值。

（2）药用

武功山地区珍稀濒危及国家重点保护植物中大多数具有药用价值，达 53 种，如马兜铃科中的马蹄香 Saruma henryi、短尾细辛 Asarum 、杜衡 Asarum forbesii，毛茛科中的黄连 Coptis chinensis、尖叶唐松草 Thalictrum 和百合科中的多花黄精 Polygonatum cyrtonema、球药隔重楼 Paris fargesii、七叶一枝花 Paris polyphylla 等。其中，七叶一枝花是该属中典型的具有药用价值的濒危植物，七叶一枝花及其所隶属的重楼属植物在我国有着悠久的药用历史，具有很高的药用价值。其干燥根茎以蚤休之名始载于《神农本草经》，列为下品，味苦，微寒，主惊痫摇头弄舌，热气在腹中，癫疾，痈疮，阴蚀，下三虫，去蛇毒等（陈功锡 等，2015）。

（3）材用

该地区珍稀濒危及国家重点保护植物中，乔木占一定的比例，而乔木中绝大部分植物都是极佳的房屋建筑、桥梁、土木工程及家具等用材。据统计，该地区主要具材用价值的植物共计 31 种，如罗汉松科中的罗汉松 Podocarpus macrophyllus、竹柏 Nageia nagi，柏科中的福建柏 Fokienia hodginsii 等。另外，还有具代表性的红豆杉科中的南方红豆杉 Taxus wallichiana，心材橘红色，边材淡黄褐色，纹理较直，坚实耐用，干后很少开裂，可作为建筑、家具、农具及文具等用材。

（4）观赏用

武功山地区珍稀濒危及国家重点保护植物中具有观赏价值的植物有 54 种，这些植物或具有优美的树形，或艳丽的花果，或秀丽的叶形等，观赏价值极高。其中，观花代表植物有兰科植物，兰科植物是一种姿态优美、芳香馥郁的珍贵花卉，历来被人们所青睐，如杜鹃兰 Cremastra appendiculata，花朵娇小，淡紫褐色花朵常常偏花序一侧下垂，甚是美丽，可用于室内盆栽观赏。除此之外，还有白及 Bletilla striata、斑叶兰 Goodyera schlechtendaliana、独花兰 Changnienia amoena，花朵都非常优美。观果代表植物有南方红豆杉，该植物种子成熟时呈红色，假皮鲜艳夺目，广泛应用于园林绿化观赏，给人以赏心悦目之感。观树代表植物有罗汉松科的罗汉松 Podocarpus macrophyllus，叶形先端渐窄成长尖，极具特色，树形古雅、形态优美，常作为庭院观赏之树，倍受人们喜爱。

（5）其他用途

武功山地区野生珍稀濒危植物除了有食用价值、药用价值、材用价值和观赏价值以外，在科学研究、工业生产、原油香料提取等方面也有着重要的价值。例如，濒危植物疏花虾脊兰 *Calanthe henryi* 在江西首次发现，扩大了该珍稀濒危物种的分布范围，深化了人们对其的认识，为进一步研究兰科植物的地理分布、起源及演化奠定基础；杜仲 *Eucommia ulmoides*、伯乐树 *Bretschneidera sinensis* 等的研究也是探索植物区系发生、演化的重要证据之一。又如，楝科中的红椿 *Toona ciliata* 可以用来制栲胶。除此之外，该地区珍稀濒危植物中还有一些植物兼具多种经济应用价值，如樟科中的樟 *Cinnamomum camphora* 全株都有极高的经济价值，其树干材质优良，可做家具、建材、文具等；树皮可提取树脂、树胶等；种子可用来榨油，作为工业润滑油和制皂的原料；叶片可提取樟脑或芳香油，作为香料等。许多樟科树种的根、茎、叶、果还含有药用成分，是珍贵的药用材料。

8.2　部分代表性植物及其濒危原因

8.2.1　落叶木莲 *Manglietia deciduas* Q. Y. Zheng ［国家一级保护植物，易危（VU）级别］

落叶木莲 *Manglietia deciduas* 隶属于木莲属 *Manglietia*，为落叶乔木，高 15 m，树皮灰白色，叶片椭圆形或长椭圆形或倒卵形，苞片三角状，淡褐色。木莲属有 30 余种，分布于亚洲热带和亚热带，以亚热带种类最多。我国有 22 种，产于长江流域以南、南部和西南部地区，海拔 800～2000 m 的山谷和山坡中下部（《Flora of China》；闫双喜 等，2008）。武功山地区发现于江西袁州区，生于海拔 400～700 m，密林、疏林处。

木莲属植物花色美丽，具有较高的观赏价值，且为速生用材树种，树大根深，具有绿化环境、涵养水源、保持水土、防风固沙、改良土壤、调节气候、净化空气等多种生态功能。据研究，尽管木莲属植物种类繁多，分布范围广泛，但是近年来种群数量受限，生存受到严重威胁，其同属植物大果木莲 *Manglietia grandis*、毛果木莲 *Manglietia hebecarpa*、大叶木莲 *Manglietia megaphylla* 均为国家二级保护植物。主要原因是木莲属植物虽然大多数植株每年均开花，但结果率非常低，甚至不结果，并且许多植株有隔年甚至隔多年结果的现象，种子萌发率偏低，自然繁殖能力较差，加之由于木莲属植物的花具有芳香气味，容易在花蕾期及开花期被昆虫咬食，以致许多花无

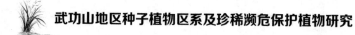

法发育或全被吃掉，尤其落叶木莲的果实又拥有鲜红色肉质外种皮，更易被鸟类等动物掠食。

8.2.2 伯乐树 *Bretschneidera sinensis* Hemsley［国家一级保护植物，近危（NT）级别］

伯乐树为高大乔木，奇数羽状复叶，总状花序，花萼阔钟状，花淡红色，直径约4cm，花梗长2～3 cm；果椭圆球形，近球形或阔卵形，长3～5.5 cm，直径2～3.5 cm，被极短的棕褐色毛和常混生疏白色小柔毛；花期3—9月，果期5月至翌年4月。产四川、云南、贵州、广西、广东、湖南、湖北、江西、浙江、福建等省区，生于低海拔至中海拔的山地林中，越南北部也有分布（《中国植物志》记载）。武功山地区发现于江西安福县，生于海拔1000～1300 m，沟谷、溪旁。

伯乐树是该科唯一物种，也是我国的特有种，该种在我国主要分布于长江流域各省，潜在适生区位于我国亚热带常绿阔叶林、海拔500～2000 m的中山地带，分布区位于南岭地区，以及幕阜山、罗霄山和大娄山地区（龚维 等，2015）。根据现有的调查研究，伯乐树濒危原因主要有：①伯乐树部分群体位于耕地、旅游地带，受人为干扰较严重，生境易遭到破坏，人们对伯乐树的保护意识薄弱，使得伯乐树群落少；②从伯乐树的生境条件来看，伯乐树树种幼树耐阴，环境中的高大乔木可为其遮挡阳光，而在耕地或林缘的群体则缺乏遮光条件，极不利于伯乐树幼苗成长（龚维 等，2015），这也是导致伯乐树濒危的一个重要原因；③伯乐树自然结实能力差，每年的结实量又比较少，在成熟期果实开裂，种子难以收集，使得人工栽培存在一定的困难；④第四纪冰川的影响导致伯乐树现今的残遗和片断化分布（徐刚标 等，2013）。

8.2.3 普通野生稻 *Oryza rufipogon* Griffith［国家二级保护植物，极危（CR）级别］

普通野生稻隶属于稻属 *Oryza*，为多年生草本植物，秆高约1.5 m，下部海绵质或于节上生根，叶鞘圆筒形，疏松、无毛；圆锥花序长约20 cm，直立而后下垂；颖果长圆形，易落粒。花果期4—5月和10—11月，小穗成熟后易脱落，推测此特征有利于种子传播，因此分布较广，可与其同属植物一年生稻 *Oryza sativa* 相区别，稻小穗宿存，成熟后穗轴延续而不易脱落。产广东、海南、广西、云南、台湾、湖南，生于海拔600 m以下的江河流域，平原地区的池塘、溪沟、藕塘、稻田、沟渠、沼泽等低湿地。印度、缅甸、泰国、马来西亚、东南亚广泛分布（《中国植物志》记载）。在武功山地区，普通野生稻发现于湖南省茶陵县，生于海拔100～300 m，溪沟、藕塘、稻田、沟渠、沼泽等地。

野生稻资源具有很多优异的抗病、抗虫和耐逆境性状，目前已有白叶枯病抗性、耐冷等多个优良基因被鉴定和利用。中国野生稻分布广泛，但是在全世界 20 多种野生稻种中，中国只拥有 3 种，即普通野生稻 *Oryza rufipogon*、药用野生稻 *Oryza officinalis* 和疣粒野生稻 *Oryza meyeriana*，其中普通野生稻和药用野生稻为我国二级保护植物，而普通野生稻又被 IUCN 定为极危（CR）级别，可见普通野生稻濒危情况最为严重。据吴成军等（2004）对云南野生稻资源分布情况的多次野外考察表明，记载和发现的普通野生稻 25 个野外居群有 24 个居群已经消失，仅在元江县东峨镇的曼旦村保留有 1 个普通野生稻自然居群，并且面临水塘干枯、开垦和杂草竞争替代的危险，处于濒危状态；云勇等（2015）在 20 世纪 80 年代所做研究的基础上进行调查。结果显示，20 世纪 80 年代发现并记载的分布在海口市、文昌市等地的 118 个普通野生稻分布点只剩下 18 个，普通野生稻已消失 84.7%。

　　根据调查研究发现，普通野生稻濒危原因主要有：①原生境破坏，基础设施的建设，如修建水库、建设飞机场或高速公路，农林牧副渔产业的发展等；②随着全球温度升高，水源干涸，使得野生稻难以生存；③从野生稻的分布环境来看，其主要分布在溪沟、藕塘、稻田、沟渠、沼泽等农作物边境地，由于农作物大量使用化学除草剂，在一定程度上对野生稻造成了威胁；④外来物种入侵，如水葫芦等对野生稻的生存也造成了一定的威胁。

8.2.4　长喙毛茛泽泻 *Ranalisma rostratum* Stapf［国家一级保护植物，极危（CR）级别］

　　长喙毛茛泽泻为多年生沼生或水生草本。根状茎匍匐。叶多数，基生，叶片薄纸质，全缘；沉水叶披针形，长 3~7 cm，宽 1~1.5 cm，先端渐尖；浮水叶或挺水叶卵圆形、卵状椭圆形，长 3~4.5 cm，宽 3~3.5 cm，先端钝尖，基部浅心形；心皮多数，密集于花托上，花柱顶生，长于心皮，宿存；花果期 8—9 月。产浙江丽水四明山，生于池沼浅水，越南、印度、马来西亚及非洲热带地区有分布。本种在我国分布十分稀少，据《中国植物志》记载此前仅在浙江采到 1 号（No. 766）标本，后来又在属于武功山地区的湖南茶陵县湖里湿地、海拔 200~400 m 池沼浅水中有发现，并与野生稻一起被纳入国家级保护区范围。

　　长喙毛茛泽泻为国家一级保护植物，IUCN 将其列为极危（CR）级别，其分布极为稀少，主要原因是长喙毛茛泽泻种子近距离传播及无性繁殖的特性造成其聚集分布；同时，长喙毛茛泽泻种群处于自然环境中，由于大量杂草拥挤和荫蔽，以及春夏季长期高位水淹，使得该种群中较多个体出现死亡，种群增长缓慢，甚至衰退。水深变动和杂草能较大程度地影响长喙毛茛泽泻生长，陈家宽等（1999）的研究表明，长喙毛茛泽泻种群由于春季较长时间的淹水和夏、秋季杂草竞争，使得种群数量下降，是导致其濒危的主要原因。

8.2.5 七叶一枝花 *Paris polyphylla* Smith［近危（NT）级别］

七叶一枝花为多年生草本植物，植株高 35～100 cm，无毛；根状茎粗厚，直径达 1～2.5 cm，外面棕褐色，密生多数环节和许多须根。茎通常带紫红色，直径（0.8－）1～1.5 cm，基部有灰白色干膜质的鞘 1～3 枚。叶（5－）7～10 枚，雄蕊 8～12 枚，花药短，长 5～8 mm，与花丝近等长或稍长，药隔突出部分长 0.5～1（－2）mm；蒴果紫色，直径 1.5～2.5 cm，3～6 瓣裂开。种子多数，具鲜红色多浆汁的外种皮。花期 4—7 月，果期 8—11 月。不具内轮花被片，隶属于重楼族 *Parideae* 中的重楼属 *Paris*，产西藏（东南部）、云南、四川、贵州和湖南，生于海拔 1800～3200 m 的林下，不丹、印度、尼泊尔和越南也有分布（《中国植物志》记载）。武功山地区发现于湖南茶陵县，生于海拔 800～1000 m，灌丛、山坡林下。

七叶一枝花所在的重楼属，其植物种子萌发出的实生苗或将根状茎切成块状繁殖长出的苗均仅具 1 枚心形叶，种子的发芽率一般较低，这是其濒危的内在原因（《中国植物志》记载）。从应用角度来看，七叶一枝花药用历史悠久，具有清热解毒、消肿止痛、凉肝定惊之功效，近年来诸多药理实验研究也表明，该植物具有止血、抗肿瘤、抗生育、免疫调节及心血管等多方面的生理活性（崔艳 等，2006）。随着七叶一枝花的药用功能越来越受到人们的重视，野生七叶一枝花资源乱采滥挖现象在各地十分严重，已超出了其自身的恢复与再生能力，随之而来的是七叶一枝花供需矛盾突出，加之空气及水污染等所造成的生态环境恶化，对七叶一枝花资源自然生长与繁衍、野生种群自我更新能力的影响也越来越严重，使该种的生存受到更严重的威胁。

8.2.6 兰科 Orchidaceae

兰科植物是在国际上备受关注的重点保护类群，具有重要的保护和科研价值。该地区珍稀濒危及国家重点保护植物种中兰科植物最多，共计 12 属、17 种，包括带唇兰 *Tainia dunnii*、独花兰 *Changnienia amoena*、钩距虾脊兰 *Calanthe henryi*、疏花虾脊兰 *Calanthe henryi*、小沼兰 *Malaxis microtatantha*，这 5 种为中国特有种，白及 *Bletilla striata*、独花兰 *Changnienia amoena* 被 IUCN 定为濒危（EN）级别，疏花虾脊兰 *Calanthe henryi* 为易危（VU）级别。现举以下两例说明。

（1）独花兰 *Changnienia amoena* S. S. Chien［濒危（EN）级别］

独花兰为多年生草本植物，假鳞茎被膜质鞘，叶 1 枚，宽卵状椭圆形至宽椭圆形，长 6.5～11.5 cm，宽 5～8.2 cm，先端急尖或短渐尖，基部圆形或近截形，背面紫红色；鞘膜质，下部抱茎，长 3～4 cm；花苞片小，凋落；花梗和子房长 7～9 mm；花大，白色而带肉红色或淡紫色晕，唇瓣有紫红色斑点；唇盘上在两枚侧裂片之间具 5 枚褶片状附属物；距角状，稍弯曲，长 2～2.3 mm；花期 4 月。产陕西南部、江苏、安徽、浙江、江西、湖北、湖南和四川（巫山、北川、广元、巴中、茂汶）。生于疏林下腐殖质丰富的土壤上或沿山谷荫蔽的地方，海拔400～1100（－1800）m（《中国植物志》记载）。武功山地区发现于江西安福县、芦溪县，海拔400～1300 m，疏林下腐殖质丰富的土壤上或沿山谷荫蔽的地方。

独花兰为中国特有种，据1999年调查资料，自然条件下，独花兰的开花率为42%，但结实率很低，调查到的86株有花却仅2株结实，结实率为2.3%。2000年的调查数据显示，独花兰的结实率为9.5%（熊高明 等，2003）。结实率低的一个原因可能与其传粉途径有关，独花兰为典型的虫媒花，一般情况下应该借助前来吮吸花黏液分泌物的昆虫触及隐藏在药帽下的花粉或黏盘，将花粉块带到柱头凹陷处的腔室内以完成授粉，但独花兰的花器在构造上比较特殊，花药帽较大并且包盖紧密，不利于花粉块的外露和传播，同时黏盘不发达，无法将花粉块带出药帽。因此，在没有其他昆虫友好协同配合的情况下难以完成授粉，导致独花兰只开花而不结实，这是造成独花兰濒危的内在原因。

（2）疏花虾脊兰 *Calanthe henryi* Rolfe［易危（VU）级别］

疏花虾脊兰为草本植物，根状茎不明显。假鳞茎圆锥形，粗约1 cm，具2～3枚鞘和2～3枚叶。假茎长约6 cm。叶在花期尚未全部展开，背面密被短毛。花葶从假茎上端的叶丛间抽出，直立，远高出叶层外，长达44 cm，密被短毛；花序柄常被1枚鳞片状鞘；总状花序长达19 cm，疏生少数花；唇盘上具3条龙骨状突起，中央1条较粗或呈褶片状延伸至中裂片先端或近先端处；距圆筒形，纤细，伸直或稍弧曲，长11～15 mm，外面疏被短毛；花粉团稍扁的卵球形，大小相等，长约1 mm，花期5月。生于海拔1600～2100 m的山地常绿阔叶林下，模式标本采自湖北（长阳）（《中国植物志》）。武功山地区发现于江西安福县，分布在海拔1000～1400 m，草地、山地、常绿阔叶林处。

兰科植物有超过80%为附生植物，大部分物种依靠特定传粉媒介进行有性繁殖，狭域分布种比例偏高，部分物种呈阶段性的地下休眠（Dressler RL. Phylogeny et al.，1993）。加之疏花虾脊兰为中国特有种，从分布范围来看，主要分布在湖北和四川，分布区狭窄，不利于其进行传播繁衍，种群扩展受限，这些都是导致其濒危的主要原因。

8.3　武功山地区珍稀濒危及国家重点保护植物的保护对策

8.3.1　面临的主要威胁与不足

一般来说，人类干扰破坏及植物自身的生物学特性是造成植物濒危的主要原因，而人类乱砍滥伐和对植物资源无节制的开发利用是造成植物濒危最主要、最直接的原因。武功山地区珍稀濒危及国家重点保护植物面临的主要威胁与不足有以下几个方面。

（1）原生境破坏

武功山风景优美，自然资源丰富，旅游活动丰富，但由于没有统一规划和管理，造成武功山地区资源的严重浪费和生态环境的严重破坏，从而对该地区的珍稀濒危及国家重点保护植物造成了严重威胁。同时，旅游业的发展，在一定程度上造成了武功山地区生境片断化，而生境片断化不仅会影响生态系统的种类组成、数量结构、生态过程及非生物因素（Saunders D A et al.，1991），同时也会对物种的遗传结构产生较大的影响（Templeton A R et al.，1990；Young A et al.，1996）。

（2）研究力度不够

目前，武功山地区珍稀濒危及国家重点保护植物的研究还仅限于极少数调查，整体基础数据相当薄弱。据相关资料显示，仅有肖宜安等（2009）和廖铅生等（2008）做了简单的基础研究，人们对现有的珍稀濒危及国家重点保护植物的种类、数量及地理位置信息等尚不清楚，因此不便于对这些植物进行保护和研究。

（3）管理体系不完善

虽然目前国家已经颁布了各种关于珍稀濒危植物保护的法律法规，当地政府也采取了很多保护政策，但由于武功山地区位于旅游地带，出入人口繁杂，管理困难，很多政策难以真正落实，破坏植物的不法行为层出不穷。

（4）保护力度不够

尽管武功山地区已经有华木莲、野生稻等重点保护区，但还有相当大部分的珍稀濒危及国家重点保护植物没有得到相应的重视和保护，并且现在大部分地区还仅限于对目标物种的保护，而对于其伴生群落和生态系统的保护则明显不足。

8.3.2　有关保护的几点建议

针对武功山地区珍稀濒危及国家重点保护植物目前受威胁现状，并结合当地实际情况，提出下面几点保护建议。

（1）就地保护

针对武功山地区原生境破坏问题，对一些珍贵稀有植物，可在其分布比较集中的区域建立相应的保护区，进行就地保护。对于金荞 *Fagopyrum dibotrys*、莼菜 *Brasenia schreberi*、连香树 *Cercidiphyllum japonicum* 等草本植物可以考虑易地保护，而大叶苦柯 *Lithocarpus paihengii*、大叶榉树 *Zelkova schneideriana*、闽楠 *Phoebe bournei* 等高大的树木，由于其存活需要相当大的空间和一定大小的可存活种群，更适合就地保护。将珍稀濒危植物比较集中的区域设立为重点保护区，安排专人专岗保护，如建立落叶木莲、七叶一枝花、伯乐树等众多重要珍稀濒危或重要经济植物的保护区，必要时还应采取措施，用人工更新的方法恢复其自然生长。

（2）易地保护

由于易地保护对于物种、地理区域、生态类型等因素的选择余地比较大，近年来易地保护种源的选择开始受到研究者的关注。《生物多样性公约》第九款就明确指出，应该尽可能地开展易地保护工作。常见的野生植物易地保护的途径有建立植物园、种子库、"试管"基因库、花粉库、野外基因库等。对于伯乐树 *Bretschneidera sinensis*、山豆根 *Euchresta japonica*、朵花椒 *Zanthoxylum molle* 等种子植物可以建立种子库来储存一些将来能够繁殖的种子；而兰科植物等无性生殖植物，如春兰 *Cymbidium goeringii*、寒兰 *Cymbidium kanran*、钩距虾脊兰 *Calanthe graciliflora* 等珍稀濒危及国家重点保护植物，可通过"试管"基因库途径将其繁殖体在适当的条件下保存下来。另外，建立野外基因库对于龙舌草 *Ottelia alismoides*、长喙毛茛泽泻 *Ranalisma rostrata*、泽薹草 *Caldesia parnassifolia* 等极危物种则具有十分重要的意义，可专门提供一片区域以供其繁殖。

（3）引种繁育

对于在自然界存活率低、繁殖能力弱的植物，可采用规模性引种栽培、人工繁育的方式来保护其物种，如亮毛堇菜 *Viola lucens*、美丽秋海棠 *Begonia algaia*、喜树 *Camptotheca acuminata* 等。据袁春强等（2010）介绍，野扇花 *Sarcococca ruscifolia* 种子繁殖的实生苗相对于扦插苗，生长健壮、枝粗、叶大而厚，根系发达，在抗病虫害及耐旱方面均显著高于扦插苗。同属珍稀濒危植物的长叶柄野扇花 *Sarcococca longipetiolata*，亦可尝试用种子繁育技术来扩大其生长，增强其对环境的适应能力。另外，结果率非常低、种子萌发率偏低的落叶木莲和自然繁殖能力较差的疏花虾脊兰、独花兰等濒危植物，引种繁育也不失为一种保护该物种的极佳方法。但引种繁育要求人们一方面要加强对具体每一种珍稀濒危及国家重点保护植物的研究，了解其生物特性和生态习性；另一方面要加强对引种繁育技术和相关技术的研究，这样才能真正达到引种保护的目的。

（4）加强研究

加强对武功山地区珍稀濒危植物的调查和研究，重点包括珍稀濒危及国家重点保护植物的种类、数目及分布地区等。武功山地区目前还缺乏珍稀濒危及国家重点保护植物的详细数据，因此很有必要建立起数据库来弥补这一空缺。加强对该地区珍稀濒危及国家重点保护植物的研究，建立种群恢复实验基地等，对于开展武功山地区的植物保护工作具有重要的意义。

（5）强化保护

政府要参与到保护珍稀濒危及国家重点保护植物的行列中，有必要在当地委派责任感强的村民监督管护，将责任落实到人，以保护武功山地区濒危物种资源。同时，要加强宣传力度，定期给村民发放植物科普手册，加强公众对植物多样性重要性的认识，不断强化对可持续发展的必要性和重要性的认识，尤其对于乱砍滥伐等现象要严加管理，制定宏观的保护规划，充分考虑可持续利用，不能对野生植物资源进行掠夺式的破坏。并且除了对目标物种的保护外，还要加强对其伴生群落和生态系统的保护。

第9章 结论与讨论

通过对武功山地区植物的调查、标本采集及鉴定，整理出《武功山地区种子植物名录》，在此基础上对其进行区系特征、归属、来源，以及濒危物种的特性和保护的研究，主要结论与讨论如下。

9.1 武功山地区种子植物区系特征

本研究表明，武功山地区植物区系总体上表现为，植物类群丰富、地理成分复杂多样、特有成分丰富、多种成分汇集且具有过渡性和古老性。

9.1.1 植物类群丰富

武功山地区种子植物较为丰富，共有 165 科、804 属、2068 种（包括本次发现报道的 1 个新种及江西省新记录植物 14 种），分别占江西种子植物科属种的 72.37%、60.36%、50.20%。其中，裸子植物有 7 科、14 属、17 种，分别占江西裸子植物的 77.78%、60.87%、48.57%。禾本科 Poaceae、菊科 Asteraceae、豆科 Fabaceae、蔷薇科 Rosaceae、百合科 Liliaceae、莎草科 Cyperaceae、唇形科 Lamiaceae、樟科 Lauraceae 等是该地区所含种数较多的科。含有 2~10 种和 11~50 种的科是该地区植物的主体，共有 127 科，占科总数的 76.97%。从属的大小来看，冬青属 *Ilex*、蓼属 *Polygonum*、悬钩子属 *Rubus*、薹草属 *Carex*、菝葜属 *Smilax*、堇菜属 *Viola*、榕属 *Ficus*、卫矛属 *Euonymus* 等是该地区含种较多的属。5 种以下的属共有 735 属，含 1336 种，分别占该地区总属数、总种数的 91.41%、64.60%，这些植物类群是构成该地区植物区系多样性的主要部分，也反映了该地区植物类群十分丰富。

9.1.2 植物地理成分多样

武功山地区种子植物共有 165 科，包含 15 个类型中的 12 个，与世界植物区系联系较为广泛。其中，热带性质的科有 69 科，占该地区非世界分布科的 58.47%；温带性质的科有 45 科，占该地区非世界分布科的 38.14%。武功山地区种子植物共有 805 属，包含中国 15 个分布区类型中的 14 个。其中，泛热带分布 143 属（占该地区非世界分布的 19.35%，下同）、北温带分布 130 属（17.59%）、热带亚洲分布 83 属

（11.23%），其他成分也有一定的比例，这反映出该地区植物区系的复杂多样。武功山地区共有 2068 种种子植物，包含中国 15 个分布区类型中的 14 个。其中，热带分布的种有 612 种，占该地区非世界分布总数的 30.31%；温带性质的种有 646 种，占该地区非世界分布总数的 32.00%。在种这一级温带成分略高于热带成分。在武功山地区植物的科属种三个层次上都分布着中国植物区系的绝大部分类型，说明该地区植物多样性与中国植物区系联系密切。

9.1.3　植物区系的古老性

武功山地区裸子植物丰富，如南方红豆杉 *Taxus wallichiana* var. *mairei*、粗榧 *Cephalotaxus sinensis*、竹柏 *Nageia nagi*、铁杉 *Tsuga chinensis* 等，它们大多数都是中生代遗留下来的种类。被子植物中木兰科 Magnoliaceae（6 属、14 种）、毛茛科 Ranunculaceae（10 属、31 种）、金缕梅科 Hamamelidaceae（8 属、11 种）、山茶科 Theaceae（9 属、40 种）等都是被子植物古老的代表，如大血藤 *Sargentodoxa cuneata*、伯乐树 *Bretschneidera sinensis*、鹅掌楸 *Liriodendron chinense*、喜树 *Camptotheca acuminata* 等。此外，单种属类型较多，有 406 属，占属总数的 50.49%，一定程度上也反映出区系的古老性、残遗性。

9.1.4　植物区系的过渡性

武功山地区种子植物分布类型中，在科这一级中，热带性质的有 69 科，占该地区非世界分布科的 58.47%；温带性质的有 46 科，占该地区非世界分布科的 38.88%，热带性质很明显。在属这一级中，热带性质的属有 365 属，占非世界广布属的 49.32%；温带性质的属有 350 属，占非世界广布属的 47.36%，温带成分大幅上升，但热带成分还是略占优势。在种这一级中，热带分布的种有 612 种，占该地区非世界分布总数的 30.31%；温带性质的种有 646 种，占该地区非世界分布总数的 32.00%，温带成分进一步上升，并略微超过热带成分。从该地区植物科属种的热带、温带性质来看，具有热带向温带过渡的特点，亦即中亚热带山地植物区系的特点。该地区植物热带和温带成分相互交融、渗透，热带成分如樟属、木荷属、青冈属等，这些植物类群是该区系重要成分，成为该地区森林上层的优势类群，温带成分如水青冈 *Fagus longipetiolata*、枫香树 *Liquidambar formosana*、青榨枫 *Acer davidii* 等以伴生种分布在森林群落中。密花山矾 *Symplocos congesta*、尖萼厚皮香 *Ternstroemia luteoflora*、黄绒润楠 *Machilus grijsii* 等多种热带性质的植物在武功山地区是其分布的北缘地区，说明该区区系具有过渡性。在相邻地区的比较中，武功山地区与安徽黄山、粤赣闽交界梁野山的相似性系数较大，区系联系较为紧密，但也存在一定的差异，这也在一定程度上反映了武功山地区植物区系具有过渡性的特点。

9.1.5 特有成分丰富

武功山地区有中国特有科4科，包括杜仲科 Eucommiaceae、银杏科 Ginkgoaceae、瘿椒树科 Tapisciaceae 和伯乐树科 Bretschneideraceae，都为单型科。特有属有 24 属，含25 种，隶属于 23 科，不仅存在杜仲属 *Eucommia*、大血藤属 *Sargentodoxa*、青钱柳属 *Cyclocarya* 等古老、残遗的属，还存在阴山荠属 *Yinshania* 分化形成的属。江西特有种 8 种，包括武功山阴山荠 *Yinshania hui*、武功山冬青 *Ilex wugongshanensis*、江西杜鹃 *Rhododendron kiangsiense*、常绿悬钩子 *Rubus jianensis*、美丽秋海棠 *Begonia algaia*、江西小檗 *Berberis jiangxiensis* 等。其中，江西杜鹃、武功山异黄精是武功山地区特有种，分布范围较为狭窄。中国特有种共 761 种，如赣皖乌头 *Aconitum finetianum*、华西俞藤 *Yua thomsoni* var. *glaucescens*、武当菝葜 *Smilax outanscianensis*、华南悬钩子 *Rubus hanceanus*、多脉青冈 *Cyclobalanopsis multinervis*、东南葡萄 *Vitis chunganensis*、毛冬青 *Ilex pubescens* 等，主要分布于华东、华中、华南三大区域。其中，华东—华中—华南三地共有特有分布种数最多，达到 206 种，华东（106 种）、华中（97 种）、华南（95 种）分布种数基本相当，可见武功山地区特有成分十分丰富。

9.2 武功山地区种子植物区系区划归属

植物区系区划也是区系研究中不可或缺的一部分，不仅反映了植物与环境的关系，而且还反映了植物区系在地质历史时期中的演化。按照吴征镒（2010）的中国植物区系分区，武功山地区植物区系归属于东亚植物区系下、中国—日本植物亚区中、华东地区的赣南—湘东丘陵亚地区。

本研究支持这一区划结果。首先，在该地区 804 属中，东亚分布属共有 103 属，占该地区非世界分布属的 13.94%，如刺楸属 *Kalopanax*、方竹属 *Chimonobambusa*、吊钟花属 *Enkianthus*、蜡瓣花属 *Corylopsis* 等，说明该地区东亚植物所占比例较高。其次，武功山地区中国特有科属种分别为 4 科、24 属、761 种，如大血藤属 *Sargentodoxa* 的大血藤 *Sargentodoxa cuneata*、血水草属 *Eomecon* 的血水草 *Eomecon chionantha*、阴山荠属 *Yinshania* 的武功山阴山荠 *Yinshania hui* 等，所占比例都较高，特有成分较多是东亚区系的一个特点，而中国属于东亚的一部分。再次，在相似性比较和聚类分析中，武功山与华东地区的黄山、庐山、武夷山等地区联系较为紧密，相似度都较高。最后，在该地区中分布着木兰科 Magnoliaceae、八角科 Illiciaceae、木通科 Lardizabalaceae、莼菜科 Cabombaceae、毛茛科 Ranunculaceae 等中国为起源中心的植物类群，这与上述分区单元中有关优势植物的构成特点大致吻合。

9.3 武功山地区种子植物的来源

武功山地区种子植物较为丰富，类群多样，其历史来源具有多元性。首先，有来自劳亚古陆的成分，如木兰科 Magnoliaceae、八角科 Illiciaceae、毛茛科 Ranunculaceae、金缕梅科 Hamamelidaceae、金粟兰科 Chloranthaceae、三白草科 Saururaceae、松科 Pinaceae、桦木科 Betulaceae、槭树科 Aceraceae，此外还有起源于横断山区至华中和滇黔桂一带的紫堇属 Corydalis（吴征镒，1996）、晚白垩纪早第三纪起源于中国西南至中国中部的杜鹃属 Rhododendron（方瑞征，1995）、白垩纪晚期起源于中国东部热带山地的椴树属 Tilia（唐亚，1996）、早白垩纪起源于东亚的蔷薇科 Rosaceae 中最原始的绣线菊属 Spiraea（陆玲娣，1996）等。其次，有来自冈瓦那古陆的成分，即分布在热带地区绝大多数的植物，如天南星科 Araceae 的犁头尖属 Typhonium、大漂属 Pistia 等，李恒（1996）认为在北温带植物区系中还有一部分起源于热带植物区系；无患子科 Sapindaceae 的无患子属 Sapindus 和中国特有分布的栾树属 Koelreuteria，夏念和（1995）认为中国的无患子科 Sapindaceae 植物主要为古热带的印度马来成分，其中，大多数属均处于分布区的北部边缘；还有番荔枝科 Annonaceae、棕榈科 Arecaceae 等植物类群。这些植物基本上都来自于冈瓦那古陆和但也存在着热带科部分来源于劳亚古陆和西冈瓦那古陆的北部，如姜科 Zingiberaceae 等（吴德邻，1994），以及古北大陆南部、古南大陆北部和古地中海周围热带地区，如樟科 Lauraceae 的木姜子属 Litsea 等（李锡文，1995）。再次，存在着古地中海的成分，分布在地中海区、西亚至中亚和中亚分布的属有 287 个（吴征镒，1991），它们大多来源于古地中海。武功山地区分布着如石竹科 Caryophyllaceae 的无心菜属 Arenaria，藜科 Chenopodiaceae 的藜属 Chenopodium、地肤属 Kochia 这些具有代表性的类群，主要还是分布在我国的西北地区，虽然武功山地区种类较少，但是有些种类还是广布于该地区，也是区系组成的一部分。最后，还有来源于中国本土的类群，武功山地区中国特有科有 4 科，包括杜仲科 Eucommiaceae、银杏科 Ginkgoaceae、瘿椒树科 Tapisciaceae 和伯乐树科 Bretschneideraceae，都为单型科。特有属有 24 属，如杜仲属 Eucommia、大血藤属 Sargentodoxa、青钱柳属 Cyclocarya 等古老、残遗的属和阴山荠属 Yinshania 等分化形成的属。江西特有种 8 种，中国特有共 761 种。

张宏达（1980）在《华夏植物区系的起源与发展》中提出亚热带起源观点，主要特点有：①华夏植物区系中裸子植物特别丰富；②植物区系中有许多古老类群；③有许多热带性质的表征科和许多种系繁茂的热带和亚热带代表性科；④单种或寡种的特有科属很多。本书研究结果支持张宏达的华夏植物区系学说中的亚热带起源观点。武功山地区位于湖南、江西两省交界地区，受华东、华中、华南植物区系影响较大，具有交汇和过渡的特点。武功山地区植物中热带性质的有 69 科，占该地区非世界分布科的 58.47%；温带性质的科有 45 科，占该地区非世界分布科的 38.14%。热带性质的属占非世界广布属的 49.32%，温带性质的属占非世界广布属的 47.43%，两种成分基本相当。同时，该地区也保存有众多古老和孑遗的类群。武功山地区裸子植物丰富，共有 17 种，隶属于 7 科、14 属，如南方红豆杉 *Taxus wallichiana* var. *mairei*、粗榧 *Cephalotaxus sinensis*、竹柏 *Nageia nagi*、铁杉 *Tsuga chinensis* 等，它们大多数都是中生代遗留下来的种类。被子植物中木兰科 Magnoliaceae、毛茛科 Ranunculaceae、金缕梅科 Hamamelidaceae、山茶科 Theaceae 等都是被子植物古老的代表，在武功山地区存在着较多的这些类群，并且分布着较多种系繁茂的热带和亚热带性质的类群，如樟科 Lauraceae、大戟科 Euphorbiaceae、冬青科 Aquifoliaceae、山矾科 Symplocaceae 等。武功山地区有特有科、属分别为 4 科、24 属，主要由单种或少种组成。其中，特有科都是单种科，特有属中主要以单种属为主，共 15 属，少种属有 5 属。因此，武功山地区种子植物起源于亚热带。

9.4 武功山地区种子植物濒危特性与保护

多样的珍稀濒危及国家重点保护植物是宝贵的生物资源，同时也是维护武功山地区自然生态系统稳定和景观自然性、完整性的重要组成部分。根据《武功山地区种子植物名录》，参照《国家重点保护野生植物名录（第一批)》和《中国物种红色名录》，统计出武功山地区珍稀濒危及国家重点保护植物共有 113 种。其中，被《中国物种红色名录》收录的有 105 种，占全国濒危物种红色名录 1.97%；近危（NT）物种有 43 种，易危（VU）物种有 36 种，濒危（EN）物种有 21 种，极危（CR）物种有 5 种；国家重点保护植物 27 种，占全国重点保护植物的 9.47%（一级保护植物 6 种，二级保护植物 21 种）。

据统计显示，该地区珍稀濒危及国家重点保护植物生活习性以草本为主（52 种），可以看出该地区草本受威胁更严重，推测可能是草本更容易受人为干扰等原因所致。在分布格局上，水平方向上安福县物种丰富度最高（85 种），远高于芦溪县（28）、茶陵县（20）、袁州区（17）、分宜县（16）、莲花县（13）、上高县（6）、攸县（3），因此可在濒危植物分布集中的地区如安福县加强保护力度。在垂直方向上，呈现出单峰形态，在 600~700 m 海拔区段分布的总种数最多（56 种），主要原因是在 200 m 以下低海拔地区，珍稀濒危及国家重点保护植物受人为干扰严重，分布的总种数相对较少，基本在 30 种以下；在 1800 m 以上高海拔地区，由于海拔高，气温低，环境恶劣，许多珍稀濒危及国家重点保护植物难以生存，导致分布的总种数下降，仅有 2 种分布在此区段。在地理成分上，中国特有分布种（54 种）远高于泛热

武功山地区种子植物区系及珍稀濒危保护植物研究

带分布种（3种）、热带亚洲和热带美洲洲际间断分布种（2种）、旧世界热带分布种（2种）等其他分布型，在一定程度上也说明了珍稀濒危及国家重点保护植物分布区范围越狭窄，越容易面临濒危的危险。

　　武功山地区珍稀濒危及国家重点保护植物致濒原因主要有原生境的破坏、管理体系不完善、保护力度不够及植物自身的生物学、生态学特性等，据此提出了几点保护措施：①对一些珍贵稀有植物，可在其分布比较集中的区域建立相应的保护区，进行就地保护。②通过建立植物园、种子库、"试管"基因库、花粉库、野外基因库等途径，对濒危物种进行易地保护。③对于在自然界存活率低、繁殖能力弱的植物，可采用规模性引种栽培、人工繁育的方式来保护其物种。④加强对武功山地区珍稀濒危植物的调查和研究，重点包括珍稀濒危及国家重点保护植物的种类、数目及分布地区等。⑤相关部门要加强监督管护，对于乱砍滥伐等现象要严加管理，制定宏观的保护规划，除了对目标物种的保护外，还要加强对其伴生群落和生态系统的保护。

附录　武功山地区种子植物名录

裸子植物门

一、银杏科 Ginkgoaceae

1. 银杏属 *Ginkgo* Linnaeus

（1）银杏 *Ginkgo biloba* Linnaeus

二、松科 Pinaceae

2. 松属 *Pinus* Linnaeus

（2）马尾松 *Pinus massoniana* Lambert

（3）黄山松 *Pinus taiwanensis* Hayata

3. 铁杉属 *Tsuga*（Endlicher）Carrière

（4）铁杉 *Tsuga chinensis*（Franch.）E. Pritzel

三、杉科 Taxodiaceae

4. 柳杉属 *Cryptomeria* D. Don

（5）柳杉 *Cryptomeria japonica*（Thunberg ex Linnaeus f.）D. Don var. *sinensis* Miquel

5. 杉木属 *Cunninghamia* R. Brown

（6）杉木 *Cunninghamia lanceolata*（Lambert）Hooker

四、柏科 Cupressaceae

6. 柏木属 *Cupressus* Linnaeus

（7）柏木 *Cupressus funebris*（Endlicher）Franco

7. 福建柏属 *Fokienia* Henry et Thomas

（8）福建柏 *Fokienia hodginsii*（Dunn）A. Henry et Thomas

8. 刺柏属 *Juniperus* Linnaeus

（9）圆柏 *Juniperus chinensis* Linnaeus

（10）刺柏 *Juniperus formosana* Hayata

9. 侧柏属 *Platycladus* Spach

（11）侧柏 *Platycladus orientalis*（Linnaeus）Franco

五、罗汉松科 Podocarpaceae

10. 竹柏属 *Nageia* Gaertner

（12）竹柏 *Nageia nagi*（Thunberg）Kuntze

11. 罗汉松属 *Podocarpus* L. Heritier ex Persoon

（13）罗汉松 *Podocarpus macrophyllus*（Thunberg）Sweet

六、三尖杉科 Cephalotaxaceae

12. 三尖杉属 *Cephalotaxus* Siebold et Zuccarini ex Endlicher

（14）三尖杉 *Cephalotaxus fortunei* Hooker

（15）粗榧 *Cephalotaxus sinensis*（Rehder et E. H. Wilson）H. L. Li

七、红豆杉科 Taxaceae

13. 穗花杉属 *Amentotaxus* Pilger

（16）穗花杉 *Amentotaxus argotaenia*（Hance）Pilger

14. 红豆杉属 *Taxus* Linnaeus

（17）南方红豆杉 *Taxus wallichiana* Zucc. var. *mairei*（Lemée et H. Léveillé）L. K. Fu et Nan Li

被子植物门

八、三白草科 Saururaceae

15. 蕺菜属 *Houttuynia* Thunb

（18）蕺菜 *Houttuynia cordata* Thunberg

16. 三白草属 *Saururus* Linnaeus

（19）三白草 *Saururus chinensis*（Loureiro）Baillon

九、胡椒科 Piperaceae

17. 胡椒属 *Piper* Linnaeus

（20）竹叶胡椒 *Piper bambusaefolium* Tseng

（21）山蒟 *Piper hancei* Maximowicz

（22）石南藤 *Piper wallichii*（Miquel）Handel-Mazzetti

十、金粟兰科 Chloranthaceae

18. 金粟兰属 *Chloranthus* Swartz

（23）多穗金粟兰 *Chloranthus multistachys* Pei

（24）及已 *Chloranthus serratus*（Thunberg）Roemer et Schultes

（25）华南金粟兰 *Chloranthus sessilifolius* K. F. Wu var. *austro-sinensis* K. F. Wu

（26）金粟兰 *Chloranthus spicatus*（Thunberg）Makino

19. 草珊瑚属 *Sarcandra* Gardner

（27）草珊瑚 *Sarcandra glabra*（Thunberg）Nakai

十一、杨柳科 Salicaceae

20. 杨属 *Populus* Linnaeus

（28）响叶杨 *Populus adenopoda* Maximowicz

21. 柳属 *Salix* Linnaeus

（29）银叶柳 *Salix chienii* Cheng

（30）南川柳 *Salix rosthornii* Seemen

（31）紫柳 *Salix wilsonii* Seemen ex Diels

十二、杨梅科 Myricaceae

22. 杨梅属 *Myrica* Linnaeus

（32）杨梅 *Myrica rubra* Siebold et Zuccarini

十三、胡桃科 Juglandaceae

23. 青钱柳属 *Cyclocarya* Iljinskaya

（33）青钱柳 *Cyclocarya paliurus*（Batalin）Iljinskaya

24. 黄杞属 *Engelhardia* Leschenault ex Blume

（34）黄杞 *Engelhardia roxburghiana* Wallich

25. 胡桃属 *Juglans* Linnaeus

（35）胡桃楸 *Juglans mandshurica* Maximowicz

26. 化香树属 *Platycarya* Siebold et Zuccarini

（36）化香树 *Platycarya strobilacea* Siebold et Zuccarini

27. 枫杨属 *Pterocarya* Kunth

（37）枫杨 *Pterocarya stenoptera* C. de Candolle

十四、桦木科 Betulaceae

28. 桤木属 *Alnus* Miller

（38）桤木 *Alnus cremastogyne* Burkill

29. 桦木属 *Betula* Linnaeus

（39）华南桦 *Betula austrosinensis* Chun ex P. C. Li

（40）亮叶桦 *Betula luminifera* H. Winkler

30. 鹅耳枥属 *Carpinus* Linnaeus

（41）短尾鹅耳枥 *Carpinus londoniana* H. Winkler

（42）雷公鹅耳枥 *Carpinus viminea* Lindley

十五、壳斗科 Fagaceae

31. 栗属 *Castanea* Miller

（43）锥栗 *Castanea henryi*（Skan）Rehder et E. H. Wilson

（44）板栗 *Castanea mollissima* Blume

（45）茅栗 *Castanea seguinii* Dode

32. 锥栗属 *Castanopsis*（D. Don）Spach

（46）甜槠栲 *Castanopsis eyrei*（Champion ex Bentham）Tutcher

（47）罗浮锥 *Castanopsis fabri* Hance

（48）栲 *Castanopsis fargesii* Franchet

（49）毛锥 *Castanopsis fordii* Hance

（50）秀丽锥 *Castanopsis jucunda* Hance

（51）苦槠 *Castanopsis sclerophylla*（Lindley et Paxton）Schottky

（52）钩锥 *Castanopsis tibetana* Hance

（53）淋漓锥 *Castanopsis uraiana*（Hayata）Kanehira et Hatusima

33. 青冈属 *Cyclobalanopsis* Oersted

（54）饭甑青冈 *Cyclobalanopsis fleuryi*（Hickel et A. Camus）Chun ex Q. F. Zheng

（55）青冈 *Cyclobalanopsis glauca*（Thunberg）Oersted

（56）细叶青冈 *Cyclobalanopsis gracilis*（Rehder et E. H. Wilson）W. C. Cheng et T. Hong

（57）大叶青冈 *Cyclobalanopsis jenseniana*（Handel-Mazzetti）W. C. Cheng et T. Hong ex Q. F. Zheng

（58）多脉青冈 *Cyclobalanopsis multinervis* W. C. Cheng et T. Hong

（59）小叶青冈 *Cyclobalanopsis myrsinifolia*（Blume）Oersted

（60）宁冈青冈 *Cyclobalanopsis ningangensis* W. C. Cheng et Y. C. Hsu

（61）曼青冈 *Cyclobalanopsis oxyodon*（Miquel）Oersted

（62）云山青冈 *Cyclobalanopsis sessilifolia*（Blume）Schottky

（63）褐叶青冈 *Cyclobalanopsis stewardiana*（A. Camus）Y. C. Hsu et H. W. Jen

34. 水青冈属 *Fagus* Linnaeus

（64）水青冈 *Fagus longipetiolata* Seemen

（65）光叶水青冈 *Fagus* lucida

35. 柯属 *Lithocarpus* Blume

（66）岭南柯 *Lithocarpus cleistocarpus*（Seemen）Rehder et E. H. Wilson

（67）柯 *Lithocarpus glaber*（Thunberg）Nakai

（68）硬壳柯 *Lithocarpus hancei*（Bentham）Rehder

（69）港柯 *Lithocarpus harlandii*（Hance ex Walpers）Rehder

（70）绵柯 *Lithocarpus henryi*（Seemen）Rehder et E. H. Wilson

（71）木姜叶柯 *Lithocarpus litseifolius*（Hance）Chun

（72）榄叶柯 *Lithocarpus oleifolius* A. Camus

（73）大叶苦柯 *Lithocarpus paihengii* Chun et Tsiang

（74）滑皮柯 *Lithocarpus skanianus*（Dunn）Rehder

36. 栎属 *Quercus* Linnaeus

（75）麻栎 *Quercus acutissima* Carruthers

（76）槲栎 *Quercus aliena* Blume

（77）锐齿槲栎 *Quercus aliena* var. *acutiserrata* Maximowicz ex Wenzig

（78）白栎 *Quercus fabri* Hance

（79）枹栎 *Quercus serrata* Murray

（80）栓皮栎 *Quercus variabilis* Blume

十六、榆科 Ulmaceae

37. 糙叶树属 *Aphananthe* Planchon

（81）糙叶树 *Aphananthe aspera*（Thunberg）Planchon

38. 朴属 *Celtis* Linnaeus

（82）紫弹树 *Celtis biondii* Pampanini

（83）珊瑚朴 *Celtis julianae* C. K. Schneider

（84）朴树 *Celtis sinensis* Persoon

39. 刺榆属 *Hemiptelea* Planchon

（85）刺榆 *Hemiptelea davidii*（Hance）Planchon

40. 青檀属 *Pteroceltis* Maximowicz

（86）青檀 *Pteroceltis tatarinowii* Maximowicz

41. 山黄麻属 *Trema* Loureiro

（87）光叶山黄麻 *Trema cannabina* Loureiro

（88）山油麻 *Trema cannabina* var. *dielsiana*（Handel-Mazzetti）C. J. Chen

42. 榆属 *Ulmus* Linnaeus

（89）多脉榆 *Ulmus castaneifolia* Hemsley

（90）红果榆 *Ulmus szechuanica* Fang

43. 榉属 *Zelkova* Spach

（91）大叶榉树 *Zelkova schneideriana* Handel-Mazzetti

十七、桑科 Moraceae

44. 波罗蜜属 *Artocarpus* J. R. Forster et G. Forster

（92）白桂木 *Artocarpus hypargyreus* Hance

45. 构属 *Broussonetia* L'Héritier ex Ventenat

（93）藤构 *Broussonetia kaempferi* Siebold var. *australis* Suzuki

（94）楮 *Broussonetia kazinoki* Siebold

（95）构树 *Broussonetia papyifera*（Linnaeus）L'Héritier ex Ventenat

46. 水蛇麻属 *Fatoua* Gaudichaud-Beaupré

（96）水蛇麻 *Fatoua villosa*（Thunberg）Nakai

47. 榕属 *Ficus* Linnaeus

（97）石榕树 *Ficus abelii* Miquel

（98）矮小天仙果 *Ficus erecta* Thunberg

（99）台湾榕 *Ficus formosana* Maximowicz

（100）冠毛榕 *Ficus gasparriniana* Miquel

（101）异叶榕 *Ficus heteromorpha* Hemsley

（102）琴叶榕 *Ficus pandurata* Hance

（103）薜荔 *Ficus pumila* Linnaeus

（104）爬藤榕 *Ficus sarmentosa* var. *impressa*（Champion ex Bentham）Corner

（105）尾尖爬藤榕 *Ficus sarmentosa* var. *lacrymans*（H. Léveillé）Corner

（106）匍茎榕 *Ficus sarmentosa* Buchanan-Hamilton ex Smith

（107）珍珠莲 *Ficus sarmentosa* var. *henryi*（King ex Oliver）Corner

（108）白背爬藤榕 *Ficus sarmentosa* var. *nipponica*（Franchet et Savatier）Corner

（109）竹叶榕 *Ficus stenophylla* Hemsley

（110）变叶榕 *Ficus variolosa* Lindley ex Bentham

48. 柘属 *Maclura* Nuttall

（111）构棘 *Maclura cochinchinensis*（Loureiro）Corner

（112）柘 *Maclura tricuspidata* Carrière

49. 桑属 *Morus* Linnaeus

（113）桑 *Morus alba* Linnaeus

（114）鸡桑 *Morus australis* Poiret

十八、大麻科 Cannabaceae

50. 葎草属 *Humulus* Linnaeus

（115）葎草 *Humulus scandens*（Loureiro）Merrill

十九、荨麻科 Urticaceae

51. 苎麻属 *Boehmeria* Jacquin

（116）序叶苎麻 *Boehmeria clidemioides* var. *diffusa*（Weddell）Handel-Mazzetti

（117）海岛苎麻 *Boehmeria formosana* Hayata

（118）野线麻 *Boehmeria japonica*（Linnaeus f.）Miquel

（119）苎麻 *Boehmeria nivea*（Linnaeus）Gaudichaud-Beaupré

（120）小赤麻 *Boehmeria spicata*（Thunberg）Thunberg

（121）八角麻 *Boehmeria tricuspis*（Hance）Makino

52. 微柱麻属 *Chamabainia* Wight

（122）微柱麻 *Chamabainia cuspidata* Wight

53. 楼梯草属 *Elatostema* J. R. Forster et G. Forster

（123）骤尖楼梯草 *Elatostema cuspidatum* Wight

（124）宜昌楼梯草 *Elatostema ichangense* H. Schroter

（125）楼梯草 *Elatostema involucratum* Franchet et Savatier

（126）南川楼梯草 *Elatostema nanchuanense* W. T. Wang

（127）托叶楼梯草 *Elatostema nasutum* J. D. Hooker

（128）短毛楼梯草 *Elatostema nasutum* var. *puberulum*（W. T. Wang）W. T. Wang

（129）对叶楼梯草 *Elatostema sinense* H. Schroter

（130）庐山楼梯草 *Elatostema stewardii* Merrill

54. 蝎子草属 *Girardinia* Gaudichaud-Beaupré

（131）红火麻 *Girardinia diversifolia*（Link）Friis ssp. *triloba*（C. J. Chen）C. J. Chen et Friis

55. 糯米团属 *Gonostegia* Turczaninow

（132）糯米团 *Gonostegia hirta*（Blume ex Hasskarl）Miquel

56. 艾麻属 *Laportea* Gaudichaud-Beaupré

（133）珠芽艾麻 *Laportea bulbifera*（Siebold et Zuccarini）Weddell

（134）艾麻 *Laportea cuspidata*（Weddell）Friis

57. 假楼梯草属 *Lecanthus* Weddell

（135）假楼梯草 *Lecanthus peduncularis*（Wallich ex Royle）Weddell

58. 水丝麻属 *Maoutia* Weddell

（136）水丝麻 *Maoutia puya*（Hooker）Weddell

59. 花点草属 *Nanocnide* Blume

（137）花点草 *Nanocnide japonica* Blume

（138）毛花点草 *Nanocnide lobata* Weddell

60. 紫麻属 *Oreocnide* Miquel

（139）紫麻 *Oreocnide frutescens*（Thunberg）Miquel

（140）倒卵叶紫麻 *Oreocnide obovata*（C. H. Wright）Merrill

61. 赤车属 *Pellionia* Gaudichaud-Beaupré

（141）短叶赤车 *Pellionia brevifolia* Bentham

（142）华南赤车 *Pellionia grijsii* Hance

（143）赤车 *P ellionia radicans*（Siebold et Zuccarini）Weddell

（144）曲毛赤车 *Pellionia retrohispida* W. T. Wang

62. 冷水花属 *Pilea* Lindley

（145）圆瓣冷水花 *Pilea angulata*（Blume）Blume

（146）华中冷水花 *Pilea angulata subsp. Latiuscula* C. J. Chen

（147）湿生冷水花 *Pilea aquarum* Dunn

（148）花叶冷水花 *Pilea cadierei* Gagnepain et Guillemin

（149）石油菜 *Pilea cavaleriei* Léveillé

（150）山冷水花 *Pilea japonica*（Maximovicz）Handel-Mazzetti

（151）大叶冷水花 *Pilea martinii*（H. Léveillé）Handel-Mazzetti

（152）冷水花 *Pilea notata* C. H. Wright

（153）矮冷水花 *Pilea peploides*（Gaudich.）Hooker et Arnott

（154）苔水花 *Pilea peploides*（Gaudichaud-Beaupré）W. J. Hooker et Arnott

（155）透茎冷水花 *Pilea pumila*（Linnaeus）A. Gray

（156）镰叶冷水花 *Pilea semisessilis* Handel-Mazzetti

（157）粗齿冷水花 *Pilea sinofasciata* C. J. Chen

（158）翅茎冷水花 *Pilea subcoriacea*（Handel-Mazzetti）C. J. Chen

（159）玻璃草 *Pilea swinglei* Merrill

63. 雾水葛属 *Pouzolzia* Gaudichaud-Beaupré

（160）雾水葛 *Pouzolzia zeylanica*（Linnaeus）Bennett

二十、铁青树科 Olacaceae

64. 青皮木属 *Schoepfia* Schreber

（161）华南青皮木 *Schoepfia chinensis* Gardner et Champion

（162）青皮木 *Schoepfia jasminodora* Siebold et Zuccarini

二十一、檀香科 Santalaceae

65. 百蕊草属 *Thesium* Linnaeus

（163）百蕊草 *Thesium chinense* Turczaninow

二十二、桑寄生科 Loranthaceae

66. 桑寄生属 *Loranthus* Jacquin

（164）周树桑寄生 *Loranthus delavayi* Tieghem

67. 钝果寄生属 *Taxillus* Tieghem

（165）木兰寄生 *Taxillus limprichtii*（Gruning）H. S. Kiu

（166）桑寄生 *Taxillus sutchuenensis*（Lecomte）Danser

（167）灰毛桑寄生 *Taxillus sutchuenensis*（Lecomte）Danser var. duclouxii（Lecomte）H. S. Kiu

二十三、槲寄生科 Viscaceae

68. 栗寄生属 *Korthalsella* Tieghem

（168）栗寄生 *Korthalsella japonica*（Thunberg）Engler

69. 槲寄生属 *Viscum* Linnaeus

（169）槲寄生 *Viscum coloratum*（Komarov）Nakai

二十四、马兜铃科 Aristolochiaceae

70. 马兜铃属 *Aristolochia* Linnaeus

（170）马兜铃 *Aristolochia debilis* Siebold et Zuccarini

（171）异叶马兜铃 *Aristolochia kaempferi* Willdenow

（172）寻骨风 *Aristolochia mollissima* Hance

（173）辟蛇雷 *Aristolochia tubiflora* Dunn

71. 细辛属 *Asarum* Linnaeus

（174）短尾细辛 *Asarum caudigerellum* C. Y. Cheng et C. S. Yang

（175）尾花细辛 *Asarum caudigerum* Hance

（176）杜衡 *Asarum forbesii* Maximowicz

（177）小叶马蹄香 *Asarum ichangense* C. Y. Cheng et C. S. Yang

（178）五岭细辛 *Asarum wulingense* C. F. Liang

72. 马蹄香属 *Saruma* Oliver

（179）马蹄香 *Saruma henryi* Oliver

二十五、蛇菰科 Balanophoraceae

73. 蛇菰属 *Balanophora* J. R. Forster et G. Forster

（180）红菌 *Balanophora involucrata* J. D. Hooker

二十六、蓼科 Polygonaceae

74. 金线草属 *Antenoron* Rafinesque

（181）金线草 *Antenoron filiforme*（Thunberg）Roberty et Vautier

（182）短毛金线草 *Antenoron filiforme* var. *neofiliforme*（Nakai）A. J. Li

75. 荞麦属 *Fagopyrum* Miller

（183）金荞 *Fagopyrum dibotrys*（D. Don）H. Hara

76. 何首乌属 *Fallopia* Adanson

（184）何首乌 *Fallopia multiflora*（Thunberg）Haraldson

77. 蓼属 *Polygonum* Linnaeus

（185）萹蓄 *Polygonum aviculare* Linnaeus

（186）毛蓼 *Polygonum barbatum* Linnaeus

（187）头花蓼 *Polygonum capitatum* Buchanan-Hamilton

（188）火炭母 *Polygonum chinense* Linnaeus

（189）蓼子草 *Polygonum criopolitanum* Hance

（190）大箭叶蓼 *Polygonum darrisii* H. Léveillé

（191）二歧蓼 *Polygonum dichotomum* Blume

（192）稀花蓼 *Polygonum dissitiflorum* Hemsley

（193）长箭叶蓼 *Polygonum hastatosagittatum* Makino

（194）辣蓼 *Polygonum hydropiper* Linnaeus

（195）蚕茧蓼 *Polygonum japonicum* Meisner

（196）愉悦蓼 *Polygonum jucundum* Meisner

（197）柔茎蓼 *Polygonum kawagoeanum* Makino

（198）马蓼 *Polygonum lapathifolium* Linnaeus

（199）绵毛马蓼 *Polygonum lapathifolium* var. *salicifolium* Sibthorp

（200）长鬃蓼 *Polygonum longisetum* Bruijn

（201）小蓼花 *Polygonum muricatum* Meisner

（202）尼泊尔蓼 *Polygonum nepalense* Meisner

（203）红蓼 *Polygonum orientale* Linnaeus

（204）杠板归 *Polygonum perfoliatum* Linnaeus

（205）蓼 *Polygonum persicaria* Linnaeus

（206）铁马鞭 *Polygonum plebeium* R. Brown

（207）丛枝蓼 *Polygonum posumbu* Buchanan-Hamilton ex D. Don

（208）疏蓼 *Polygonum praetermissum* J. D. Hooker

（209）赤胫散 *Polygonum runcinatum* var. *sinense* Hemsley

（210）箭头蓼 *Polygonum sagittatum* Linnaeus

（211）刺蓼 *Polygonum senticosum*（Meisner）Franchet et Savatier

（212）支柱拳参 *Polygonum suffultum*（Meisner）Franchet et Savatier

（213）细叶蓼 *Polygonum taquetii* H. Léveillé

（214）戟叶蓼 *Polygonum thunbergii* Siebold et Zuccarini

78. 虎杖属 *Reynoutria* Houttuyn

（215）虎杖 *Reynoutria japonica* Houttuyn

79. 酸模属 *Rumex* Linnaeus

（216）羊蹄 *Rumex japonicus* Houttuyn

（217）长刺酸模 *Rumex trisetifer* Stokes

二十七、藜科 Chenopodiaceae

80. 藜属 *Chenopodium* Linnaeus

（218）藜 *Chenopodium album* Linnaeus

81. 地肤属 *Kochia* Roth

（219）地肤 *Kochia scoparia*（Linnaeus）Schrader

二十八、苋科 Amaranthaceae

82. 牛膝属 *Achyranthes* Linnaeus

（220）牛膝 *Achyranthes bidentata* Blume

（221）柳叶牛膝 *Achyranthes longifolia*（Makino）Makino

83. 莲子草属 *Alternanthera* Forsskål

（222）莲子草 *Alternanthera sessilis*（Linnaeus）R. Brown ex Candolle

84. 苋属 *Amaranthus* Linnaeus

（223）凹头苋 *Amaranthus blitum* Linnaeus

（224）绿穗苋 *Amaranthus hybridus* Linnaeus

（225）刺苋 *Amaranthus spinosus* Linnaeus

（226）皱果苋 *Amaranthus viridis* Linnaeus

85. 青葙属 *Celosia* Linnaeus

（227）青葙 *Celosia argentea* Linnaeus

二十九、商陆科 Phytolaccaceae

86. 商陆属 *Phytolacca* Linnaeus

（228）垂序商陆 *Phytolacca americana* Linnaeus

（229）日本商陆 *Phytolacca japonica* Makino

三十、粟米草科 Molluginaceae

87. 粟米草属 *Mollugo* Linnaeus

（230）粟米草 *Mollugo stricta* Linnaeus

三十一、马齿苋科 Portulacaceae

88. 马齿苋属 *Portulaca* Linnaeus

（231）马齿苋 *Portulaca oleracea* Linnaeus

三十二、石竹科 Caryophyllaceae

89. 无心菜属 *Arenaria* Linnaeus

（232）无心菜 *Arenaria serpyllifolia* Linnaeus

90. 卷耳属 *Cerastium* Linnaeus

（233）簇生泉卷耳 *Cerastium fontanum* subsp. *vulgare*（Hartman）Greuter et Burdet

91. 石竹属 *Dianthus* Linnaeus

（234）瞿麦 *Dianthus superbus* Linnaeus var. *superbus* Linnaeus

92. 剪秋罗属 *Lychnis* Linnaeus

（235）剪春罗 *Lychnis coronata* Thunberg

（236）剪红纱花 *Lychnis senno* Siebold et Zuccarini

93. 鹅肠菜属 *Myosoton* Moench

（237）鹅肠菜 *Myosoton aquaticum*（Linnaeus）Moench

94. 孩儿参属 *Pseudostellaria* Pax

（238）孩儿参 *Pseudostellaria heterophylla*（Miquel）Pax

95. 漆姑草属 *Sagina* Linnaeus

（239）漆姑草 *Sagina japonica*（Swartz）Ohwi

96. 蝇子草属 *Silene* Linnaeus

（240）女娄菜 *Silene aprica* Turczaninow ex Fischer et C. A. Meyer

（241）鹤草 *Silene fortunei* Visiani

97. 繁缕属 *Stellaria* Linnaeus

（242）雀舌草 *Stellaria alsine* Grimm var. *alsine* Grimm

（243）中国繁缕 *Stellaria chinensis* Regel

（244）繁缕 *Stellaria media*（Linnaeus）Villars

（245）皱叶繁缕 *Stellaria monosperma* var. *japonica* Maximowicz

（246）峨眉繁缕 *Stellaria omeiensis* C. Y. Wu et Y. W. Tsui ex P. Ke

（247）巫山繁缕 *Stellaria wushanensis* F. N. Williams

三十三、莲科 Nelumbonaceae

98. 莲属 *Nelumbo* Adanson

（248）莲 *Nelumbo nucifera* Gaertner

三十四、睡莲科 Nymphaeaceae

99. 芡属 *Euryale* Salisbury

（249）芡实 *Euryale ferox* Salisbury

100. 萍蓬草属 *Nuphar* J. E. Smith

（250）萍蓬草 *Nuphar pumila*（Timm）de Candolle

101. 睡莲属 *Nymphaea* Linnaeus

（251）睡莲 *Nymphaea tetragona* Georgi

三十五、莼菜科 Cabombaceae

102. 莼菜属 *Brasenia* Schreb

（252）莼菜 *Brasenia schreberi* J. F. Gmelin

三十六、金鱼藻科 Ceratophyllaceae

103. 金鱼藻属 *Ceratophyllum* Linnaeus

（253）金鱼藻 *Ceratophyllum demersum* Linnaeus

三十七、连香树科 Cercidiphyllaceae

104. 连香树属 *Cercidiphyllum* Siebold et Zuccarini

（254）连香树 *Cercidiphyllum japonicum* Siebold et Zuccarini

三十八、毛茛科 Ranunculaceae

105. 乌头属 *Aconitum* Linnaeus

（255）乌头 *Aconitum carmichaeli* Debeaux

（256）赣皖乌头 *Aconitum finetianum* Handel-Mazzetti

（257）花葶乌头 *Aconitum scaposum* Franchet

106. 银莲花属 *Anemone* Linnaeus

（258）鹅掌草 *Anemone flaccida* F. Schmidt Anonymous s. n.

（259）打破碗花花 *Anemone hupehensis*（Lemoine）Lemoine

107. 升麻属 *Cimicifuga* Wernischeck

（260）小升麻 *Cimicifuga japonica*（Thunberg）Sprengel

108. 铁线莲属 *Clematis* Linnaeus

（261）女萎 *Clematis apiifolia* de Candolle

（262）钝齿铁线莲 *Clematis apiifolia* DC. var. *argentilucida*（leveille et Vaniot）W. T. Wang

（263）小木通 *Clematis armandii* Franchet

（264）威灵仙 *Clematis chinensis* Osbeck

（265）山木通 *Clematis finetiana* Léveilléet Vaniot

（266）铁线莲 *Clematis florida* Thunberg

（267）粗齿铁线莲 *Clematis grandidentata*（Rehder et E. H. Wilson）W. T. Wang

（268）单叶铁线莲 *Clematis henryi* Oliver

（269）毛柱铁线莲 *Clematis meyeniana* Walpers

（270）绣球藤 *Clematis montana* Buchanan-Hamilton ex de Candolle

（271）扬子铁线莲 *Clematis puberula* var. *ganpiniana*（H. Léveillé et Vaniot）W. T. Wang

（272）圆锥铁线莲 *Clematis terniflorade* Candolle

（273）柱果铁线莲 *Clematis uncinata* Champion ex Bentham

109. 黄连属 *Coptis* Salisbury

（274）黄连 *Coptis chinensis* Franchet

110. 翠雀属 *Delphinium* Linnaeus

（275）还亮草 *Delphinium anthriscifolium* Hance

（276）卵瓣还亮草 *Delphinium anthriscifolium* var. *savatieri*（Franchet）Munz

111. 人字果属 *Dichocarpum* W. T. Wang et Hsiao

（277）蕨叶人字果 *Dichocarpum dalzielii*（Drumm. et Hutch.）W. T. Wang et Hsiao

112. 毛茛属 *Ranunculus* Linnaeus

（278）禺毛茛 *Ranunculus cantoniensis* de Candolle

（279）毛茛 *Ranunculus japonicus* Thunberg

（280）石龙芮 *Ranunculus sceleratus* Linnaeus

（281）扬子毛茛 *Ranunculus sieboldii* Miquel

（282）猫爪草 *Ranunculus ternatus* Thunberg

113. 天葵属 *Semiaquilegia* Makino

（283）天葵 *Semiaquilegia adoxoides*（de Candolle）Makino

114. 唐松草属 *Thalictrum* Linnaeus

（284）尖叶唐松草 *Thalictrum acutifolium*（Handel-Mazzetti）B. Boivin

（285）小果唐松草 *Thalictrum microgynum* Lecoyer ex Oliver

三十九、木通科 Lardizabalaceae

115. 木通属 *Akebia* Decaisne

（286）木通 *Akebia quinata*（Houttuyn）Decaisne

（287）三叶木通 *Akebia trifoliata*（Thunberg）Koidzumi

（288）白木通 *Akebia trifoliata* subsp. *Australis*（Diels）T. Shimizu

116. 八月瓜属 *Holboellia* Wallich

（289）五月瓜藤 *Holboellia angustifolia* Wallich

（290）鹰爪枫 *Holboellia coriacea* Deils

117. 大血藤属 *Sargentodoxa* Rehder et E. H. Wilson

（291）大血藤 *Sargentodoxa cuneata*（Oliver）Rehder et E. H. Wilson

118. 野木瓜属 *Stauntonia* de Candolle

（292）黄蜡果 *Stauntonia brachyanthera* Handel-Mazzetti

（293）野木瓜 *Stauntonia chinensis* de Candolle

（294）牛藤果 *Stauntonia elliptica* Hemsley

（295）倒卵叶野木瓜 *Stauntonia obovata* Hemsley

（296）尾叶那藤 *Stauntonia obovatifoliola* subsp. *urophylla*（Handel-Mazzetti）H. N. Qin

四十、防己科 **Menispermaceae**

119. 木防己属 *Cocculus* Candolle

（297）木防己 *Cocculus orbiculatus*（Linnaeus）Candolle

120. 轮环藤属 *Cyclea* Arnott ex Wight

（298）轮环藤 *Cyclea racemosa* Oliver

121. 秤钩风属 *Diploclisia* Miers

（299）秤钩风 *Diploclisia affinis*（Oliver）Diels

（300）苍白秤钩风 *Diploclisia glaucescens*（Blume）Diels

122. 蝙蝠葛属 *Menispermum* Linnaeus

（301）蝙蝠葛 *Menispermum dauricum* Candolle Syst

123. 细圆藤属 *Pericampylus* Miers

（302）细圆藤 *Pericampylus glaucus*（Lamarck）Merrill

124. 千斤藤属 *Stephania* Loureiro

（303）金线吊乌龟 *Stephania cephalantha* Hayata

（304）千金藤 *Stephania japonica*（Thunberg）Miers

（305）粪箕笃 *Stephania longa* Lour.

（306）粉防己 *Stephania tetrandra* S. Moore

125. 青牛胆属 *Tinospora* Miers

（307）青牛胆 *Tinospora sagittata*（Oliver）Gagnepain

四十一、八角科 **Illiciaceae**

126. 八角属 *Illicium* Linnaeus

（308）大屿八角 *Illicium angustisepalum* A. C. Smith

（309）红茴香 *Illicium henryi* Diels

（310）假地枫皮 *Illicium jiadifengpi* B. N. Cang

（311）红毒茴 *Illicium lanceolatum* A. C. Smith

四十二、五味子科 Schisandraceae

127. 南五味子属 *Kadsura* Jussieu

（312）黑老虎 *Kadsura coccinea*（Lemaire）A. C. Smith

（313）异形南五味子 *Kadsura heteroclita*（Roxburgh）Craib

（314）南五味子 *Kadsura longipedunculata* Finet et Gagnepain

128. 五味子属 *Schisandra* Michaux

（315）绿叶五味子 *Schisandra arisanensis* subsp. *viridis*（A. C. Smith）R. M. K. Saunders

（316）翼梗五味子 *Schisandra henryi* Clarke

（317）铁箍散 *Schisandra propinqua*（Wallich）Baillon var. sinensis Oliver

（318）华中五味子 *Schisandra sphenanthera* Rehder et E. H. Wilson

四十三、木兰科 Magnoliaceae

129. 厚朴属 *Houpoea* N. H. Xia et C. Y. Wu

（319）厚朴 *Houpoea officinalis*（Rehder et E. H. Wilson）N. H. Xia et C. Y. Wu

130. 鹅掌楸属 *Liriodendron* Linnaeus

（320）鹅掌楸 *Liriodendron chinense* Hemsley

131. 木莲属 *Manglietia* Blume

（321）落叶木莲 *Manglietia decidua* Q. Y. Zheng

（322）木莲 *Manglietia fordiana* Oliver

132. 含笑属 *Michelia* Linnaeus

（323）阔瓣含笑 *Michelia cavaleriei* var. *platypetala*（Handel-Mazzetti）N. H. Xia

（324）乐昌含笑 *Michelia chapensis* Dandy

（325）紫花含笑 *Michelia crassipes* Law

（326）含笑花 *Michelia figo*（Loureiro）Sprengel

（327）金叶含笑 *Michelia foveolata* Merrill ex Dandy

（328）深山含笑 *Michelia maudiae* Dunn

（329）野含笑 *Michelia skinneriana* Dunn

133. 天女花属 *Oyama*（Nakai）N. H. Xia et C. Y. Wu

（330）天女花 *Oyama sieboldii*（K. Koch）N. H. Xia et C. Y. Wu

134. 玉兰属 *Yulania* Spach

（331）黄山玉兰 *Yulania cylindrica*（E. H. Wilson）D. L. Fu

（332）玉兰 *Yulania denudata*（Desrousseaux）D. L. Fu

四十四、樟科 Lauraceae

135. 黄肉楠属 *Actinodaphne* Nees

（333）红果黄肉楠 *Actinodaphne cupularis* （Hemsley） Gamble

136. 樟属 *Cinnamomum* Schaeffer Bot.

（334）毛桂 *Cinnamomum appelianum* Schewe

（335）华南桂 *Cinnamomum austrosinense* Hung T. Chang

（336）樟 *Cinnamomum camphora* （Linnaeus） Presl

（337）天竺桂 *Cinnamomum japonicum* Siebold

（338）野黄桂 *Cinnamomum jensenianum* Handel-Mazzetti

（339）沉水樟 *Cinnamomum micranthum* Hayata

（340）黄樟 *Cinnamomum parthenoxylon* （Jack） Meisner

（341）香桂 *Cinnamomum subavenium* Miquel

（342）辣汁树 *Cinnamomum tsangii* Merrill

（343）川桂 *Cinnamomum wilsonii* Gamble

137. 山胡椒属 *Lindera* Thunberg

（344）乌药 *Lindera aggregata*

（345）狭叶山胡椒 *Lindera angustifolia* Cheng

（346）香叶树 *Lindera communis* Hemsley

（347）红果山胡椒 *Lindera erythrocarpa* Makino

（348）香叶子 *Lindera fragrans* Oliver

（349）山胡椒 *Lindera glauca* （Siebold et Zuccarini） Blume

（350）黑壳楠 *Lindera megaphylla* Hemsley

（351）绒毛山胡椒 *Lindera nacusua* （D. Don） Merrill

（352）绿叶甘橿 *Lindera neesiana* （Wallich ex Nees） Kurz

（353）三桠乌药 *Lindera obtusiloba* Blume

（354）大果山胡椒 *Lindera praecox* （Siebold et Zuccarini） Blume

（355）川钓樟 *Lindera pulcherrima* Bentham var. *hemsleyana* （Diels） H. P. Tsui

（356）山橿 *Lindera reflexa* Hemsley

（357）红脉钓樟 *Lindera rubronervia* Gamble

138. 木姜子属 *Litsea* Lamarck

（358）豹皮樟 *Litsea coreana* Léveillé var. *sinensis* （Allen） Yang et P. H. Huang

（359）毛豹皮樟 *Litsea coreana* var. *lanuginosa* （Migo） Yen C. Yang et P. H. Huang

（360）毛山鸡椒 *Litsea cubeba* （Loureiro） Persoon var. *formosana* （Nakai） Yang et

P. H. Huang

（361）山鸡椒 *Litsea cubeba* （Loureiro）Persoon

（362）黄丹木姜子 *Litsea elongata* （Nees）J. D. Hooker

（363）润楠叶木姜子 *Litsea machiloides* Yang et P. H. Huang

（364）毛叶木姜子 *Litsea mollis* Hemsley

（365）红皮木姜子 *Litsea pedunculata* （Diels）Yen C. Yang et P. H. Huang

（366）豺皮樟 *Litsea rotundifolia* Hemsley var. *oblongifolia* （Nees）Allen

139. 润楠属 *Machilus* Nees

（367）基脉润楠 *Machilus decursinervis* Chun

（368）黄绒润楠 *Machilus grijsii* Hance

（369）薄叶润楠 *Machilus leptophylla* Handel-Mazzetti

（370）建润楠 *Machilus oreophila* Hance

（371）刨花润楠 *Machilus pauhoi* Kanehira

（372）凤凰润楠 *Machilus phoenicis* Dunn

（373）红楠 *Machilus thunbergii* Siebold et Zuccarini

（374）绒毛润楠 *Machilus velutina* Champion ex Bentham

140. 新木姜子属 *Neolitsea* （Bentham et J. D. Hooker）Merrill

（375）浙江新木姜子 *Neolitsea aurata* Koidzumi var. *Chekiangensis* Yang et P. H. Huang

（376）云和新木姜子 *Neolitsea aurata* var. *Paraciculata* Yen C. Yang et P. H. Huang

（377）新木姜子 *Neolitsea aurata* （Hayata）Koidzumi

（378）锈叶新木姜子 *Neolitsea cambodiana* Lecomte

（379）簇叶新木姜子 *Neolitsea confertifolia* （Hemsley）Merrill

（380）大叶新木姜子 *Neolitsea levinei* Merrill

（381）显脉新木姜子 *Neolitsea phanerophlebia* Merrill

（382）羽脉新木姜子 *Neolitsea pinninervis* Yen C. Yang et P. H. Huang

（383）紫云山新木姜子 *Neolitsea wushanica* （Chun）Merrill var. *pubens* Yang et P. H. Huang

141. 楠属 *Phoebe* Nees

（384）闽楠 *Phoebe bournei* （Hemsley）Yang

（385）湘楠 *Phoebe hunanensis* Handel-Mazzetti

（386）白楠 *Phoebe neurantha* （Hemsley）Gamble

（387）紫楠 *Phoebe sheareri* （Hemsley）Gamble

142. 檫木属 *Sassafras* Trew

（388）檫木 *Sassafras tzumu*（Hemsley）Hemsley

四十五、罂粟科 Papaveraceae

143. 紫堇属 *Corydalis* Candolle

（389）北越紫堇 *Corydalis balansae* Prain

（390）夏天无 *Corydalis decumbens*（Thunberg）Persoon

（391）紫堇 *Corydalis edulis* Maximowicz

（392）刻叶紫堇 *Corydalis incisa*（Thunberg）Persoon

（393）蛇果黄堇 *Corydalis ophiocarpa* J. D. Hooker et Thomson

（394）小花黄堇 *Corydalis racemosa*（Thunberg）Persoon

（395）地锦苗 *Corydalis sheareri* S. Moore

144. 血水草属 *Eomecon* Hance

（396）血水草 *Eomecon chionantha* Hance

145. 博落回属 *Macleaya* R. Brown

（397）博落回 *Macleaya cordata*（Willdenow）R. Brown

四十六、白花菜科 Capparaceae

146. 黄花草属 *Arivela* Rafinesque

（398）黄花草 *Arivela viscosa*（Linnaeus）Rafinesque

147. 羊角菜属 *Gynandropsis* Candolle

（399）羊角菜 *Gynandropsis gynandra*（Linnaeus）Briquet

四十七、十字花科 Brassicaceae

148. 鼠耳芥属 *Arabidopsis* Heynhold

（400）鼠耳芥 *Arabidopsis thaliana*（Linnaeus）Heynhold

149. 碎米荠属 *Cardamine* Linnaeus

（401）碎米荠 *Cardamine hirsuta* Linnaeus

（402）弹裂碎米荠 *Cardamine impartiens* Linnaeus

（403）白花碎米荠 *Cardamine leucantha*（Tausch）O. E. Schulz

（404）水田碎米荠 *Cardamine lyrata* Bunge

150. 蔊菜属 *Rorippa* Scopoli

（405）广州蔊菜 *Rorippa cantoniensis*（Loureiro）Ohwi

（406）无瓣蔊菜 *Rorippa dubia*（Persoon）Hara

（407）风花菜 *Rorippa globosa*（Turczaninow ex Fischer et C. A. Meyer）Hayek

（408）蔊菜 *Rorippa indica*（Linnaeus）Hiern

151. 菥蓂属 *Thlaspi* Linnaeus

（409）菥蓂 *Thlaspi arvense* Linnaeus

152. 阴山荠属 *Yinshania* Y. C. Ma et Y. Z. Zhao

（410）武功山阴山荠 *Yinshania hui*（O. E. Schulz）Y. Z. Zhao

四十八、伯乐树科 Bretschneideraceae

153. 伯乐树属 *Bretschneidera* Hemsley

（411）伯乐树 *Bretschneidera sinensis* Hemsley

四十九、茅膏菜科 Droseraceae

154. 茅膏菜属 *Drosera* Linnaeus

（412）茅膏菜 *Drosera peltata* Smith ex Willdenow

五十、景天科 Crassulaceae

155. 费菜属 *Phedimus* Rafinesque

（413）费菜 *Phedimus aizoon*（Linnaeus）'t Hart

156. 景天属 *Sedum* Linnaeus

（414）东南景天 *Sedum alfredii* Hance

（415）珠芽景天 *Sedum bulbiferum* Makino

（416）大叶火焰草 *Sedum drymarioides* Hance

（417）凹叶景天 *Sedum emarginatum* Migo

（418）日本景天 *Sedum japonicum* Siebold ex Miquel

（419）佛甲草 *Sedum lineare* Thunberg

（420）垂盆草 *Sedum sarmentosum* Bunge

五十一、虎耳草科 Saxifragaceae

157. 落新妇属 *Astilbe* Buchanan-Hamilton ex D. Don

（421）落新妇 *Astilbe chinensis*（Maximowicz）Franchet et Savatier

（422）大落新妇 *Astilbe grandis* Stapf ex E. H. Wilson

158. 草绣球属 *Cardiandra* Siebold et Zuccarini

（423）草绣球 *Cardiandra moellendorffii*（Hance）Migo

159. 金腰属 *Chrysosplenium* Linnaeus

（424）日本金腰 *Chrysosplenium japonicum*（Maximowicz）Makino

（425）大叶金腰 *Chrysosplenium macrophyllum* Oliver

（426）毛金腰 *Chrysosplenium pilosum* Maximowicz

（427）中华金腰 *Chrysosplenium sinicum* Maximowicz

160. 溲疏属 *Deutzia* Thunberg

（428）宁波溲疏 *Deutzia ningpoensis* Rehder

（429）长江溲疏 *Deutzia schneideriana* Rehder

（430）四川溲疏 *Deutzia setchuenensis* Franchet

161. 常山属 *Dichroa* Loureiro

（431）常山 *Dichroa febrifuga* Loureiro

（432）罗蒙常山 *Dichroa yaoshanensis* Y. C. Wu

162. 绣球属 *Hydrangea* Linnaeus

（433）中国绣球 *Hydrangea chinensis* Maximowicz

（434）西南绣球 *Hydrangea davidii* Franchet

（435）莽山绣球 *Hydrangea mangshanensis* C. F. Wei

（436）圆锥绣球 *Hydrangea paniculata* Siebold

（437）蜡莲绣球 *Hydrangea strigosa* Rehder

163. 鼠刺属 *Itea* Linnaeus

（438）腺鼠刺 *Itea glutinosa* Handel-Mazzetti

（439）峨眉鼠刺 *Itea omeiensis* C. K. Schneider

164. 梅花草属 *Parnassia* Linnaeus

（440）白耳菜 *Parnassia foliosa* J. D. Hooker et Thomson

（441）鸡肫草 *Parnassia wightiana* Wallich ex Wight et Arnott

165. 扯根菜属 *Penthorum* Linnaeus

（442）扯根菜 *Penthorum chinense* Pursh

166. 山梅花属 *Philadelphus* Linnaeus

（443）短序山梅花 *Philadelphus brachybotrys*（Koehne）Koehne

（444）绢毛山梅花 *Philadelphus sericanthus* Koehne

（445）牯岭山梅花 *Philadelphus sericanthus* Koehne var. *kulingensis*（Koehne）Handel-Mazztti

167. 冠盖藤属 *Pileostegia* J. D. Hooker et Thomson

（446）星毛冠盖藤 *Pileostegia tomentella* Handel-Mazzetti

（447）冠盖藤 *Pileostegia viburnoides* J. D. Hooker et Thomson

168. 虎耳草属 *Saxifraga* Linnaeus

（448）虎耳草 *Saxifraga stolonifera* Curtis

169. 钻地风属 *Schizophragma* Siebold et Zuccarini

（449）钻地风 *Schizophragma integrifolium* Oliver

170. 黄水枝属 *Tiarella* Linnaeus

（450）黄水枝 *Tiarella polyphylla* D. Don

五十二、海桐花科 Pittosporaceae

171. 海桐花属 *Pittosporum* Banks

（451）光叶海桐 *Pittosporum glabratum* Lindley

（452）狭叶海桐 *Pittosporum glabratum* var. *neriifolium* Rehder et E. H. Wilson

（453）海金子 *Pittosporum illicioides* Makino

（454）柄果海桐 *Pittosporum podocarpum* Gagnepain

五十三、金缕梅科 Hamamelidaceae

172. 蕈树属 *Altingia* Noronha

（455）蕈树 *Altingia chinensis*（Champion）Oliver ex Hance

173. 蜡瓣花属 *Corylopsis* Siebold et Zuccarini

（456）腺蜡瓣花 *Corylopsis glandulifera* Hemsley

（457）秃蜡瓣花 *Corylopsis sinensis* var. *calvescens* Rehder et E. H. Wilson

（458）蜡瓣花 *Corylopsis sinensis* Hemsley

174. 蚊母树属 *Distylium* Siebold et Zuccarini

（459）杨梅蚊母树 *Distylium myricoides* Hemsley

175. 金缕梅属 *Hamamelis* Linnaeus

（460）金缕梅 *Hamamelis mollis* Oliver

176. 枫香树属 *Liquidambar* Linnaeus

（461）缺萼枫香树 *Liquidambar acalycina* H. T. Chang

（462）枫香树 *Liquidambar formosana* Hance

177. 檵木属 *Loropetalum* R. Brown

（463）檵木 *Loropetalum chinense*（R. Brown）Oliver

178. 半枫荷属 *Semiliquidambar* Chang

（464）半枫荷 *Semiliquidambar cathayensis* Chang

179. 水丝梨属 *Sycopsis* Oliver

（465）水丝梨 *Sycopsis sinensis* Oliver

五十四、杜仲科 Eucommiaceae

180. 杜仲属 *Eucommia* Oliver

（466）杜仲 *Eucommia ulmoides* Oliver

五十五、蔷薇科 Rosaceae

181. 龙芽草属 *Agrimonia* Linnaeus

（467）黄龙尾 *Agrimonia pilosa* var. nepalensis（D. Don）Nakai

（468）龙芽草 *Agrimonia pilosa* Ledebour

182. 假升麻属 *Aruncus* Linnaeus

（469）假升麻 *Aruncus sylvester* Kosteletzky

183. 樱属 *Cerasus* Miller

（470）华中樱桃 *Cerasus conradinae*（Koehne）T. T. Yu et C. L. Li

（471）襄阳山樱桃 *Cerasus cyclamina*（Koehne）T. T. Yu et C. L. Li

（472）尾叶樱桃 *Cerasus dielsiana*（Schneid.）T. T. Yu et C. L. Li

（473）樱桃 *Cerasus pseudocerasus*（Lindley）Loudon

（474）山樱花 *Cerasus serrulata*（Lindley）Loudon

（475）四川樱桃 *Cerasus szechuanica*（Batalin）T. T. Yu et C. L. Li

（476）雪落樱桃 *Cerasus xueluoensis* C. H. Nan et X. R. Wang

184. 木瓜属 *Chaenomeles* Lindley

（477）毛叶木瓜 *Chaenomeles cathayensis*（Hemsley）C. K. Schneider

185. 山楂属 *Crataegus* Linnaeus

（478）野山楂 *Crataegus cuneata* Siebold et Zuccarini

186. 蛇莓属 *Duchesnea* J. E. Smith

（479）蛇莓 *Duchesnea indica*（Andrews）Focke

187. 枇杷属 *Eriobotrya* Lindley

（480）大花枇杷 *Eriobotrya cavaleriei*（H. Léveillé）Rehder

（481）枇杷 *Eriobotrya japonica*（Thunberg）Lindley

188. 路边青属 *Geum* Linnaeus

（482）柔毛路边青 *Geum japonicum* Thunberg var. *chinense* F. Bolle

189. 棣棠花属 *Kerria* Candolle

（483）棣棠花 *Kerria japonica*（Linnaeus）Candolle

190. 桂樱属 *Laurocerasus* Duhamel

（484）腺叶桂樱 *Laurocerasus phaeosticta*（Hance）C. K. Schneider

（485）刺叶桂樱 *Laurocerasus spinulosa*（Siebold et Zuccarini）C. K. Schneider

（486）大叶桂樱 *Laurocerasus zippeliana*（Miquel）Browicz

191. 苹果属 *Malus* Miller

（487）台湾海棠 *Malus doumeri*（Bois）A. Chevalier

（488）湖北海棠 *Malus hupehensis*（Pampanini）Rehder

（489）光萼林檎 *Malus leiocalyca* S. Z. Huang

（490）三叶海棠 *Malus sieboldii*（Regel）Rehder

192. 绣线梅属 *Neillia* D. Don

（491）中华绣线梅 *Neillia sinensis* Oliver

193. 稠李属 *Padus* Miller

（492）橉木 *Padus buergeriana*（Miquel）T. T. Yu et T. C. Ku

（493）灰叶稠李 *Padus grayana*（Maximowicz）C. K. Schneider

（494）细齿稠李 *Padus obtusata*（Koehne）T. T. Yu et T. C. Ku

（495）绢毛稠李 *Padus wilsonii* C. K. Schneider

194. 石楠属 *Photinia* Lindley

（496）中华石楠 *Photinia beauverdiana* C. K. Schneider

（497）贵州石楠 *Photinia bodinieri* H. Léveillé

（498）光叶石楠 *Photinia glabra*（Thunberg）Maximowicz

（499）褐毛石楠 *Photinia hirsuta* Handel-Mazzetti

（500）垂丝石楠 *Photinia komarovii*（H. Léveillé et Vaniot）L. T. Lu et C. L. Li

（501）小叶石楠 *Photinia parvifolia*（E. Pritzel）C. K. Schneider

（502）桃叶石楠 *Photinia prunifolia*（Hooker et Arnott）Lindley

（503）绒毛石楠 *Photinia schneideriana* Rehder et E. H. Wilson

（504）毛叶石楠 *Photinia villosa*（Thunberg）Candolle

（505）庐山石楠 *Photinia villosa*（Thunberg）Candolle var. *sinica Rehder* et E. H. Wilson

195. 委陵菜属 *Potentilla* Linnaeus

（506）翻白草 *Potentilla discolor* Bunge

（507）三叶委陵菜 *Potentilla freyniana* Bornmüller

（508）蛇含委陵菜 *Potentilla kleiniana* Wight et Arn

（509）绢毛匍匐委陵菜 *Potentilla reptans* var. *sericophylla* Franchet

196. 梨属 *Pyrus* Linnaeus

（510）杜梨 *Pyrus betulifolia* Bunge

（511）豆梨 *Pyrus calleryana* Decaisne

（512）沙梨 *Pyrus pyrifolia*（N. L. Burman）Nakai

（513）麻梨 *Pyrus serrulata* Rehder

197. 石斑木属 *Rhaphiolepis* Lindley

（514）石斑木 *Rhaphiolepis indica*（Linnaeus）Lindley

198. 蔷薇属 *Rosa* Linnaeus

（515）单瓣木香花 *Rosa banksiae* var. *normalis* Regel

（516）小果蔷薇 *Rosa cymosa* Trattinnick

（517）软条七蔷薇 *Rosa henryi* Boulenger

（518）金樱子 *Rosa laevigata* Michaux

（519）野蔷薇 *Rosa multiflora* Thunberg

（520）粉团蔷薇 *Rosa multiflora* var. *cathayensis* Rehder et E. H. Wilson

（521）悬钩子蔷薇 *Rosa rubus* H. Léveillé et Vaniot

199. 悬钩子属 *Rubus* Linnaeus

（522）腺毛莓 *Rubus adenophorus* Rolfe

（523）粗叶悬钩子 *Rubus alceaifolius* Poiret

（524）周毛悬钩子 *Rubus amphidasys* Focke ex Diels

（525）寒莓 *Rubus buergeri* Miquel

（526）掌叶复盆子 *Rubus chingii* Hu

（527）毛萼莓 *Rubus chroosepalus* Focke

（528）小柱悬钩子 *Rubus columellaris* Tutcher

（529）山莓 *Rubus corchorifolius* Linnaeus

（530）插田泡 *Rubus coreanus* Miquel

（531）厚叶悬钩子 *Rubus crassifolius* Yü et Lu

（532）中南悬钩子 *Rubus grayanus* Maximowicz

（533）华南悬钩子 *Rubus hanceanus* Kuntze

（534）蓬蘽 *Rubus hirsutus* Thunberg

（535）湖南悬钩子 *Rubus hunanensis* Handel-Mazzetti

（536）白叶莓 *Rubus innominatus* S. Moore

（537）无腺白叶莓 *Rubus innominatus* var. *kuntzeanus*（Hemsley）L. H. Bailey

（538）灰毛泡 *Rubus irenaeus* Focke

（539）常绿悬钩子 *Rubus jianensis* L. T. Lu et Boufford

（540）高粱泡 *Rubus lambertianus* Seringe

（541）茅莓 *Rubus parvifolius* Linnaeus

（542）锈毛莓 *Rubus reflexus* Ker Gawler

（543）浅裂锈毛莓 *Rubus reflexus* Ker var. *hui*（*Diels apud Hu*）Metcalf

（544）深裂悬钩子 *Rubus reflexus* var. *lanceolobus* F. P. Metcalf

（545）空心泡 *Rubus rosaefolius* Smith

（546）棕红悬钩子 *Rubus rufus* Focke

（547）红腺悬钩子 *Rubus sumatranus* Miquel

（548）木莓 *Rubus swinhoei* Hance

（549）灰白毛莓 *Rubus tephrodes* Hance

（550）长腺灰白毛莓 *Rubus tephrodes* Hance var. *setosissimus* Handel-Mazzetti

（551）无腺灰白毛莓 *Rubus tephrodes* var. *ampliflorus*（H. Léveillé et Vaniot）Handel-Mazzetti

（552）三花悬钩子 *Rubus trianthus* Focke

200. 地榆属 *Sanguisorba* Linnaeus

（553）地榆 *Sanguisorba officinalis* Linnaeus

201. 花楸属 *Sorbus* Linnaeus

（554）美脉花楸 *Sorbus caloneura*（Stapf）Rehder

（555）石灰花楸 *Sorbus folgneri*（C. K. Schneider）Rehder

（556）湖北花楸 *Sorbus hupehensis* C. K. Schneider

（557）毛序花楸 *Sorbus keissleri*（C. K. Schneider）Rehder

（558）大果花楸 *Sorbus megalocarpa* Rehder

202. 绣线菊属 *Spiraea* Linnaeus

（559）中华绣线菊 *Spiraea chinensis* Maximowicz

（560）粉花绣线菊 *Spiraea japonica* Linnaeus

（561）渐尖绣线菊 *Spiraea japonica* Linnaeus var. *acuminata* Franchet

（562）光叶绣线菊 *Spiraea japonica* Linnaeus var. *fortunei*（Planchon）Rehder

（563）单瓣笑靥花 *Spiraea prunifolia* var. *simpliciflora*（Nakai）Nakai

203. 小米空木属 *Stephanandra* Siebold et Zuccarini

（564）华空木 *Stephanandra chinensis* Hance

204. 红果树属 *Stranvaesia* Lindley

（565）红果树 *Stranvaesia davidiana* Decaisne

（566）波叶红果树 *Stranvaesia davidiana* var. *undulata*（Decaisne）Rehder et E. H. Wilson

五十六、豆科 Fabaceae

205. 金合欢属 *Acacia* Miller

（567）藤金合欢 *Acacia concinna*（Willdenow）Candolle

（568）越南金合欢 *Acacia vietnamensis* I. C. Nielsen

206. 合萌属 *Aeschynomene* Aeus

（569）合萌 *Aeschynomene indica* Linnaeus

207. 合欢属 *Albizia* Durazzini

（570）合欢 *Albizia julibrissin* Durazzini

（571）山槐 *Albizia kalkora*（Roxburgh）Prain

208. 两型豆属 *Amphicarpaea* Elliot

（572）两型豆 *Amphicarpaea edgeworthii* Bentham

209. 土圞儿属 *Apios* Fabricius

（573）土圞儿 *Apios fortunei* Maximowicz

210. 黄耆属 *Astragalus* Linnaeus

（574）紫云英 *Astragalus sinicus* Linnaeus

211. 羊蹄甲属 *Bauhinia* Linnaeus

（575）龙须藤 *Bauhinia championii*（Bentham）Bentham

（576）薄叶羊蹄甲 *Bauhinia glauca subsp. Tenuiflora*（Watt ex C. B. Clarke）K. Larsen et S. S. Larsen

212. 云实属 *Caesalpinia* Linnaeus

（577）云实 *Caesalpinia decapetala*（Roth）Alston

（578）小叶云实 *Caesalpinia millettii* Hooker et Arnott

213. 鸡血藤属 *Callerya* Endlicher

（579）香花鸡血藤 *Callerya dielsiana*（Harms）P. K. Lôc ex Z. Wei et Pedley

（580）江西鸡血藤 *Callerya kiangsiensis*（Z. Wei）Z. Wei et Pedley

（581）亮叶鸡血藤 *Callerya nitida*（Bentham）R. Geesink

（582）网络鸡血藤 *Callerya* reticulata

214. 杭子梢属 *Campylotropis* Bunge

（583）杭子梢 *Campylotropis macrocarpa*（Bunge）Rehder

215. 锦鸡儿属 *Caragana* Fabricius

（584）锦鸡儿 *Caragana sinica* Rehder

216. 山扁豆属 *Chamaecrista* Moench

（585）山扁豆 *Chamaecrista mimosoides*（Linnaeus）Greene

217. 香槐属 *Cladrastis* Rafinesque

（586）香槐 *Cladrastis wilsonii* Takeda

218. 猪屎豆属 *Crotalaria* Linnaeus

（587） 响铃豆 *Crotalaria albida* Heyne

（588） 假地蓝 *Crotalaria ferruginea* Graham

（589） 野百合 *Crotalaria sessiliflora* Linnaeus

（590） 大托叶猪屎豆 *Crotalaria spectabilis* Roth

219. 黄檀属 *Dalbergia* Linnaeus

（591） 秧青 *Dalbergia assamica* Bentham

（592） 大金刚藤 *Dalbergia dyeriana* Prain ex Harms

（593） 藤黄檀 *Dalbergia hancei* Bentham

（594） 黄檀 *Dalbergia hupeana* Hance

（595） 象鼻藤 *Dalbergia mimosoides* Franchet

220. 鱼藤属 *Derris* Loureiro

（596） 中南鱼藤 *Derris fordii* Oliver

221. 山蚂蝗属 *Desmodium* Desvaux

（597） 假地豆 *Desmodium heterocarpum*（Linnaeus）Candolle

（598） 小叶三点金 *Desmodium microphyllum*（Thunberg）Candolle

（599） 饿蚂蝗 *Desmodium multiflorum* Candolle

222. 山黑豆属 *Dumasia* Candolle

（600） 山黑豆 *Dumasia truncata* Siebold et Zuccarini

（601） 柔毛山黑豆 *Dumasia villosa* Candolle

223. 野扁豆属 *Dunbaria* Wight et Arn

（602） 野扁豆 *Dunbaria villosa*（Thunberg）Makino

224. 鸡头薯属 *Eriosema*（Candolle）G. Don

（603） 鸡头薯 *Eriosema chinense* Vogel

225. 山豆根属 *Euchresta* Bennett

（604） 山豆根 *Euchresta japonica* J. D. Hooker ex Regel

226. 千斤拔属 *Flemingia* Roxburgh ex W. T. Aiton

（605） 大叶千斤拔 *Flemingia macrophylla*（Willdenow）Prain

（606） 千斤拔 *Flemingia prostrata* Roxburgh

227. 乳豆属 *Galactia* P. Browne

（607） 乳豆 *Galactia tenuiflora*（Klein ex Willdenow）Wight et Arnott

228. 皂荚属 *Gleditsia* Linnaeus

（608） 山皂荚 *Gleditsia japonica* Miquel

（609） 皂荚 *Gleditsia sinensis* Lamarck

229. 大豆属 *Glycine* Willldenow

（610）野大豆 *Glycine soja* Siebold et Zuccarini

230. 肥皂荚属 *Gymnocladus* Lamarck

（611）肥皂荚 *Gymnocladus chinensis* Baillon

231. 长柄山蚂蝗属 *Hylodesmum*（Benth.）Yang et Huang

（612）细长柄山蚂蝗 *Hylodesmum leptopus*（A. Gray ex Bentham）H. Ohashi et R. R. Mill

（613）尖叶长柄山蚂蝗 *Hylodesmum podocarpum* subsp. *oxyphyllum*（Candolle）H. Ohashi et R. R. Mill Edinburgh

（614）四川长柄山蚂蝗 *Hylodesmum podocarpum* subsp. *szechuenense*（Craib）H. Ohashi et R. R. Mill

（615）长柄山蚂蝗 *Hylodesmum podocarpum*（Candolle）H. Ohashi

（616）宽卵叶长柄山蚂蝗 *Hylodesmum podocarpum* subsp. fallax（Schindler）H. Ohashi

232. 木蓝属 *Indigofera* Linnaeus

（617）河北木蓝 *Indigofera bungeana* Walpers

（618）苏木蓝 *Indigofera carlesii* Craib

（619）宜昌木蓝 *Indigofera decora* var. *ichangensis*（Craib）Y. Y. Fang et C. Z. Zheng

（620）宁波木蓝 *Indigofera decora* var. *cooperi*（Craib）Y. Y. Fang et C. Z. Zheng

（621）庭藤 *Indigofera decora* Lindley

（622）黑叶木蓝 *Indigofera nigrescens* Kurz ex King et Prain

233. 鸡眼草属 *Kummerowia* Schindler

（623）马棘 *Indigofera pseudotinctoria* Matsum

（624）长萼鸡眼草 *Kummerowia stipulacea*（Maximowicz）Makino

（625）鸡眼草 *Kummerowia striata*（Thunberg）Schindler

234. 胡枝子属 *Lespedeza* Michaux

（626）胡枝子 *Lespedeza bicolor* Turczaninow

（627）绿叶胡枝子 *Lespedeza buergeri* Miquel

（628）中华胡枝子 *Lespedeza chinensis* G. Don

（629）截叶铁扫帚 *Lespedeza cuneata*（Dumont de Courset）G. Don

（630）短梗胡枝子 *Lespedeza cyrtobotrya* Miquel

（631）大叶胡枝子 *Lespedeza davidii* Franchet

（632）广东胡枝子 *Lespedeza fordii* Schindler

（633）美丽胡枝子 *Lespedeza thunbergii* subsp. *formosa*（Vogel）H. Ohashi

235. 马鞍树属 *Maackia* Ruprecht

（634）马鞍树 *Maackia hupehensis* Takeda

236. 黧豆属 *Mucuna* Adanson

（635）褶皮黧豆 *Mucuna lamellata* Wilmot-Dear

（636）常春油麻藤 *Mucuna sempervirens* Hemsley

237. 小槐花属 *Ohwia* H. Ohashi

（637）小槐花 *Ohwia caudata*（Thunberg）H. Ohashi

238. 红豆属 *Ormosia* Jackson

（638）花榈木 *Ormosia henryi* Prain

（639）红豆树 *Ormosia hosiei* Hemsley et E. H. Wilson

（640）软荚红豆 *Ormosia semicastrata* Hance

（641）木荚红豆 *Ormosia xylocarpa* Chun ex L. Chen

239. 老虎刺属 *Pterolobium* R. Brown ex Wight et Arnott

（642）老虎刺 *Pterolobium punctatum* Hemsley

240. 葛属 *Pueraria* Candolle

（643）葛麻姆 *PPueraria montana* var. *lobata*（Willdenow）Maesen

（644）葛 *Pueraria montana*（Loureiro）Merrill

（645）粉葛 *Pueraria montana* var. *thomsonii*（Bentham）M. R. Almeida

（646）菱叶鹿藿 *Rhynchosia dielsii* Harms

241. 鹿藿属 *Rhynchosia* Loureiro

（647）鹿藿 *Rhynchosia volubilis* Loureiro

242. 坡油甘属 *Smithia* Aiton

（648）坡油甘 *Smithia sensitiva* Aiton

243. 槐属 *Sophora* Linnaeus

（649）短蕊槐 *Sophora brachygyna* C. Y. Ma

（650）苦参 *Sophora flavescens* Aiton

244. 野豌豆属 *Vicia* Linnaeus

（651）广布野豌豆 *Vicia cracca* Linnaeus var. *cracca* Linnaeus

（652）蚕豆 *Vicia faba* Linnaeus

（653）牯岭野豌豆 *Vicia kulingana*

（654）救荒野豌豆 *Vicia sativa* Linnaeus

（655）四籽野豌豆 *Vicia tetrasperma*（Linnaeus）Schreber

245. 豇豆属 *Vigna* Savi

（656）贼小豆 *Vigna minima*（Roxburgh）Ohwi et Ohashi

（657）赤小豆 *Vigna umbellata*（Thunberg）Ohwi et Ohashi

（658）野豇豆 *Vigna vexillata*（Linnaeus）Richard

246. 紫藤属 *Wisteria* Nuttall

（659）紫藤 *Wisteria sinensis*（Sims）Sweet

五十七、酢浆草科 Oxalidaceae

247. 酢浆草属 *Oxalis* Linnaeus

（660）酢浆草 *Oxalis corniculata* Linnaeus

五十八、牻牛儿苗科 Geraniaceae

248. 老鹳草属 *Geranium* Linnaeus

（661）尼泊尔老鹳草 *Geranium nepalense* Sweet

（662）老鹳草 *Geranium wilfordii* Maximowicz

五十九、古柯科 Erythroxylaceae

249. 古柯属 *Erythroxylum* P. Browne

（663）东方古柯 *Erythroxylum sinense* Y. C. Wu

六十、芸香科 Rutaceae

250. 石椒草属 *Boenninghausenia* Reichenbach ex Meisner

（664）臭节草 *Boenninghausenia albiflora*（Hooker）Reichenbach ex Meisner

251. 柑橘属 *Citrus* Linnaeus

（665）枳 *Citrus trifoliata* Linnaeus

252. 黄檗属 *Phellodendron* Ruprecht

（666）川黄檗 *Phellodendron chinense* C. K. Schneider

（667）秃叶黄檗 *Phellodendron chinense* var. *glabriusculum* C. K. Schneider

253. 茵芋属 *Skimmia* Thunberg

（668）茵芋 *Skimmia reevesiana*（Fortune）Fortune

254. 四数花属 *Tetradium* Loureiro

（669）臭檀吴萸 *Tetradium daniellii*（Bennett）T. G. Hartley

（670）楝叶吴萸 *Tetradium glabrifolium*（Champion ex Bentham）T. G. Hartley

（671）吴茱萸 *Tetradium ruticarpum*（A. Jussieu）T. G. Hartley

255. 飞龙掌血属 *Toddalia* Jussieu

（672）飞龙掌血 *Toddalia asiatica*（Linnaeus）Lamarck

256. 花椒属 *Zanthoxylum* Linnaeus

（673）椿叶花椒 *Zanthoxylum ailanthoides* Siebold et Zuccarini

（674）竹叶花椒 *Zanthoxylum armatum* Candolle

（675）岭南花椒 *Zanthoxylum austrosinense* Huang

（676）簕欓花椒 *Zanthoxylum avicennae*（Lamarck）Candolle

（677）花椒 *Zanthoxylum bungeanum* Maximowicz

（678）朵花椒 *Zanthoxylum molle* Rehder

（679）大叶臭花椒 *Zanthoxylum myriacanthum* Wallich ex J. D. Hooker

（680）花椒簕 *Zanthoxylum scandens* Blume

（681）青花椒 *Zanthoxylum schinifolium* Siebold et Zuccarini

（682）野花椒 *Zanthoxylum simulans* Hance

六十一、苦木科 Simaroubaceae

257. 臭椿属 *Ailanthus* Desfontaines

（683）臭椿 *Ailanthus altissima*（Miller）Swingle

258. 苦木属 *Picrasma* Blume

（684）苦树 *Picrasma quassioides*（D. Don）Bennett

六十二、楝科 Meliaceae

259. 楝属 *Melia* Linnaeus

（685）楝 *Melia azedarach* Linnaeus

260. 香椿属 *Toona*（Endlicher）M. Roemer

（686）红椿 *Toona ciliata* M. Roemer

（687）香椿 *Toona sinensis*（A. Jussieu）M. Roemer

六十三、远志科 Polygalaceae

261. 远志属 *Polygala* Linnaeus

（688）荷包山桂花 *Polygala arillata* Buchanan-Hamilton ex D. Don

（689）黄花倒水莲 *Polygala fallax* Hemsley

（690）瓜子金 *Polygala japonica* Houttuyn

（691）远志 *Polygala tenuifolia* Willdenow

262. 齿果草属 *Salomonia* Loureiro

（692）齿果草 *Salomonia cantoniensis* Lour

六十四、大戟科 **Euphorbiaceae**

263. 铁苋菜属 *Acalypha* Linnaeus

（693）铁苋菜 *Acalypha australis* Linnaeus

264. 山麻杆属 *Alchornea* Swartz

（694）山麻杆 *Alchornea davidii* Franchet

265. 五月茶属 *Antidesma* Linnaeus

（695）酸味子 *Antidesma japonicum* Siebold et Zuccarini

（696）五月茶 *Antidesma bunius*（Linnaeus）Spreng

266. 秋枫属 *Bischofia* Blume

（697）重阳木 *Bischofia polycarpa*（H. Léveillé）Airy Shaw

267. 巴豆属 *Croton* Linnaeus

（698）毛果巴豆 *Croton lachnocarpus* Bentham

268. 大戟属 *Euphorbia* Linnaeus

（699）飞扬草 *Euphorbia hirta* Linnaeus

（700）地锦 *Euphorbia humifusa* Willdenow ex Schlecheter

（701）斑地锦 *Euphorbia maculata* Linnaeus

（702）千根草 *Euphorbia thymifolia* Linnaeus

269. 白饭树属 *Flueggea* Willdenow

（703）一叶萩 *Flueggea suffruticosa*（Pallas）Baillon

（704）白饭树 *Flueggea virosa*（Roxburgh ex Willdenow）Voigt

270. 算盘子属 Glochidion J. R. Forster et G. Forster

（705）算盘子 *Glochidion puberum*（Linnaeus）Hutchson

（706）里白算盘子 *Glochidion triandrum*（Blanco）C. B. Robinson

（707）湖北算盘子 *Glochidion wilsonii* Hutchinson

271. 野桐属 *Mallotus* Loureiro

（708）白背叶 *Mallotus apelta*（Loureiro）Müller Argoviensis

（709）东南野桐 *Mallotus lianus* Croiz

（710）红叶野桐 *Mallotus paxii* Pamp

（711）粗糠柴 *Mallotus philippensis*（Lamarck）Müller Argoviensis

（712）石岩枫 *Mallotus repandus*（Willdenow）Müller Argoviensis

（713）杠香藤 *Mallotus repandus* var. *chrysocarpus*（Pampanini）S. M. Hwang

272. 白木乌桕属 *Neoshirakia* Esser

（714）白木乌桕 *Neoshirakia japonica*（Siebold et Zuccarini）Esser

273. 叶下珠属 *Phyllanthus* Linnaeus

（715）落萼叶下珠 *Phyllanthus flexuosus*（Siebold et Zuccarini）Müller Argoviensis

（716）青灰叶下珠 *Phyllanthus glaucus* Wallich ex Müller Argoviensis

（717）小果叶下珠 *Phyllanthus reticulatus* Poiret

（718）叶下珠 *Phyllanthus urinaria* Linnaeus

（719）蜜柑草 *Phyllanthus ussuriensis* Ruprecht et Maximowicz

274. 乌桕属 *Triadica* Loureiro

（720）山乌桕 *Triadica cochinchinensis* Loureiro

（721）乌桕 *Triadica sebifera*（Linnaeus）Small

275. 油桐属 *Vernicia* Loureiro

（722）油桐 *Vernicia fordii*（Hemsley）Airy Shaw

（723）木油桐 *Vernicia montana* Loureiro

六十五、水马齿科 Callitrichaceae

276. 水马齿属 *Callitriche* Linnaeus

（724）水马齿 *Callitriche palustris* Linnaeus

六十六、黄杨科 Buxaceae

277. 黄杨属 *Buxus* Linnaeus

（725）雀舌黄杨 *Buxus bodinieri* H. Léveillé

（726）黄杨 *Buxus sinica*（Rehder et E. H. Wilson）M. Cheng

278. 板凳果属 *Pachysandra* A. Michaux

（727）板凳果 *Pachysandra axillaris* Franchet

279. 野扇花属 *Sarcococca* Lindley

（728）长叶柄野扇花 *Sarcococca longipetiolata* M. Cheng

（729）东方野扇花 *Sarcococca orientalis* C. Y. Wu ex M. Cheng

（730）野扇花 *Sarcococca ruscifolia* Stapf

六十七、马桑科 Coriariacea

280. 马桑属 *Coriaria* Linnaeus

（731）马桑 *Coriaria nepalensis* Wallich

六十八、漆树科 Anacardiaceae

281. 南酸枣属 *Choerospondias* Burtt et Hill

（732）南酸枣 *Choerospondias axillaris*（Roxburgh）Burtt et Hill

282. 黄连木属 *Pistacia* Linnaeus

（733）黄连木 *Pistacia chinensis* Bunge

283. 盐肤木属 *Rhus*（Tourn.）L. emend. Moench

（734）滨盐肤木 *Rhus chinensis* Miller var. roxburghii（DC.）Rehder

（735）盐麸木 *Rhus chinensis* Miller

284. 漆树属 *Toxicodendron*（Tourn.）Miller

（736）刺果毒漆藤 *Toxicodendron radians* subsp. *Hispidum*（Engler）Gillis

（737）野漆 *Toxicodendron succedaneum*（Linnaeus）Kuntze

（738）木蜡树 *Toxicodendron sylvestre*（Siebold et Zuccarini）Kuntze

（739）毛漆树 *Toxicodendron trichocarpum*（Miquel）Kuntze

（740）漆树 *Toxicodendron vernicifluum*（Stokes）F. A. Barkley

六十九、冬青科 Aquifoliaceae

285. 冬青属 *Ilex* Linnaeus

（741）满树星 *Ilex aculeolata* Nakai

（742）秤星树 *Ilex asprella*（Hooker et Arnott）Champion ex Bentham

（743）短梗冬青 *Ilex* buergeri

（744）华中枸骨 *Ilex centrochinensis* S. Y. Hu

（745）凹叶冬青 *Ilex championii* Loesener

（746）冬青 *Ilex chinensis* Sims

（747）枸骨 *Ilex* cornuta

（748）显脉冬青 *Ilex editicostata* Hu et Tang

（749）厚叶冬青 *Ilex elmerrilliana* S. Y. Hu

（750）硬叶冬青 *Ilex ficifolia* C. J. Tseng ex S. K. Chen et Y. X. Feng

（751）榕叶冬青 *Ilex ficoidea* Hemsley

（752）台湾冬青 *Ilex formosana* Maximowicz

（753）广东冬青 *Ilex kwangtungensis* Merrill

（754）大叶冬青 *Ilex latifolia* Thunberg

（755）木姜冬青 *Ilex litseifolia* Hu et T. Tang

（756）矮冬青 *Ilex lohfauensis* Merrill

（757）大柄冬青 *Ilex macropoda* Miqel

（758）小果冬青 *Ilex micrococca* Maximowicz

（759）亮叶冬青 *Ilex nitidissima* C. J. Tseng

（760）具柄冬青 *Ilex pedunculosa* Miquel

（761）猫儿刺 *Ilex pernyi* Franchet

（762）毛冬青 *Ilex pubescens* Hooker et Arnott

（763）铁冬青 *Ilex rotunda* Thunberg

（764）黔桂冬青 *Ilex stewardii* S. Y. Hu

（765）香冬青 *Ilex suaveolens*（H. Léveillé）Loesener

（766）四川冬青 *Ilex szechwanensis* Loesener

（767）三花冬青 *Ilex triflora* Blume

（768）钝头冬青 *Ilex triflora* var. *kanehirae*（Yamamoto）S. Y. Hu

（769）紫果冬青 *Ilex tsoii* Merrill et Chun

（770）尾叶冬青 *Ilex wilsonii* Loesener

（771）武功山冬青 *Ilex wugongshanensis* C. J. Tseng ex S. K. Chen et Y. X. Feng

七十、卫矛科 Celastraceae

286. 南蛇藤属 *Celastrus* Linnaeus

（772）过山枫 *Celastrus aculeatus* Merrill

（773）苦皮藤 *Celastrus angulatus* Maximowicz

（774）大芽南蛇藤 *Celastrus gemmatus* Loesener

（775）灰叶南蛇藤 *Celastrus glaucophyllus* Rehder et E. H. Wilson

（776）粉背南蛇藤 *Celastrus hypoleucus*（Oliver）Warburg ex Loesener

（777）南蛇藤 *Celastrus orbiculatus* Thunberg

（778）短梗南蛇藤 *Celastrus rosthornianus* Loesener

（779）显柱南蛇藤 *Celastrus stylosus* Wallich

287. 卫矛属 *Euonymus* Linnaeus

（780）庐山卫矛 *Euonymus lushanensis* F. H. Chen et M. C. Wang

（781）刺果卫矛 *Euonymus acanthocarpus* Franchet

（782）小千金 *Euonymus aculeatus* Hemsley

（783）卫矛 *Euonymus alatus*（Thunberg）Siebold

（784）百齿卫矛 *Euonymus centidens* H. Lévllé

（785）裂果卫矛 *Euonymus dielsianus* Loesener ex Diels

（786）棘刺卫矛 *Euonymus echinatus* Wallich

（787）鸭椿卫矛 *Euonymus euscaphis* Handel-Mazzetti

（788）扶芳藤 *Euonymus fortunei*（Turczaninow）Handel-Mazzetti

（789）西南卫矛 *Euonymus hamiltonianus* Wallich

（790）疏花卫矛 *Euonymus laxiflorus* Champion ex Bentham

（791）白杜 *Euonymus maackii*

（792）大果卫矛 *Euonymus myrianthus* Hemsley

（793）中华卫矛 *Euonymus nitidus* Bentham

（794）石枣子 *Euonymus sanguineus* Loesener

288. 假卫矛属 *Microtropis* Wallich ex Meisner

（795）福建假卫矛 *Microtropis fokienensis* Dunn

289. 永瓣藤属 *Monimopetalum* Rehder

（796）永瓣藤 *Monimopetalum chinense* Rehder

290. 雷公藤属 *Tripterygium* J. D. Hooker

（797）雷公藤 *Tripterygium wilfordii* J. D. Hooker

七十一、瘿椒树科 Tapisciaceae

291. 瘿椒树属 *Tapiscia* Oliver

（798）瘿椒树 *Tapiscia sinensis* Oliver

七十二、省沽油科 Staphyleaceae

292. 野鸦椿属 *Euscaphis* Siebold et Zuccarini

（799）野鸦椿 *Euscaphis japonica*（Thunberg）Kanitz

293. 山香圆属 *Turpinia* Ventenat

（800）硬毛山香圆 *Turpinia affinis* Merrill et L. M. Perry

（801）锐尖山香圆 *Turpinia arguta*（Lindley）Seemann

七十三、槭树科 Aceraceae

294. 枫属 *Acer* Linnaeus

（802）阔叶枫 *Acer amplum* Rehder

（803）三角枫 *Acer buergerianum* Miquel

（804）樟叶枫 *Acer cinnamomifolium* Hayata

（805）紫果枫 *Acer cordatum* Pax

（806）青榨枫 *Acer davidii* Franchet

（807）罗浮枫 *Acer fabri* Hance

（808）扇叶枫 *Acer flabellatum* Rehder

（809）五裂枫 *Acer oliverianum* Pax

（810）毛脉枫 *Acer pubinerve* Rehder

（811）中华枫 *Acer sinense* Pax

（812）岭南枫 *Acer tutcheri* Duthie

（813）三峡枫 *Acer wilsonii* Rehder

七十四、七叶树科 Hippocastanaceae

295. 七叶树属 *Aesculus Linnaeus*

（814）七叶树 *Aesculus chinensis Bunge*

（815）天师栗 *Aesculus chinensis* var. *wilsonii*（Rehder）Turland et N. H. Xia

七十五、无患子科 Sapindaceae

296. 栾树属 *Koelreuteria* Laxmann

（816）复羽叶栾树 *Koelreuteria bipinnata* Franchet

297. 无患子属 *Sapindus* Linnaeus

（817）无患子 *Sapindus saponaria* Linnaeus

七十六、清风藤科 Sabiaceae

298. 泡花树属 *Meliosma* Blume

（818）垂枝泡花树 *Meliosma flexuosa* Pampanini

（819）多花泡花树 *Meliosma myriantha* Siebold et Zuccarini

（820）红柴枝 *Meliosma oldhamii* Miquel ex Maximowicz

（821）毡毛泡花树 *Meliosma rigida* var. *pannosa*（Handel-Mazzetti）Y. W. Law

299. 清风藤属 *Sabia* Colelbrooke

（822）革叶清风藤 *Sabia coriacea* Rehder et E. H. Wilson

（823）灰背清风藤 *Sabia discolor* Dunn

（824）凹萼清风藤 *Sabia emarginata* Lecomte

（825）清风藤 *Sabia japonica* Maximowicz

（826）尖叶清风藤 *Sabia swinhoei* Hemsley

七十七、凤仙花科 Balsaminaceae

300. 凤仙花属 *Impatiens* Linnaeus

（827）凤仙花 *Impatiens balsamina* Linnaeus

（828）睫毛萼凤仙花 *Impatiens blepharosepala* E. Pritzel

（829）华凤仙 *Impatiens chinensis* Linnaeus

（830）鸭跖草状凤仙花 *Impatiens commelinoides* Handel-Mazzetti

（831）牯岭凤仙花 *Impatiens davidi* Franchet

（832）齿萼凤仙花 *Impatiens dicentra* Franchet ex J. D. Hooker

（833）井冈山凤仙花 *Impatiens jinggangensis* Y. L. Chen

（834）水金凤 *Impatiens nolitangere* Linnaeus

（835）块节凤仙花 *Impatiens piufanensis* J. D. Hooker

（836）湖北凤仙花 *Impatiens pritzelii* J. D. Hooker

（837）翼萼凤仙花 *Impatiens pterosepala* J. D. Hooker

（838）黄金凤 *Impatiens siculifer* J. D. Hooker

（839）管茎凤仙花 *Impatiens tubulosa* Hemsley

七十八、鼠李科 Rhamnaceae

301. 勾儿茶属 *Berchemia* Necker ex Candolle

（840）多花勾儿茶 *Berchemia floribunda*（Wallich）Brongniart

（841）牯岭勾儿茶 *Berchemia kulingensis* C. K. Schneider

（842）多叶勾儿茶 *Berchemia polyphylla* Wallich ex M. A. Lawson

302. 枳椇属 *Hovenia* Thunberg

（843）枳椇 *Hovenia acerba* Lindley

（844）北枳椇 *Hovenia dulcis* Thunberg

（845）毛果枳椇 *Hovenia trichocarpa* Chun et Tsiang

303. 马甲子属 *Paliurus* Miller

（846）马甲子 *Paliurus ramosissimus*（Loureiro）Poiret

（847）铜钱树 *Paliurus hemsleyanus* Rehder ex Schirarend et Olabi

304. 猫乳属 *Rhamnella* Miquel

（848）猫乳 *Rhamnella franguloides*（Maximowicz）Weberbauer

305. 鼠李属 *Rhamnus* Linnaeus

（849）长叶冻绿 *Rhamnus crenata* Siebold et Zuccarini

（850）圆叶鼠李 *Rhamnus globosa* Bunge

（851）薄叶鼠李 *Rhamnus leptophylla* C. K. Schneider

（852）尼泊尔鼠李 *Rhamnus napalensis*（Wallich）Lawson

（853）皱叶鼠李 *Rhamnus rugulosa* Hemsley

（854）冻绿 *Rhamnus utilis* Decaisne

（855）山鼠李 *Rhamnus wilsonii* C. K. Schneider

306. 雀梅藤属 *Sageretia* Brongniart

（856）钩枝雀梅藤 *Sageretia hamosa*（Wallich）Brongniart

（857）雀梅藤 *Sageretia thea*（Osbeck）M. C. Johnston

七十九、葡萄科 Vitaceae

307. 蛇葡萄属 *Ampelopsis* Michaux

（858）蓝果蛇葡萄 *Ampelopsis bodinieri*（H. Lévllé et Vantiot）Rehder

（859）灰毛蛇葡萄 *Ampelopsis bodinieri* var. *cinerea*（Gagnepain）Rehder

（860）广东蛇葡萄 *Ampelopsis cantoniensis*（Hooker et Arnott）K. Koch

（861）羽叶蛇葡萄 *Ampelopsis chaffanjoni*（Lévillé et Vantiot）Rehder

（862）毛三裂蛇葡萄 *Ampelopsis delavayana* var. *setulosa*（Diels et Gilg）C. L. Li

（863）三裂蛇葡萄 *Ampelopsis delavayana* Planchon ex Franchet

（864）蛇葡萄 *Ampelopsis glandulosa*（Wallich）Momiyama

（865）光叶蛇葡萄 *Ampelopsis glandulosa* var. *hancei*（Planchon）Momiyama

（866）显齿蛇葡萄 *Ampelopsis grossedentata*（Handel-Mazzetti）W. T. Wang

（867）异叶蛇葡萄 *Ampelopsis glandulosa* var. *heterophylla*（Thunberg）Momiyama

（868）牯岭蛇葡萄 *Ampelopsis glandulosa* var. *kulingensis*（Rehder）Momiyama

（869）白蔹 *Ampelopsis japonica*（Thunberg）Makino

（870）毛枝蛇葡萄 *Ampelopsis rubifolia*（Wallich）Planchon

308. 乌蔹莓属 *Cayratia* Jussieu

（871）白毛乌蔹莓 *Cayratia albifolia* C. L. Li

（872）乌蔹莓 *Cayratia japonica*（Thunberg）Gagnepain

（873）毛乌蔹莓 *Cayratia japonica* var. *mollis*（Wallich ex M. A. Lawson）Momiy-ama

（874）华中乌蔹莓 *Cayratia oligocarpa*（H. Léveillé et Vaniot）Gagnepain

309. 白粉藤属 *Cissus* Linnaeus

（875）苦郎藤 *Cissus assamica*（M. A. Lawson）Craib

310. 地锦属 *Parthenocissus* Planchon

（876）异叶地锦 *Parthenocissus dalzielii* Gangnepain

（877）绿叶地锦 *Parthenocissus laetevirens* Rehder

（878）三叶地锦 *Parthenocissus semicordata*（Wallich）Planchon

311. 崖爬藤属 *Tetrastigma*（Miquel）Planchon

（879）三叶崖爬藤 *Tetrastigma hemsleyanum* Diels et Gilg

（880）无毛崖爬藤 *Tetrastigma obtectum* var. *glabrum*（H. Léveillé）Gagnepain

312. 葡萄属 *Vitis* Linnaeus

（881）蘡薁 *Vitis bryoniifolia* Bunge

（882）东南葡萄 *Vitis chunganensis* Hu

（883）闽赣葡萄 *Vitis chungii* Metcalf

（884）刺葡萄 *Vitis davidii*（Romanet du Caillaud）Föex

（885）红叶葡萄 *Vitis erythrophylla* W. T. Wang

（886）葛藟葡萄 *Vitis flexuosa* Thunberg

（887）毛葡萄 *Vitis heyneana* Roemer et Schultes

（888）华东葡萄 *Vitis pseudoreticulata* W. T. Wang

（889）网脉葡萄 *Vitis wilsonae* Veitch

313. 俞藤属 *Yua* C. L. Li

（890）大果俞藤 *Yua austro-orientalis*（Metcalf）C. L. Li

（891）俞藤 *Yua thomsoni*（M. A. Lawson）C. L. Li

（892）华西俞藤 *Yua thomsoni* var. *glaucescens*（Diels et Gilg）C. L. Li

八十、杜英科 Elaeocarpaceae

314. 杜英属 *Elaeocarpus* Linnaeus

（893）华杜英 *Elaeocarpus chinensis*（Gardner et Chanpion）J. D. Hooker ex Bentham

（894）杜英 *Elaeocarpus decipiens* Hemsley

（895）冬桃 *Elaeocarpus duclouxii* Gagnepain

（896）褐毛杜英 *Elaeocarpus duclouxii* Gagnepain

（897）秃瓣杜英 *Elaeocarpus glabripetalus* Merrill

（898）薯豆 *Elaeocarpus japonicus* Siebold et Zuccarini

（899）山杜英 *Elaeocarpus sylvestris*（Loureiro）Poiret

315. 猴欢喜属 *Sloanea* Linnaeus

（900）仿栗 *Sloanea hemsleyana*（T. Itô）Rehder et E. H. Wilson

（901）猴欢喜 *Sloanea sinensis*（Hance）Hemsley

八十一、椴树科 Tiliaceae

316. 黄麻属 *Corchorus* Linnaeus

（902）甜麻 *Corchorus aestuans* Linnaeus

317. 扁担杆属 *Grewia* Linnaeus

（903）扁担杆 *Grewia biloba* G. Don

（904）小花扁担杆 *Grewia biloba* var. *parviflora*（Bunge）Handel-Mazzetti

318. 椴树属 *Tilia* Linnaeus

（905）白毛椴 *Tilia endochrysea* Handel-Mazzetti

（906）糯米椴 *Tilia henryana* var. *subglabra* V. Engler

（907）椴树 *Tilia tuan* Szyszylowicz

319. 刺蒴麻属 *Triumfetta* Linnaeus

（908）单毛刺蒴麻 *Triumfetta annua* Linnaeus

（909）刺蒴麻 *Triumfetta rhomboidea* Jacuin

八十二、锦葵科 Malvaceae

320. 秋葵属 *Abelmoschus* Medicus

（910）黄葵 *Abelmoschus moschatus* Medicus

321. 苘麻属 *Abutilon* Miller

（911）苘麻 *Abutilon theophrasti* Medicus

322. 木槿属 *Hibiscus* Linnaeus

（912）木芙蓉 *Hibiscus mutabilis* Linnaeus

（913）木槿 *Hibiscus syriacus* Linnaeus

323. 黄花稔属 *Sida* Linnaeus

（914）长梗黄花稔 *Sida cordata*（N. L. Burman）Borssum Waalkes

324. 梵天花属 *Urena* Linnaeus

（915）地桃花 *Urena lobata* Linnaeus

（916）梵天花 *Urena procumbens* Linnaeus

八十三、梧桐科 Sterculiaceae

325. 田麻属 *Corchoropsis* Siebold et Zuccarini

（917）田麻 *Corchoropsis crenata* Siebold et Zuccarini

326. 梧桐属 *Firmiana* Marsili

（918）梧桐 *Firmiana simplex*（Linnaeus）W. Wight

327. 山芝麻属 *Helicteres* Linnaeus

（919）山芝麻 *Helicteres angustifolia* Linnaeus

328. 马松子属 *Melochia* Linnaeus

（920）马松子 *Melochia corchorifolia* Linnaeus

八十四、猕猴桃科 Actinidiaceae

329. 猕猴桃属 *Actinidia* Lindley

（921）硬齿猕猴桃 *Actinidia callosa* Lindley

（922）异色猕猴桃 *Actinidia callosa* var. *discolor* C. F. Liang

（923）京梨猕猴桃 *Actinidia callosa* var. *henryi* Maximowicz

（924）中华猕猴桃 *Actinidia chinensis* Planchon

（925）毛花猕猴桃 *Actinidia eriantha* Bentham

（926）条叶猕猴桃 *Actinidia fortunatii* Finet et Gagnepain

（927）小叶猕猴桃 *Actinidia lanceolata* Dunn

（928）阔叶猕猴桃 *Actinidia latifolia*（Gardner et Champion）Merrill

（929）美丽猕猴桃 *Actinidia melliana* Handel-Mazzetti

（930）红茎猕猴桃 *Actinidia rubricaulis* Dunn

（931）革叶猕猴桃 *Actinidia rubricaulis* var. *coriacea*（Finet et Gagnepain）C. F. Liang

（932）对萼猕猴桃 *Actinidia valvata* Dunn

八十五、山茶科 Theaceae

330. 杨桐属 *Adinandra* Jack

（933）川杨桐 *Adinandra bockiana* E. Pritzel

（934）两广杨桐 *Adinandra glischroloma* Handel-Mazzetti

（935）大萼杨桐 *Adinandra glischroloma* var. *macrosepala*（F. P. Metcalf）Kobuski

（936）杨桐 *Adinandra millettii*（Hooker et Arnott）Bentham et J. D. Hooker ex Hance

331. 茶梨属 *Anneslea* Wallich

（937）茶梨 *Anneslea fragrans* Wallich

332. 山茶属 *Camellia* Linnaeus

（938）短柱油茶 *Camellia brevistyla*（Hayata）Cohen-Stuart

（939）浙江山茶 *Camellia chekiangoleosa* Hu

（940）连蕊茶 *Camellia cuspidata*（Kochs）H. J. Veitch

（941）尖连蕊茶 *Camellia cuspidata*（Kochs）Wright ex Gard. var. *trichandra*（H. T. Chang）Ming

（942）大花连蕊茶 *Camellia cuspidata* var. *grandiflora* Sealy

（943）柃叶连蕊茶 *Camellia euryoides* Lindley

（944）毛花连蕊茶 *Camellia* fraterna

（945）毛柄连蕊茶 *Camellia fraterna* Hance

（946）油茶 *Camellia oleifera* C. Abel

（947）茶 *Camellia sinensis*（Linnaeus）Kuntze

（948）全缘叶山茶 *Camellia subintegra* T. C. Huang ex Hung T. Chang

（949）毛萼连蕊茶 *Camellia transarisanensis*（Hayata）Cohen-Stuart

333. 红淡比属 *Cleyera* Thunberg

（950）齿叶红淡比 *Cleyera lipingensis*（Handel-Mazzetti）T. L. Ming

（951）红淡比 *Cleyera japonica* Thunberg

（952）厚叶红淡比 *Cleyera pachyphylla* Chun ex Hung T. Chang

334. 柃木属 *Eurya* Thunberg

（953）尖萼毛柃 *Eurya acutisepala* Hu et L. K. Ling

（954）短柱柃 *Eurya brevistyla* Kobuski

（955）米碎花 *Eurya chinensis* R. Brown in C. Abel

（956）微毛柃 *Eurya hebeclados* Ling

（957）细枝柃 *Eurya loquaiana* Dunn

（958）金叶细枝柃 *Eurya loquaiana* var. *aureopunctata* Hung T. Chang

（959）黑柃 *Eurya macartneyi* Champion

（960）格药柃 *Eurya muricata* Dunn

（961）细齿叶柃 *Eurya nitida* Korthals

（962）半齿柃 *Eurya semiserrulata* H. T. Chang

（963）四角柃 *Eurya tetragonoclada* Merrill et Chun

（964）单耳柃 *Eurya weissiae* Chun

335. 核果茶属 *Pyrenaria* Blume

（965）粗毛核果茶 *Pyrenaria hirta*（Handel-Mazzetti）H. Keng

336. 木荷属 *Schima* Reinwardt ex Blume

（966）银木荷 *Schima argentea* E. Pritz

（967）木荷 *Schima superba* Gardner et Champion

337. 紫茎属 *Stewartia* Linnaeus

（968）紫茎 *Stewartia sinensis* Rehder et E. H. Wilson

338. 厚皮香属 *Ternstroemia* Mutis

（969）厚皮香 *Ternstroemia gymnanthera*（Wight et Arnott）Beddome

（970）厚叶厚皮香 *Ternstroemia kwangtungensis* Merrill

（971）尖萼厚皮香 *Ternstroemia luteoflora* L. K. Ling

（972）亮叶厚皮香 *Ternstroemia nitida* Merrill

八十六、藤黄科 Clusiaceae

339. 藤黄属 *Garcinia* Linnaeus

（973）木竹子 *Garcinia multiflora* Champion ex Bentham

340. 金丝桃属 *Hypericum* Linnaeus

（974）黄海棠 *Hypericum ascyron* Linnaeus

（975）赶山鞭 *Hypericum attenuatum* C. E. C. Fischer ex Choisy

（976）挺茎遍地金 *Hypericum elodeoides* Choisy

（977）扬子小连翘 *Hypericum faberi* R. Keller

（978）衡山金丝桃 *Hypericum hengshanense* W. T. Wang

（979）地耳草 *Hypericum japonicum* Thunberg ex Murray

（980）金丝桃 *Hypericum monogynum* Linnaeus

（981）元宝草 *Hypericum sampsonii* Hance

八十七、沟繁缕科 Elatinaceae

341. 田繁缕属 *Bergia* Linnaeus

（982）田繁缕 *Bergia amm annioides* Roxburgh ex Roth

八十八、堇菜科 Violaceae

342. 堇菜属 *Viola* Linnaeus

（983）鸡腿堇菜 *Viola acuminata* Ledebour

（984）戟叶堇菜 *Viola betonicifolia* J. E. Smith

（985）南山堇菜 *Viola chaerophylloides*（Regel）W. Becker

（986）七星莲 *Viola diffusa* Ging

（987）裂叶堇菜 *Viola dissecta* Ledebour

（988）紫花堇菜 *Viola grypoceras* A. Gray

（989）如意草 *Viola hamiltoniana* D. Don

（990）长萼堇菜 *Viola inconspicua* Blume

（991）犁头草 *Viola japonica* Langsdorff ex Candolle

（992）福建堇菜 *Viola kosanensis* Hayata

（993）亮毛堇菜 *Viola lucens* W. Becker

（994）犁头叶堇菜 *Viola magnifica* C. J. Wang et X. D. Wang

（995）萱 *Viola moupinensis* Franchet

（996）紫花地丁 *Viola philippica* Cavanilles

（997）柔毛堇菜 *Viola fargesii* H. Boissieu

（998）庐山堇菜 *Viola stewardiana* W. Becker

八十九、大风子科 Flacourtiaceae

343. 山桐子属 *Idesia* Maximowicz

（999）山桐子 *Idesia polycarpa* Maximowicz

（1000）毛叶山桐子 *Idesia polycarpa* var. *vestita* Diels

344. 柞木属 *Xylosma* G. Forster

（1001）南岭柞木 *Xylosma controversum* Clos

（1002）柞木 *Xylosma congesta*（Loureiro）Merrill

九十、旌节花科 Stachyuraceae

345. 旌节花属 *Stachyurus* Siebold et Zuccarini

（1003）中国旌节花 *Stachyurus chinensis* Franchet

（1004）西域旌节花 *Stachyurus himalaicus* J. D. Hooker et Thomson ex Bentham

九十一、秋海棠科 Begoniaceae

346. 秋海棠属 *Begonia* Linnaeus

（1005）美丽秋海棠 *Begonia algaia* L. B. Smith et D. C. Wasshausen

（1006）槭叶秋海棠 *Begonia digyna* Irmscher

（1007）中华秋海棠 *Begonia grandis* subsp. sinensis（A. Candolle）Irmscher

（1008）秋海棠 *Begonia grandis* Dryander

（1009）裂叶秋海棠 *Begonia palmata* D. Don

（1010）红孩儿 *Begonia palmata* var. *Bowringiana* Golding et Karegeannes

（1011）掌裂秋海棠 *Begonia pedatifida* H. Léveillé

九十二、瑞香科 Thymelaeaceae

347. 瑞香属 *Daphne* Linnaeus

（1012）芫花 *Daphne genkwa* Siebold et Zuccarini

（1013）毛瑞香 *Daphne kiusiana* var. *atrocaulis*（Rehder）F. Maekawa

（1014）瑞香 *Daphne odora* Thunberg

348. 结香属 *Edgeworthia* Meisner

（1015）结香 *Edgeworthia chrysantha* Lindley

349. 荛花属 *Wikstroemia* Endlicher

（1016）北江荛花 *Wikstroemia monnula* Hance

（1017）细轴荛花 *Wikstroemia nutans* Champion ex Bentham

（1018）多毛荛花 *Wikstroemia pilosa* Cheng

（1019）白花荛花 *Wikstroemia trichotoma*（Thunberg）Makino

九十三、胡颓子科 Elaeagnaceae

350. 胡颓子属 *Elaeagnus* Linnaeus

（1020）巴东胡颓子 *Elaeagnus difficilis* Servettaz

（1021）蔓胡颓子 *Elaeagnus glabra* Thunberg

（1022）钟花胡颓子 *Elaeagnus griffithii* Servettaz

（1023）宜昌胡颓子 *Elaeagnus henryi* Warburg ex Diels

（1024）披针叶胡颓子 *Elaeagnus lanceolata* Warburg ex Diels

（1025）银果牛奶子 *Elaeagnus magna*（Servettaz）Rehder

（1026）木半夏 *Elaeagnus multiflora* Thunberg

（1027）胡颓子 *Elaeagnus pungens* Thunberg

（1028）星毛羊奶子 *Elaeagnus stellipila* Rehder

九十四、千屈菜科 Lythraceae

351. 水苋菜属 *Ammannia* Linnaeus

（1029）水苋菜 *Ammannia baccifera* Linnaeus

（1030）多花水苋菜 *Ammannia multiflora* Roxburgh

352. 紫薇属 *Lagerstroemia* Linnaeus

（1031）紫薇 *Lagerstroemia indica* Linnaeus

（1032）南紫薇 *Lagerstroemia subcostata* Koehne

353. 千屈菜属 *Lythrum* Linnaeus

（1033）千屈菜 *Lythrum salicaria* Linnaeus

354. 节节菜属 *Rotala* Linnaeus

（1034）节节菜 *Rotala indica*（Willdenow）Koehne

（1035）圆叶节节菜 *Rotala rotundifolia*（Buchanan-Hamilton ex Roxburgh）Koehne

九十五、菱科 Trapaceae

355. 菱属 *Trapa* Linnaeus

（1036）欧菱 *Trapa natans* Linnaeus

九十六、蓝果树科 Nyssaceae

356. 喜树属 *Camptotheca* Decaisne

（1037）喜树 *Camptotheca acuminata* Decaisne

357. 蓝果树属 *Nyssa* Gronov. ex Linnaeus

（1038）蓝果树 *Nyssa sinensis* Oliver

九十七、八角枫科 Alangiaceae

358. 八角枫属 *Alangium* Lamarck

（1039）八角枫 *Alangium chinense*（Loureiro）Harms

（1040）伏毛八角枫 *Alangium chinense* subsp. *Strigosum* W. P. Fang

（1041）毛八角枫 *Alangium kurzii* Craib

（1042）云山八角枫 *Alangium kurzii* Craib var. *handelii*（Schnarf）Fang

（1043）三裂瓜木 *Alangium platanifolium* var. *trilobum*（Miquel）Ohwi

九十八、桃金娘科 Myrtaceae

359. 蒲桃属 *Syzygium* P. Browne ex Gaertner

（1044）赤楠 *Syzygium buxifolium* Hooker et Arnott

（1045）轮叶蒲桃 *Syzygium grijsii*（Hance）Merrill et Perry

九十九、野牡丹科 Melastomataceae

360. 野海棠属 *Bredia* Blume

（1046）过路惊 *Bredia quadrangularis* Cogniaux

361. 异药花属 *Fordiophyton* Stapf

（1047）异药花 *Fordiophyton faberi* Stapf

362. 野牡丹属 *Melastoma* Linnaeus

（1048）野牡丹 *Melastoma candidum* D. Don

（1049）地菍 *Melastoma dodecandrum* Loureiro

363. 金锦香属 *Osbeckia* Linnaeus

（1050）金锦香 *Osbeckia chinensis* Linnaeus

（1051）星毛金锦香 *Osbeckia stellata* Buchanan-Hamilton ex Kew Gawler

364. 锦香草属 *Phyllagathis* Blume

（1052）毛柄锦香草 *Phyllagathis anisophylla* Diels

（1053）锦香草 *Phyllagathis cavaleriei*（Lévllé et Vaniot）Guillaumin

（1054） 短毛熊巴掌 *Phyllagathis cavaleriei*（Lévllé et Vaniot）Guillaum. var. *tankahkeei*（*Merrill*）C. Y. Wu ex C. Chen

（1055） 偏斜锦香草 *Phyllagathis plagiopetala* C. Chen

365. 肉穗草属 *Sarcopyramis* Wallich

（1056） 楮头红 *Sarcopyramis napalensis* Wallich

一百、柳叶菜科 Onagraceae

366. 露珠草属 *Circaea* Linnaeus

（1057） 露珠草 *Circaea cordata* Royle

（1058） 谷蓼 *Circaea erubescens* Franchet et Savatier

（1059） 南方露珠草 *Circaea mollis* Siebold et Zuccarini

367. 柳叶菜属 *Epilobium* Linnaeus

（1060） 光滑柳叶菜 *Epilobium amurense* subsp. *cephalostigma*（Haussknecht）C. J. Chen

（1061） 腺茎柳叶菜 *Epilobium brevifolium* subsp. *trichoneurum*（Haussknecht）Raven

（1062） 柳叶菜 *Epilobium hirsutum* Linnaeus

（1063） 小花柳叶菜 *Epilobium parviflorum* Schreber

（1064） 长籽柳叶菜 *Epilobium pyrricholophum* Franchet et Savatier

368. 丁香蓼属 *Ludwigia* Linnaeus

（1065） 水龙 *Ludwigia adscendens*（Linnaeus）Hara

（1066） 假柳叶菜 *Ludwigia epilobioides* Maximowicz

一百零一、小二仙草科 Haloragaceae

369. 小二仙草属 *Gonocarpus* J. R.

（1067） 小二仙草 *Gonocarpus micranthus* Thunberg

370. 狐尾藻属 *Myriophyllum* Linnaeus

（1068） 穗状狐尾藻 *Myriophyllum spicatum* Linnaeus

一百零二、五加科 Araliaceae

371. 楤木属 *Aralia* Linnaeus

（1069） 黄毛楤木 *Aralia* chinensis

（1070） 头序楤木 *Aralia dasyphylla* Miquel

（1071） 棘茎楤木 *Aralia echinocaulis* Handel-Mazzetti

（1072） 楤木 *Aralia elata*（Miquel）Seemann

（1073）虎刺楤木 *Aralia finlaysoniana*（Wallich ex G. Don）Seemann

372. 树参属 *Dendropanax Decaisne* Planchon

（1074）树参 *Dendropanax dentiger*（Harms）Merrill

（1075）变叶树参 *Dendropanax proteus*（Champion ex Bentham）Bentham

373. 五加属 *Eleutherococcus* Maximowicz

（1076）糙叶五加 *Eleutherococcus henryi* Oliver

（1077）藤五加 *Eleutherococcus leucorrhizus*（Oliver）Harms

（1078）糙叶藤五加 *Eleutherococcus leucorrhizus* var. *fulvescens*（Harms et Rehder）Nakai

（1079）狭叶藤五加 *Eleutherococcus leucorrhizus* var. *scaberulus*（Harms et Rehder）Nakai

（1080）细柱五加 *Eleutherococcus nodiflorus*（Dunn）S. Y. Hu

（1081）白簕 *Eleutherococcus trifoliatus*（Linnaeus）S. Y. Hu

374. 萸叶五加属 *Gamblea* C. B. Clarke

（1082）吴茱萸五加 *Gamblea ciliata* C. B. Clarke

375. 常春藤属 *Hedera* Linnaeus

（1083）常春藤 *Hedera nepalensis* var. *sinensis*（Tobler）Rehder

376. 刺楸属 *Kalopanax* Miquel

（1084）刺楸 *Kalopanax septemlobus*（Thunberg）Koidzumi

377. 大参属 *Macropanax* Miquel

（1085）短梗大参 *Macropanax rosthornii*（Harms）C. Y. Wu ex G. Hoo

378. 鹅掌柴属 *Schefflera* Miquel

（1086）穗序鹅掌柴 *Schefflera delavayi*（Franchet）Harms

（1087）鹅掌柴 *Schefflera heptaphylla*（Linnaeus）Frodin

（1088）星毛鹅掌柴 *Schefflera minutistellata* Merrill ex H. L. Li

379. 通脱木属 *Tetrapanax* K. Koch

（1089）通脱木 *Tetrapanax papyrifer*（Hooker）K. Koch

一百零三、伞形科 Apiaceae

380. 当归属 *Angelica* Linnaeus

（1090）重齿当归 *Angelica biserrata*（Shan et Yuan）Yuan et Shan

（1091）紫花前胡 *Angelica decusiva*（Miquel）Franchet et Savatier

381. 峨参属 *Anthriscus* Person

（1092）峨参 *Anthriscus sylvestris*（Linnaeus）Hoffmann

382. 积雪草属 *Centella* Linnaeus

（1093）积雪草 *Centella asiatica*（Linnaeus）Urban

383. 鸭儿芹属 *Cryptotaenia* de Candolle

（1094）鸭儿芹 *Cryptotaenia japonica* Hasskarl

384. 胡萝卜属 *Daucus* Linnaeus

（1095）野胡萝卜 *Daucus carota* Linnaeus

385. 天胡荽属 *Hydrocotyle* Linnaeus

（1096）红马蹄草 *Hydrocotyle nepalensis* Hooker

（1097）天胡荽 *Hydrocotyle sibthorpioides* Lamarck

（1098）破铜钱 *Hydrocotyle sibthorpioides* var. *batrachium*（Hance）Handel-Mazzetti ex R. H. Shan

386. 藁本属 *Ligusticum* Linnaeus

（1099）藁本 *Ligusticum sinense* Oliver

387. 白苞芹属 *Nothosmyrnium* Miquel

（1100）白苞芹 *Nothosmyrnium japonicum* Miquel

388. 水芹属 *Oenanthe* Linnaeus

（1101）水芹 *Oenanthe javanica*（Blume）de Candolle

（1102）卵叶水芹 *Oenanthe rosthornii* Diels

389. 香根芹属 *Osmorhiza* Rafinesque

（1103）香根芹 *Osmorhiza aristata*（Thunberg）Rydberg

390. 山芹属 *Ostericum* Hoffmann

（1104）隔山香 *Ostericum citriodorum*（Hance）C. Q. Yuan et R. H. Shan

391. 前胡属 *Peucedanum* Linnaeus

（1105）台湾前胡 *Peucedanum formosanum* Hayata

（1106）鄂西前胡 *Peucedanum henryi* Wolff

（1107）南岭前胡 *Peucedanum longshengense* Shan et Sheh

（1108）华中前胡 *Peucedanum medicum* Dunn

（1109）前胡 *Peucedanum praeruptorum* Dunn

392. 变豆菜属 *Sanicula* Linnaeus

（1110）变豆菜 *Sanicula chinensis* Bunge

（1111）薄片变豆菜 *Sanicula lamelligera* Hance

（1112）野鹅脚板 *Sanicula orthacantha* S. Moore

393. 窃衣属 *Torilis* Adanson

（1113）小窃衣 *Torilis japonica*（Houttuyn）de Candolle

（1114）窃衣 *Torilis scabra*（Thunberg）de Candolle

一百零四、山茱萸科 **Cornaceae**

394. 山茱萸属 *Cornus* Linnaeus

（1115）头状四照花 *Cornus capitata* Wallich

（1116）灯台树 *Cornus controversa* Hemsley

（1117）尖叶四照花 *Cornus elliptica*（Pojarkova）Q. Y. Xiang et Boufford

（1118）香港四照花 *Cornus hongkongensis* Hemsley

（1119）四照花 *Cornus kousa* subsp. *chinensis*（Osborn）Q. Y. Xiang

（1120）光皮梾木 *Cornus wilsoniana* Wangerin

（1121）梾木 *Cornus macrophylla* Wallich

（1122）毛梾 *Cornus walteri* Wangerin

一百零五、桃叶珊瑚科 **Aucubaceae**

395. 桃叶珊瑚属 *Aucuba* Thunberg

（1123）桃叶珊瑚 *Aucuba chinensis* Bentham

一百零六、青荚叶科 **Helwingiaceae**

396. 青荚叶属 *Helwingia* Willdenow

（1124）青荚叶 *Helwingia japonica*（Thunberg）F. Dietrich

一百零七、杜鹃花科 **Ericaceae**

397. 吊钟花属 *Enkianthus* Loureiro

（1125）灯笼吊钟花 *Enkianthus chinensis* Franchet

（1126）吊钟花 *Enkianthus quinqueflorus* Loureiro

（1127）齿缘吊钟花 *Enkianthus serrulatus*（E. H. Wilson）C. K. Schneider

398. 白珠树属 *Gaultheria* Kalm ex Linnaeus

（1128）滇白珠 *Gaultheria leucocarpa* var. *yunnanensis*（Franchet）T. Z. Hsu et R. C. Fang

399. 珍珠花属 *Lyonia* Nuttall

（1129）毛果珍珠花 *Lyonia ovalifolia* var. *hebecarpa*（Franchet xe Forbes et Hemsley）Chun

（1130）珍珠花 *Lyonia ovalifolia*（Wallich）Drude

400. 水晶兰属 *Monotropa* Linnaeus

（1131） 水晶兰 *Monotropa uniflora* Linnaeus

401. 马醉木属 *Pieris* D. Don

（1132） 美丽马醉木 *Pieris formosa*（Wallich）D. Don

（1133） 马醉木 *Pieris japonica*（Thunberg）D. Don ex G. Don

402. 鹿蹄草属 *Pyrola* Linnaeus

（1134） 鹿蹄草 *Pyrola calliantha* H. Andr.

（1135） 普通鹿蹄草 *Pyrola decorata* Andres

403. 杜鹃属 *Rhododendron* Linnaeus

（1136） 耳叶杜鹃 *Rhododendron auriculatum* Hemsley

（1137） 腺萼马银花 *Rhododendron bachii* H. Léveillé

（1138） 西施花 *Rhododendron ellipticum* Maxim

（1139） 云锦杜鹃 *Rhododendron fortunei* Lindley

（1140） 江西杜鹃 *Rhododendron kiangsiense* W. P. Fang

（1141） 南岭杜鹃 *Rhododendron levinei* Merrill

（1142） 黄山杜鹃 *Rhododendron maculiferum* subsp. Anwheiense

（1143） 满山红 *Rhododendron mariesii* Hemsley et E. H. Wilson

（1144） 羊踯躅 *Rhododendron molle*（Blume）G. Don

（1145） 马银花 *Rhododendron ovatum*（Lindley）Planchon ex Maximowicz

（1146） 猴头杜鹃 *Rhododendron simiarum* Hance

（1147） 杜鹃 *Rhododendron simsii* Planchon

（1148） 长蕊杜鹃 *Rhododendron stamineum* Franchet

404. 越桔属 *Vaccinium* Linnaeus

（1149） 南烛 *Vaccinium bracteatum* Thunberg

（1150） 短尾越桔 *Vaccinium carlesii* Dunn

（1151） 扁枝越桔 *Vaccinium japonicum* var. *sinicum*（Nakai）Rehder

（1152） 江南越桔 *Vaccinium mandarinorum* Diels

（1153） 笃斯越桔 *Vaccinium uliginosum* Linnaeus

一百零八、紫金牛科 Myrsinaceae

405. 紫金牛属 *Ardisia* Swartz

（1154） 少年红 *Ardisia alyxiifolia* Tsiang ex C. Chen

（1155） 九管血 *Ardisia brevicaulis* Diels

（1156） 朱砂根 *Ardisia crenata* Sims

（1157）百两金 *Ardisia crispa*（Thunberg）A. de Candolle

（1158）大罗伞树 *Ardisia hanceana* Mez

（1159）紫金牛 *Ardisia japonica*（Thunberg）Blume

（1160）山血丹 *Ardisia lindleyana* D. Dietrich

（1161）九节龙 *Ardisia pusilla* A. de Candolle

406. 酸藤子属 *Embelia* N. L. Burme

（1162）瘤皮孔酸藤子 *Embelia scandens*（Loureiro）Mez

（1163）密齿酸藤子 *Embelia vestita* Roxburgh

407. 杜茎山属 *Maesa* Forsskål

（1164）杜茎山 *Maesa japonica*（Thunerg）Moritzi et Zollinger

408. 铁仔属 *Myrsine* Linnaeus

（1165）打铁树 *Myrsine linearis*（Loureiro）Poiret

（1166）密花树 *Myrsine seguinii* H. léveille

（1167）光叶铁仔 *Myrsine stolonifera*（Koidzumi）E. Walker

一百零九、报春花科 **Primulaceae**

409. 点地梅属 *Androsace* Linnaeus

（1168）点地梅 *Androsace umbellata*（Loureiro）Merrill

410. 珍珠菜属 *Lysimachia* Linnaeus

（1169）广西过路黄 *Lysimachia alfredii* Hance

（1170）泽珍珠菜 *Lysimachia candida* Lindley

（1171）细梗香草 *Lysimachia capillipes* Hemsley

（1172）过路黄 *Lysimachia christinae* Hance

（1173）矮桃 *Lysimachia clethroides* Duby

（1174）临时救 *Lysimachia congestiflora* Hemsley

（1175）灵香草 *Lysimachia foenum-graecum* Hance

（1176）红根草 *Lysimachia fortunei* Maximowicz

（1177）黑腺珍珠菜 *Lysimachia heterogenea* Klatt

（1178）轮叶过路黄 *Lysimachia klattiana* Hance

（1179）小叶珍珠菜 *Lysimachia parvifolia* Franchet

（1180）巴东过路黄 *Lysimachia patungensis* Handel-Mazzetti

（1181）疏头过路黄 *Lysimachia pseudohenryi* Pampanini

411. 报春花属 *Primula* Linnaeus

（1182）毛茛叶报春 *Primula cicutariifolia* Pax

（1183）鄂报春 *Primula obconica* Hance

412. 假婆婆纳属 *Stimpsonia* Wright ex A. Gray

（1184）假婆婆纳 *Stimpsonia chamaedryoides* Wright ex A. Gray

一百一十、柿树科 Ebenaceae

413. 柿树属 *Diospyros* Linnaeus

（1185）山柿 *Diospyros japonica* Siebold et Zuccarini

（1186）柿 *Diospyros kaki* Thunberg

（1187）野柿 *Diospyros kaki* var. *silvestris* Makino

（1188）君迁子 *Diospyros lotus* Linnaeus

（1189）罗浮柿 *Diospyros morrisiana* Hance

（1190）油柿 *Diospyros oleifera* Cheng

（1191）老鸦柿 *Diospyros rhombifolia* Hemsley

（1192）延平柿 *Diospyros tsangii* Merrill

一百一十一、山矾科 Symplocaceae

414. 山矾属 *Symplocos* Jacquin

（1193）薄叶山矾 *Symplocos anomala* Brand

（1194）黄牛奶树 *Symplocos cochinchinensis* var. *laurina*（Retzius）Nooteboom

（1195）密花山矾 *Symplocos congesta* Bentham

（1196）团花山矾 *Symplocos glomerata* King ex C. B. Clarke

（1197）毛山矾 *Symplocos groffii* Merrill

（1198）光叶山矾 *Symplocos lancifolia* Siebold et Zuccarini

（1199）光亮山矾 *Symplocos lucida*（Thunberg）Siebold et Zuccarini

（1200）白檀 *Symplocos paniculata*（Thunberg）Miquel

（1201）南岭山矾 *Symplocos pendula* var. *hirtistylis*（C. B. Clarke）Nooteboom

（1202）山矾 *Symplocos sumuntia* Buchanan-Hamilton ex D. Don

一百一十二、安息香科 Styracaceae

415. 赤杨叶属 *Alniphyllum* Matsumura

（1203）赤杨叶 *Alniphyllum fortunei*（Hemsley）Makino

416. 银钟花属 *Halesia* Ellia ex Linnaeus

（1204）银钟花 *Halesia macgregorii* Chun

417. 陀螺果属 *Melliodendron* Handel-Mazzetti

（1205）陀螺果 *Melliodendron xylocarpum* Handel-Mazzetti

418. 白辛树属 *Pterostyrax* Siebold et Zuccarini

（1206）小叶白辛树 *Pterostyrax corymbosus* Siebold et Zuccarini

（1207）白辛树 *Pterostyrax psilophyllus* Diels ex Perkins

419. 秤锤树属 *Sinojackia* Hu

（1208）狭果秤锤树 *Sinojackia rehderiana* Hu

420. 安息香属 *Styrax* Linnaeus

（1209）越南安息香 *Styrax tonkinensis*（Pierre）Craib ex Hartwich

（1210）灰叶安息香 *Styrax calvescens* Perkins

（1211）赛山梅 *Styrax confusus* Hemsley

（1212）垂珠花 *Styrax dasyanthus* Perkins

（1213）白花龙 *Styrax faberi* Perkins

（1214）台湾安息香 *Styrax formosanus* Matsumura

（1215）野茉莉 *Styrax japonicus* Siebold et Zuccarini

（1216）芬芳安息香 *Styrax odoratissimus* Champion

（1217）栓叶安息香 *Styrax suberifolius* Hooker et Arnott

一百一十三、交让木科 Daphniphyllaceae

421. 虎皮楠属 *Daphniphyllum* Blume

（1218）牛耳枫 *Daphniphyllum calycinum* Bentham

（1219）交让木 *Daphniphyllum macropodum* Miquel

（1220）虎皮楠 *Daphniphyllum oldhami*（Hemsley）K. Rosenthal

一百一十四、木犀科 Oleaceae

422. 流苏树属 *Chionanthus* Linnaeus

（1221）枝花流苏树 *Chionanthus ramiflorus* Roxburgh

（1222）流苏树 *Chionanthus retusus* Lindley Paxton

423. 连翘属 *Forsythia* Vahl

（1223）金钟花 *Forsythia viridissima* Lindley

424. 梣属 *Fraxinus* Linnaeus

（1224）庐山梣 *Fraxinus sieboldiana* Blume

（1225）苦枥木 *Fraxinus insularis* Hemsley

425. 茉莉属 *Jasminum* Linnaeus

（1226）清香藤 *Jasminum lanceolaria* Roxburgh

（1227）华素馨 *Jasminum sinense* Hemsley

426. 女贞属 *Ligustrum* Linnaeus

（1228）蜡子树 *Ligustrum leucanthum*（S. Moore）P. S. Green

（1229）华女贞 *Ligustrum lianum* P. S. Hsu

（1230）女贞 *Ligustrum lucidum* W. T. Aiton

（1231）小叶女贞 *Ligustrum quihoui* Carrière

（1232）多毛小蜡 *Ligustrum sinense* var. *coryanum*（W. W. Smith）Handel-Mazzetti

（1233）光萼小蜡 *Ligustrum sinense* var. *myrianthum*（Didls）Hoefker

（1234）小蜡 *Ligustrum sinense* Loureiro

427. 木犀属 *Osmanthus* Loureiro

（1235）厚边木犀 *Osmanthus marginatus*（Champion ex Bentham）Hemsley

（1236）长叶木犀 *Osmanthus marginatus* var. *longissimus*（H. T. Chang）R. L. Lu

一百一十五、马钱科 Loganiaceae

428. 醉鱼草属 *Buddleja* Linnaeus

（1237）大叶醉鱼草 *Buddleja davidii* Franchet

（1238）醉鱼草 *Buddleja lindleyana* Fortune

429. 蓬莱葛属 *Gardneria* Wallich

（1239）蓬莱葛 *Gardneria multiflora* Makino

430. 尖帽草属 *Mitrasacme* Labillardière

（1240）水田白 *Mitrasacme pygmaea* R. Brown

一百一十六、龙胆科 Gentianaceae

431. 龙胆属 *Gentiana* Linnaeus

（1241）五岭龙胆 *Gentiana davidii* Franchet

（1242）华南龙胆 *Gentiana loureirii*（G. Don）Grisebach

（1243）条叶龙胆 *Gentiana manshurica* Kitagawa

（1244）灰绿龙胆 *Gentiana yokusai* Burkill

432. 獐牙菜属 *Swertia* Linnaeus

（1245）美丽獐牙菜 *Swertia angustifolia* var. *pulchella*（D. Don）Burkill

（1246）獐牙菜 *Swertia bimaculata*（Siebold et Zuccarini）J. D. Hooker et Thomson ex C. B. Clarke

433. 双蝴蝶属 *Tripterospermum* Blume

（1247）双蝴蝶 *Tripterospermum chinense*（Migo）H. Smith

（1248）峨眉双蝴蝶 *Tripterospermum cordatum*（Marquand）Harry Smith

（1249）湖北双蝴蝶 *Tripterospermum discoideum*（C. Marquand）Harry Smith

一百一十七、夹竹桃科 Apocynaceae

434. 链珠藤属 *Alyxia* Banks ex R. Brown

（1250）链珠藤 *Alyxia sinensis* Champion ex Bentham

435. 帘子藤属 *Pottsia* Hooker et Arnott

（1251）帘子藤 *Pottsia laxiflora*（Blume）Kuntze

436. 毛药藤属 *Sindechites* Oliver

（1252）毛药藤 *Sindechites henryi* Oliver

437. 络石属 *Trachelospermum* Lemaire

（1253）紫花络石 *Trachelospermum axillare* J. D. Hooker

（1254）络石 *Trachelospermum jasminoides*（Lindley）Lemaire

一百一十八、萝藦科 Asclepiadaceae

438. 鹅绒藤属 *Cynanchum* Linnaeus

（1255）合掌消 *Cynanchum amplexicaule*（Siebold et Zuccarini）Hemsley

（1256）白薇 *Cynanchum atratum* Bunge

（1257）牛皮消 *Cynanchum auriculatum* Royle ex Wight

（1258）白前 *Cynanchum glaucescens*（Decasne）Handel-Mazzetti

（1259）毛白前 *Cynanchum mooreanum* Hemsley

（1260）朱砂藤 *Cynanchum officinale*（Hemsley）Tsiang et Zhang

（1261）徐长卿 *Cynanchum paniculatum*（Bunge）Kitagawa

（1262）柳叶白前 *Cynanchum stauntonii*（Decasne）Schlecheter ex H. Léveillé

439. 牛奶菜属 *Marsdenia* R. Brown

（1263）牛奶菜 *Marsdenia sinensis* Hemsley

440. 萝藦属 *Metaplexis* R. Brown

（1264）华萝藦 *Metaplexis hemsleyana* Oliver

441. 娃儿藤属 *Tylophora* R. Brown

（1265）娃儿藤 *Tylophora ovata*（Lindley）Hooker ex Steudel

一百一十九、旋花科 Convolvulaceae

442. 打碗花属 *Calystegia* R. Brown

（1266）打碗花 *Calystegia hederacea* Wallich

443. 菟丝子属 *Cuscuta* Linnaeus

（1267）南方菟丝子 *Cuscuta australis* R. Brown

（1268）菟丝子 *Cuscuta chinensis* Lamarck

（1269）金灯藤 *Cuscuta japonica* Choisy

444. 马蹄金属 *Dichondra* J. R. et G. Forster

（1270）马蹄金 *Dichondra micrantha* Urban

445. 飞蛾藤属 *Dinetus* Buchanan-Hamilton ex Sweet

（1271）飞蛾藤 *Dinetus racemosus*（Wallich）Sweet

446. 土丁桂属 *Evolvulus* Linnaeus

（1272）土丁桂 *Evolvulus alsinoides*（Linnaeus）Linnaeus

447. 番薯属 *Ipomoea* Linnaeus

（1273）毛牵牛 *Ipomoea biflora*（Linnaeus）Persoon

448. 鱼黄草属 *Merremia* Dennstedt ex Endlicher

（1274）篱栏网 *Merremia hederacea*（N. L. Burman）H. Hallier

（1275）北鱼黄草 *Merremia sibirica*（Linnaeus）H. Hallier

一百二十、紫草科 Boraginaceae

449. 斑种草属 *Bothriospermum* Bunge

（1276）柔弱斑种草 *Bothriospermum zeylanicum*（J. Jacquin）Druce

450. 琉璃草属 *Cynoglossum* Linnaeus

（1277）琉璃草 *Cynoglossum furcatum* Wallich

（1278）小花琉璃草 *Cynoglossum lanceolatum* Forsskål

451. 厚壳树属 *Ehretia* Linnaeus

（1279）厚壳树 *Ehretia acuminata* R. Brown

（1280）粗糠树 *Ehretia dicksonii* Hance

452. 皿果草属 *Omphalotrigonotis* W. T. Wang

（1281）皿果草 *Omphalotrigonotis cupulifera*（I. M. Johnston）W. T. Wang

453. 盾果草属 *Thyrocarpus* Hance

（1282）弯齿盾果草 *Thyrocarpus glochidiatus* Maximowicz

（1283）盾果草 *Thyrocarpus sampsonii* Hance

454. 附地菜属 *Trigonotis* Steven

（1284）硬毛南川附地菜 *Trigonotis laxa* var. *hirsuta* W. T. Wang ex C. J. Wang

（1285）附地菜 *Trigonotis peduncularis*（Triranus）Bentham ex Baker et Moore

一百二十一、马鞭草科 Verbenaceae

455. 紫珠属 *Callicarpa* Linnaeus

（1286） 紫珠 *Callicarpa bodinieri* var. *bodinieri*

（1287） 华紫珠 *Callicarpa cathayana* H. T. Chang

（1288） 白棠子树 *Callicarpa dichotoma* (Loureiro) K. Koch

（1289） 杜虹花 *Callicarpa formosana* Rolfe

（1290） 老鸦糊 *Callicarpa giraldii* Hesse ex Rehder

（1291） 毛叶老鸦糊 *Callicarpa giraldii* var. *subcanescens* Rehder

（1292） 藤紫珠 *Callicarpa integerrima* var. *chinensis* (P'ei) S. L. Chen

（1293） 枇杷叶紫珠 *Callicarpa kochiana* Makino

（1294） 广东紫珠 *Callicarpa kwangtungensis* Chun

（1295） 长柄紫珠 *Callicarpa longipes* Dunn

（1296） 尖尾枫 *Callicarpa longissima* (Hemsley) Merrill

（1297） 红紫珠 *Callicarpa rubella* Lindley

（1298） 秃红紫珠 *Callicarpa rubella* var. *subglabra* (P'ei) Chang

456. 莸属 *Caryopteris* Bunge

（1299） 兰香草 *Caryopteris incana* (Thunberg ex Houtuyn) Miquel

457. 大青属 *Clerodendrum* Linnaeus

（1300） 臭牡丹 *Clerodendrum bungei* Steudel

（1301） 灰毛大青 *Clerodendrum canescens* Wallich ex Walpers

（1302） 大青 *Clerodendrum cyrtophyllum* Turczaninow

（1303） 浙江大青 *Clerodendrum kaichianum* Hsu

（1304） 尖齿臭茉莉 *Clerodendrum lindleyi* Decaisne ex Planchon

（1305） 海通 *Clerodendrum mandarinorum* Diels

（1306） 海州常山 *Clerodendrum trichotomum* Thunberg

458. 豆腐柴属 *Premna* Linnaeus

（1307） 豆腐柴 *Premna microphylla* Turczaninow

459. 四棱草属 *Schnabelia* Hand. – Mazz.

（1308） 四棱草 *Schnabelia oligophylla* Handel-Mazzetti

460. 马鞭草属 *Verbena* Linnaeus

（1309） 马鞭草 *Verbena officinalis* Linnaeus

461. 牡荆属 *Vitex* Linnaeus

（1310） 黄荆 *Vitex negundo* Linnaeus

（1311） 牡荆 *Vitex negundo* var. *cannabifolia*（Siebold et Zuccarini）Handel-Mazzetti

（1312） 山牡荆 *Vitex quinata*（Loureiro）Williams

一百二十二、唇形科 Lamiaceae

462. 藿香属 *Agastache* Clayton ex Gronovius

（1313） 藿香 *Agastache rugosa*（Fischer et Meyer）Kuntze.

463. 筋骨草属 *Ajuga* Linnaeus

（1314） 筋骨草 *Ajuga ciliata* Bunge

（1315） 金疮小草 *Ajuga decumbens* Thunberg

（1316） 紫背金盘 *Ajuga nipponensis* Makino

464. 广防风属 *Anisomeles* R. Brown

（1317） 广防风 *Anisomeles indica*（Linnaeus）Kuntze

465. 风轮菜属 *Clinopodium* Linnaeus

（1318） 风轮菜 *Clinopodium chinense*（Bentham）Kuntze

（1319） 邻近风轮菜 *Clinopodium confine*（Hance）Kuntze

（1320） 细风轮菜 *Clinopodium gracile*（Bentham）Matsum.

（1321） 匍匐风轮菜 *Clinopodium repens*（Buchanan-Hamilton ex D. Don）Bentham

466. 水蜡烛属 *Dysophylla* Blume

（1322） 水虎尾 *Dysophylla stellata*（Loureiro）Bentham

（1323） 水蜡烛 *Dysophylla yatabeana* Makino

467. 香薷属 *Elsholtzia* Willdenow

（1324） 紫花香薷 *Elsholtzia argyi* H. Léveillé

（1325） 香薷 *Elsholtzia ciliata*（Thunberg）Hylander

（1326） 海州香薷 *Elsholtzia* splendens

468. 小野芝麻属 *Galeobdolon* Adanson

（1327） 小野芝麻 *Galeobdolon chinense*（Bentham）C. Y. Wu

469. 活血丹属 *Glechoma* Linnaeus

（1328） 白透骨消 *Glechoma biondiana*（Diels）C. Y. Wu et C. Chen

（1329） 活血丹 *Glechoma longituba*（Nakai）Kuprianova

470. 四轮香属 *Hanceola* Kudo

（1330） 出蕊四轮香 *Hanceola exserta* Sun

471. 香茶菜属 *Isodon*（Schrader ex Bentham）Spach

（1331） 香茶菜 *Isodon amethystoides*（Bentham）Hara

（1332） 内折香茶菜 *Isodon inflexus*（Thunberg）Kudo

（1333）蓝萼毛叶香茶菜 *Isodon japonicus* var. *glaucocalyx*（Maximowicz）H. W. Li

（1334）线纹香茶菜 *Isodon lophanthoides*（Buchanan-Hamilton ex D. Don）H. Hara

（1335）显脉香茶菜 *Isodon nervosus*（Hemsley）Kudô

472. 香简草属 *Keiskea* Miquel

（1336）香薷状香简草 *Keiskea elsholtzioides*

473. 动蕊花属 *Kinostemon* Kudo

（1337）粉红动蕊花 *Kinostemon alborubrum*（Hemsley）C. Y. Wu et S. Chow

（1338）动蕊花 *Kinostemon ornatum*（Hemsley）Kudo

474. 益母草属 *Leonurus* Linnaeus

（1339）益母草 *Leonurus japonicus* Houttuyn

475. 绣球防风属 *Leucas* R. Brown

（1340）绣球防风 *Leucas ciliata* Bentham

（1341）疏毛白绒草 *Leucas mollissima* var. *chinensis* Bentham

（1342）白绒草 *Leucas mollissima* Wallich ex Bentham

476. 地笋属 *Lycopus* Linnaeus

（1343）硬毛地笋 *Lycopus lucidus* var. hirtus Regel

477. 薄荷属 *Mentha* Linnaeus

（1344）薄荷 *Mentha canadensis* Linnaeus

（1345）留兰香 *Mentha spicata* Linnaeus

478. 凉粉草属 *Mesona* Blume

（1346）凉粉草 *Mesona chinensis* Bentham

479. 石荠苎属 *Mosla*（Bentham）Buchanan-Hamilton ex Maximowicz

（1347）石香薷 *Mosla chinensis* Maximowicz

（1348）小鱼荠苎 *Mosla dianthera*（Buchanan-Hamilton ex Roxburgh）Maximowicz

（1349）石荠苎 *Mosla scabra*（Thunberg）C. Y. Wu et H. W. Li

480. 罗勒属 *Ocimum* Linnaeus

（1350）罗勒 *Ocimum basilicum* Linnaeus

481. 牛至属 *Origanum* Linnaeus

（1351）牛至 *Origanum vulgare* Linnaeus

482. 假糙苏属 *Paraphlomis* Prain

（1352）纤细假糙苏 *Paraphlomis gracilis*（Hemsley）Kudô

483. 紫苏属 *Perilla* Linnaeus

（1353）紫苏 *Perilla frutescens*（Linnaeus）Britton

484. 夏枯草属 *Prunella* Linnaeus

（1354） 山菠菜 *Prunella asiatica* Nakai

（1355） 夏枯草 *Prunella vulgaris* Linnaeus

485. 鼠尾草属 *Salvia* Linnaeus

（1356） 南丹参 *Salvia bowleyana*

（1357） 贵州鼠尾草 *Salvia cavaleriei* H. Léveillé

（1358） 血盆草 *Salvia cavaleriei* var. *simplicifolia* E. Peter

（1359） 华鼠尾草 *Salvia chinensis* Bentham

（1360） 鼠尾草 *Salvia japonica* Thunberg

（1361） 荔枝草 *Salvia plebeia* R. Brown

486. 黄芩属 *Scutellaria* Linnaeus

（1362） 半枝莲 *Scutellaria barbata* D. Don

（1363） 韩信草 *Scutellaria indica* Linnaeus

487. 筒冠花属 *Siphocranion* Kudo

（1364） 光柄筒冠花 *Siphocranion nudipes* （Hemsley） Kudô

488. 水苏属 *Stachys* Linnaeus

（1365） 水苏 *Stachys japonica* Miquel

（1366） 针筒菜 *Stachys oblongifolia* Wallich ex Bentham

489. 香科科属 *Teucrium* Linnaeus

（1367） 二齿香科科 *Teucrium bidentatum* Hemsley

（1368） 穗花香科科 *Teucrium japonicum* Willldenow

（1369） 庐山香科科 *Teucrium pernyi* Franchet

（1370） 长毛香科科 *Teucrium pilosum* （Pampanini） C. Y. Wu et S. Chow

（1371） 铁轴草 *Teucrium quadrifarium* Buchana-Hamilton ex D. Don

（1372） 血见愁 *Teucrium viscidum* Blume

一百二十三、茄科 Solanaceae

490. 红丝线属 *Lycianthes* （Dunal） Hassler

（1373） 单花红丝线 *Lycianthes lysimachioides* （Wallich） Bitter

（1374） 中华红丝线 *Lycianthes lysimachioides* （Wallich） Bitter var. sinensis Bitter

491. 枸杞属 *Lycium* Linnaeus

（1375） 枸杞 *Lycium chinense* Miller

492. 散血丹属 *Physaliastrum* Makino

（1376） 江南散血丹 *Physaliastrum heterophyllum* （Hemsley） Migo

493. 酸浆属 *Physalis* Linnaeus

（1377）苦职 *Physalis angulata* Linnaeus

（1378）小酸浆 *Physalis minima* Linnaeus

494. 茄属 *Solanum* Linnaeus

（1379）少花龙葵 *Solanum americanum* Miller

（1380）白英 *Solanum lyratum* Thunberg

（1381）龙葵 *Solanum nigrum* Linnaeus

（1382）海桐叶白英 *Solanum pittosporifolium* Hemsley

（1383）珊瑚樱 *Solanum pseudocapsicum* Linnaeus

495. 龙珠属 *Tubocapsicum*（Wettstein）Makino

（1384）龙珠 *Tubocapsicum anomalum*（Franchet et Savatier）Makino

一百二十四、玄参科 Scrophulariaceae

496. 黑草属 *Buchnera* Linnaeus

（1385）黑草 *Buchnera cruciata* Buchanan-Hamilton ex D. Don

497. 胡麻草属 *Centranthera* R. Brown

（1386）胡麻草 *Centranthera cochinchinensis*（Loureiro）Merrill

498. 水八角属 *Gratiola* Linnaeus

（1387）白花水八角 *Gratiola japonica* Miquel

499. 石龙尾属 *Limnophila* R. Brown

（1388）紫苏草 *Limnophila aromatica*（Lamarck）Merrill

（1389）石龙尾 *Limnophila sessiliflora*（Vahl）Blume

500. 母草属 *Lindernia* Allioni

（1390）长蒴母草 *Lindernia anagallis*（N. L. Burman）Pennell

（1391）母草 *Lindernia crustacea*（Linnaeus）F. Muell

（1392）狭叶母草 *Lindernia micrantha* D. Don

（1393）陌上菜 *Lindernia procumbens*（Krocker）Borbás

（1394）旱田草 *Lindernia ruellioides*（Colsmann）Pennell

（1395）刺毛母草 *Lindernia setulosa*（Maximowicz）Tuyama ex Hara

501. 通泉草属 *Mazus* Loureiro

（1396）纤细通泉草 *Mazus gracilis* Hemsley

（1397）匍茎通泉草 *Mazus miquelii* Makino

（1398）通泉草 *Mazus pumirus*（N. L. Burman）Steenis

（1399）弹刀子菜 *Mazus stachydifolius*（Turczaninow）Maximowicz

502. 山罗花属 *Melampyrum* Linnaeus

（1400） 山罗花 *Melampyrum roseum* Maximowicz

503. 沟酸浆属 *Mimulus* Linnaeus

（1401） 沟酸浆 *Mimulus tenellus* Bunge

（1402） 尼泊尔沟酸浆 *Mimulus tenellus* Bunge var. *nepalensis*（Bentham）Tsoongex
H. P. Yang

504. 鹿茸草属 *Monochasma* Maximowicz

（1403） 白毛鹿茸草 *Monochasma savatieri* Franchet

（1404） 鹿茸草 *Monochasma sheareri*（S. Moore）Maximowicz

505. 泡桐属 *Paulownia* Siebold et Zuccarini

（1405） 白花泡桐 *Paulownia fortunei*（Seemen）Hemsley

（1406） 台湾泡桐 *Paulownia kawakamii* T. Itô

506. 马先蒿属 *Pedicularis* Linnaeus

（1407） 亨氏马先蒿 *Pedicularis henryi* Maximowicz

（1408） 江西马先蒿 *Pedicularis kiangsiensis* P. C. Tsoong et S. H. Cheng

507. 松蒿属 *Phtheirospermum* Bunge ex Fischer et C. A. Meyer

（1409） 松蒿 *Phtheirospermum japonicum*（Thunberg）Kanitz

508. 玄参属 *Scrophularia* Linnaeus

（1410） 玄参 *Scrophularia ningpoensis* Hemsley

509. 阴行草属 *Siphonostegia* Bentham

（1411） 阴行草 *Siphonostegia chinensis* Bentham

（1412） 腺毛阴行草 *Siphonostegia laeta* S. Moore

510. 短冠草属 *Sopubia* Buchanan-Hamilton ex D. Don

（1413） 短冠草 *Sopubia trifida* Buchanan-Hamilton ex D. Don

511. 蝴蝶草属 *Torenia* Linnaeus

（1414） 光叶蝴蝶草 *Torenia asiatica* Linnaeus

（1415） 紫萼蝴蝶草 *Torenia violacea*（Azaola ex Blanco）Pennell

512. 婆婆纳属 *Veronica* Linnaeus

（1416） 直立婆婆纳 *Veronica arvensis* Linnaeus

（1417） 华中婆婆纳 *Veronica henryi* T. Yamazaki

（1418） 多枝婆婆纳 *Veronica javanica* Blume

（1419） 阿拉伯婆婆纳 *Veronica persica* Poiret

（1420） 婆婆纳 *Veronica polita* Fries

513. 腹水草属 *Veronicastrum* Heister

（1421）四方麻 *Veronicastrum caulopterum*（Hance）Yamazaki

（1422）宽叶腹水草 *Veronicastrum latifolium*（Hemsley）Yamazaki

（1423）细穗腹水草 *Veronicastrum stenostachyum*（Hemsley）Yamazaki

（1424）腹水草 *Veronicastrum stenostachyum* subsp. *plukenetii*（T. Yamazaki）D. Y. Hong

（1425）毛叶腹水草 *Veronicastrum villosulum*（Miquel）T. Yamazaki

一百二十五、紫葳科 Bignoniaceae

514. 梓属 *Catalpa* Scopoli

（1426）梓 *Catalpa ovata* G. Don

一百二十六、胡麻科 Pedaliaceae

515. 茶菱属 *Trapella* Oliver

（1427）茶菱 *Trapella sinensis* Oliver

一百二十七、列当科 Orobanchaceae

516. 野菰属 *Aeginetia* Linnaeus

（1428）野菰 *Aeginetia indica* Linnaeus

（1429）中国野菰 *Aeginetia sinensis* Beck

一百二十八、苦苣苔科 Gesneriaceae

517. 旋蒴苣苔属 *Boea* Comm. ex Lamarck

（1430）大花旋蒴苣苔 *Boea clarkeana* Hemsley

（1431）旋蒴苣苔 *Boea hygrometrica*（Bunge）R. Brown

518. 唇柱苣苔属 *Chirita* Buchanan-Hamilton ex D. Don

（1432）牛耳朵 *Chirita eburnea* Hance

（1433）蚂蝗七 *Chirita fimbrisepala* Handel-Mazzetti

519. 长蒴苣苔属 *Didymocarpus* Wallich

（1434）闽赣长蒴苣苔 *Didymocarpus heucherifolius* Hander-Mazzetti

520. 半蒴苣苔属 *Hemiboea* C. B. Clarke

（1435）贵州半蒴苣苔 *Hemiboea cavaleriei* H. Léveillé

（1436）纤细半蒴苣苔 *Hemiboea gracilis* Franchet

（1437）腺毛半蒴苣苔 *Hemiboea strigosa* W. Y. Chun ex W. T. Wang

（1438）半蒴苣苔 *Hemiboea subcapitata* C. B. Clarke

521. 吊石苣苔属 *Lysionotus* D. Don

（1439）吊石苣苔 *Lysionotus pauciflorus* Maximowicz

522. 马铃苣苔属 *Oreocharis* Bentham

（1440）长瓣马铃苣苔 *Oreocharis auricula*（S. Moore）C. B. Clarke

（1441）大叶石上莲 *Oreocharis benthamii* C. B. Clarke

一百二十九、葫芦科 Cucurbitaceae

523. 盒子草属 *Actinostemma* Griffith

（1442）盒子草 *Actinostemma tenerum* Griffith

524. 绞股蓝属 *Gynostemma* Blume

（1443）光叶绞股蓝 *Gynostemma laxum*（Wallich）Cogniaux

（1444）绞股蓝 *Gynostemma pentaphyllum*（Thunberg）Makino

525. 雪胆属 *Hemsleya* Cogniaux ex F. B. Forbes et Hemsley J. Linnaeus

（1445）雪胆 *Hemsleya chinensis* Cogniaux ex F. B. Forbes et Hemsley J. Linnaeus

（1446）浙江雪胆 *Hemsleya zhejiangensis* C. Z. Zheng

526. 苦瓜属 *Momordica* Linnaeus

（1447）木鳖子 *Momordica cochinchinensis*（Loureiro）Sprengel

527. 帽儿瓜属 *Mukia* Arnott

（1448）帽儿瓜 *Mukia maderaspatana* Linnaeus

528. 罗汉果属 *Siraitia* Merrill

（1449）罗汉果 *Siraitia grosvenorii*（Swingle）C. Jeffrey ex A. M. Lu et Zhi Y. Zhang

529. 赤瓟属 *Thladiantha* Bunge

（1450）南赤瓟 *Thladiantha nudiflora* Hemsley

（1451）台湾赤瓟 *Thladiantha punctata* Hayata

530. 栝楼属 *Trichosanthes* Linnaeus

（1452）王瓜 *Trichosanthes cucumeroides*（Seringe）Maximowicz

（1453）栝楼 *Trichosanthes kirilowii* Maximowicz

（1454）中华栝楼 *Trichosanthes rosthornii* Harms

531. 马㼎儿属 *Zehneria* Endlicher

（1455）马㼎儿 *Zehneria japonica*（Thunberg）H. Y. Liu

（1456）钮子瓜 *Zehneria maysorensis*（H. Léveillé）W. J. de Wilde et Duyfjes

一百三十、茜草科 Rubiaceae

532. 水团花属 *Adina* Salisbury

（1457）水团花 *Adina pilulifera*（Lamarck）Franchet ex Drake

（1458）细叶水团花 *Adina rubella* Hance

533. 茜树属 *Aidia* Loureiro

（1459）茜树 *Aidia cochinchinensis* Loureiro

534. 风箱树属 *Cephalanthus* Linnaeus

（1460）风箱树 *Cephalanthus tetrandrus*（Roxburgh）Ridsdale et Bak-huizen

535. 流苏子属 *Coptosapelta* Korthals

（1461）流苏子 *Coptosapelta diffusa*（Champion ex Bentham）Steenis Amer

536. 虎刺属 *Damnacanthus* C. F. Gaertner

（1462）短刺虎刺 *Damnacanthus giganteus*（Makino）Nakai

（1463）虎刺 *Damnacanthus indicus* C. F. Gaertner

537. 狗骨柴属 *Diplospora* Candolle

（1464）狗骨柴 *Diplospora dubia*（Lindley）Masamune Trans

（1465）毛狗骨柴 *Diplospora fruticosa* Hemsley

538. 香果树属 *Emmenopterys* Oliver Hooker

（1466）香果树 *Emmenopterys henryi* Oliver Hooker

539. 拉拉藤属 *Galium* Linnaeus

（1467）车叶葎 *Galium asperuloides* Edgeworth Trans

（1468）四叶葎 *Galium bungei* Steudel

（1469）六叶葎 *Galium hoffmeisteri*（Klotzsch）Ehrendorfer et Schönbeck-Temesy

（1470）小猪殃殃 *Galium innocuum* Miquel

（1471）猪殃殃 *Galium spurium* Linnaeus

540. 栀子属 *Gardenia* Ellis

（1472）栀子 *Gardenia jasminoides* J. Ellis

541. 耳草属 *Hedyotis* Linnaeus

（1473）耳草 *Hedyotis auricularia* Linnaeus

（1474）金毛耳草 *Hedyotis chrysotricha*（Palibin）Merrill

（1475）白花蛇耳草 *Hedyotis diffusa* Willdenow

（1476）粗毛耳草 *Hedyotis mellii* Tutcher

（1477）长节耳草 *Hedyotis uncinella* Hooker et Arnott

542. 粗叶木属 *Lasianthus* Jack

（1478）日本粗叶木 *Lasianthus japonicus* Miquel

543. 巴戟天属 *Morinda* Linnaeus

（1479）羊角藤 *Morinda umbellata* Linnaeus

544. 玉叶金花属 *Mussaenda* Linnaeus

（1480）大叶白纸扇 *Mussaenda esquirolii* Léveillé

（1481）玉叶金花 *Mussaenda pubescens* W. T. Aiton

545. 新耳草属 *Neanotis* W. H. Lewis

（1482）薄叶新耳草 *Neanotis hirsuta*（Linnaeus）W. H. Lewis

546. 蛇根草属 *Ophiorrhiza* Linnaeus

（1483）广州蛇根草 *Ophiorrhiza cantoniensis* Hance

（1484）中华蛇根草 *Ophiorrhiza chinensis* H. S. Lo Bull

（1485）日本蛇根草 *Ophiorrhiza japonica* Blume

（1486）东南蛇根草 *Ophiorrhiza mitchelloides*（Masamune）H. S. Lo Bull

（1487）蛇根草 *Ophiorrhiza mungos* Linnaeus

547. 鸡矢藤属 *Paederia* Linnaeus

（1488）鸡矢藤 *Paederia foetida* Linnaeus

（1489）白毛鸡矢藤 *Paederia pertomentosa* Merrill

548. 茜草属 *Rubia* Linnaeus

（1490）金剑草 *Rubia alata* Wallich

（1491）东南茜草 *Rubia argyi*（H. Léveillé et Vaniot）H. Hara ex Lauener et D. K. Ferguson

（1492）茜草 *Rubia cordifolia* Lauener

549. 白马骨属 *Serissa* Commerson

（1493）六月雪 *Serissa japonica*（Thunberg）Thunberg

（1494）白马骨 *Serissa serissoides*（Candolle）Druce Rep

550. 鸡仔木属 *Sinoadina* Ridsdale

（1495）鸡仔木 *Sinoadina racemosa* Ridsdale Blumea

551. 乌口树属 *Tarenna* Gaertner

（1496）尖萼乌口树 *Tarenna acutisepala* How ex W. C. Chen

（1497）白花苦灯笼 *Tarenna mollissima*（Hooker et Arnott）B. L. Robinson

552. 钩藤属 *Uncaria* Schreber

（1498）钩藤 *Uncaria rhynchophylla*（Miquel）Miquel ex Haviland J. Linnaeus

一百三十一、爵床科 Acanthaceae

553. 十万错属 *Asystasiella* Blume

（1499）白接骨 *Asystasiella neesiana*（Wallich）Lindau

554. 水蓑衣属 *Hygrophila* R. Brown

（1500）水蓑衣 *Hygrophila salicifolia*（Linnaeus）R. Brown

555. 爵床属 *Justicia* Linnaeus

（1501）圆苞杜根藤 *Justicia championii* T. Anderson

（1502）爵床 *Justicia procumbens* Linnaeus

（1503）杜根藤 *Justicia quadrifaria*（Nees）T. Anderson

556. 拟地皮消属 *Leptosiphonium* F. v. Muell

（1504）拟地皮消 *Leptosiphonium venustum*（Hance）E. Hossaia

557. 观音草属 *Peristrophe* Nees

（1505）九头狮子草 *Peristrophe japonica*（Thunberg）Bremekamp Boissiera

558. 芦莉草属 *Ruellia* Linnaeus

（1506）飞来蓝 *Ruellia venusta* Hance

559. 马蓝属 *Strobilanthes* Blume

（1507）翅柄马蓝 *Strobilanthes atropurpurea* Nees

（1508）球花马蓝 *Strobilanthes dimorphotricha* Hance

（1509）薄叶马蓝 *Strobilanthes labordei* H. Léveillé

（1510）少花马蓝 *Strobilanthes oligantha* Miquel

一百三十二、狸藻科 Lentibulariaceae

560. 狸藻属 *Utricularia* Linnaeus

（1511）黄花狸藻 *Utricularia aurea* Loureiro

（1512）南方狸藻 *Utricularia australis* R. Brown

（1513）挖耳草 *Utricularia bifida* Linnaeus

（1514）圆叶挖耳草 *Utricularia striatula* J. Smith

一百三十三、透骨草科 Phrymaceae

561. 透骨草属 *Phryma* Linnaeus

（1515）透骨草 *Phryma leptostachya* Linnaeus subsp. asiatica（H. Hara）Kitamura

一百三十四、车前科 Plantaginaceae

562. 车前属 *Plantago* Linnaeus

（1516）疏花车前 *Plantago asiatica*（Wallich）Z. Yu Li Fl

（1517）车前 *Plantago asiatica* Linnaeus

（1518）平车前 *Plantago depressa* Willldenow

（1519）长叶车前 *Plantago lanceolata* Linnaeus

一百三十五、桤叶树科 Clethraceae

563. 桤叶树属 *Clethra* Linnaeus

（1520）髭脉桤叶树 *Clethra barbinervis* Siebold et Zuccarini

（1521）云南桤叶树 *Clethra delavayi* Franchet

（1522）华南桤叶树 *Clethra faberi* Hance

（1523）城口桤叶树 *Clethra fargesii* Franchet.

（1524）贵州桤叶树 *Clethra kaipoensis* H. Léveillé

一百三十六、桔梗科 Campanulaceae

564. 沙参属 *Adenophora* Fischer

（1525）杏叶沙参 *Adenophora hunanensis*（Nannfeldt）D. Y. Hong et S. Ge

（1526）沙参 *Adenophora stricta* Miquel

（1527）无柄沙参 *Adenophora stricta* Miquel subsp. sessilifolia Hong

（1528）轮叶沙参 *Adenophora tetraphylla*（Thunberg）Fischer

（1529）聚叶沙参 *Adenophora wilsonii* Nannfeldt

565. 金钱豹属 *Campanumoea* Blume

（1530）金钱豹 *Campanumoea javanica* Blume

566. 党参属 *Codonopsis* Wallich

（1531）羊乳 *Codonopsis lanceolata*（Siebold et Zuccarini）Trautvetter

567. 轮钟花属 *Cyclocodon* Griffith ex J. D. Hooker et Thomson

（1532）轮钟花 *Cyclocodon lancifolius*（Roxburgh）Kurz Flora

568. 半边莲属 *Lobelia* Linnaeus

（1533）半边莲 *Lobelia chinensis* Loureiro

（1534）江南山梗菜 *Lobelia davidii* Franchet

（1535）线萼山梗菜 *Lobelia melliana* F. E. Wimmer

（1536）铜锤玉带草 *Lobelia nummularia* Lamarck Encycl

569. 桔梗属 *Platycodon* A. Candolle

（1537）桔梗 *Platycodon grandiflorus*（Jacquin）A. Candolle

570. 蓝花参属 *Wahlenbergia* Schrader

（1538）蓝花参 *Wahlenbergia marginata*（Thunberg）A. Candolle

一百三十七、五福花科 Adoxaceae

571. 接骨木属 *Sambucus* Linnaeus

（1539）接骨草 *Sambucus chinensis* Blume

572. 荚蒾属 *Viburnum* Linnaeus

（1540）粤赣荚蒾 *Viburnum dalzielii* W. W. Smith Notes Roy

（1541）荚蒾 *Viburnum dilatatum* Thunberg

（1542）宜昌荚蒾 *Viburnum erosum* Thunberg

（1543）直角荚蒾 *Viburnum foetidum*（Graebner）Rehder

（1544）南方荚蒾 *Viburnum fordiae* Hance

（1545）毛枝台中荚蒾 *Viburnum formosanum* P. S. Hsu

（1546）衡山荚蒾 *Viburnum hengshanicum* Tsiang ex P. S. Hsu

（1547）巴东荚蒾 *Viburnum henryi* Hemsley

（1548）绣球荚蒾 *Viburnum macrocephalum* Fortune

（1549）黑果荚蒾 *Viburnum melanocarpum* P. S. Hsu

（1550）蝴蝶戏珠花 *Viburnum plicatum* Thunb. var. *tomentosum*（*Thunb.*）*Miq*

（1551）茶荚蒾 *Viburnum setigerum* Hance

（1552）合轴荚蒾 *Viburnum sympodiale* Graebner

（1553）壶花荚蒾 *Viburnum urceolatum* Siebold et Zuccarini

一百三十八、锦带花科 Diervillaceae

573. 锦带花属 *Weigela* Thunberg

（1554）锦带花 *Weigela florida*（Bunge）Candolle

（1555）半边月 *Weigela japonica* Thunberg

一百三十九、忍冬科 Caprifoliaceae

574. 忍冬属 *Lonicera* Linnaeus

（1556）淡红忍冬 *Lonicera acuminata* Wallich

（1557）郁香忍冬 *Lonicera fragrantissima* Lindley et Paxton

（1558）菰腺忍冬 *Lonicera hypoglauca* Miquel

（1559）忍冬 *Lonicera japonica* Thunberg

（1560）短柄忍冬 *Lonicera pampaninii* Léveillé

（1561）细毡毛忍冬 *Lonicera similis* Hemsley

一百四十、北极花科 Linnaeaceae

575. 糯米条属 *Abelia* R. Brown

（1562）糯米条 *Abelia chinensis* R. Brown

一百四十一、败酱科 Valerianaceae

576. 败酱属 *Patrinia* Jussieu

（1563）墓回头 *Patrinia heterophylla* Bunge Enum

（1564）少蕊败酱 *Patrinia monandra* C. B. Clarke

（1565）败酱 *Patrinia scabiosifolia* Link Enum

（1566）攀倒甑 *Patrinia villosa*（Thunberg）Dufresne Hist

577. 缬草属 *Valeriana* Linnaeus

（1567）长序缬草 *Valeriana hardwickii* Wallich

（1568）缬草 *Valeriana officinalis* Linnaeus

一百四十二、番荔枝科 Annonaceae

578. 瓜馥木属 *Fissistigma* Griffith

（1569）瓜馥木 *Fissistigma oldhamii*（Hemsley）Merrill

一百四十三、小檗科 Berberidaceae

579. 小檗属 *Berberis* Linnaeus

（1570）华东小檗 *Berberis chingii* S. S. Cheng

（1571）南岭小檗 *Berberis impedita* C. K. Schneider

（1572）江西小檗 *Berberis jiangxiensis* C. M. Hu Bull

580. 鬼臼属 *Dysosma* Woodson

（1573）八角莲 *Dysosma versipellis*（Hance）M. Cheng

581. 淫羊藿属 *Epimedium* Linnaeus

（1574）三枝九叶草 *Epimedium sagittatum*（Siebold et Zuccarini）Maximowicz

582. 十大功劳属 *Mahonia* Nuttall Gen

（1575）阔叶十大功劳 *Mahonia bealei*（Fort.）Carr.

（1576）小果十大功劳 *Mahonia bodinieri* Gagnepain

（1577）十大功劳 *Mahonia fortunei*（Lindley）Fedde

583. 南天竹属 *Nandina* Thunberg

（1578）南天竹 *Nandina domestica* Thunberg

一百四十四、菊科 Asteraceae

584. 下田菊属 *Adenostemma* J. R. Forster et G. Forster

（1579）下田菊 *Adenostemma lavenia*（Linnaeus）Kuntze

（1580） 宽叶下田菊 *Adenostemma lavenia* var. *latifolium*（D. Don）Handel-Mazzetti

585. 藿香蓟属 *Ageratum* Linnaeus

（1581） 藿香蓟 *Ageratum conyzoides* Linnaeus

586. 兔儿风属 *Ainsliaea* Candolle

（1582） 杏香兔儿风 *Ainsliaea fragrans* Champion

（1583） 纤枝兔儿风 *Ainsliaea gracilis* Franchet

（1584） 粗齿兔儿风 *Ainsliaea grossedentata* Franchet

（1585） 长穗兔儿风 *Ainsliaea henryi* Diels

（1586） 灯台兔儿风 *Ainsliaea kawakamii* Hayata

587. 香青属 *Anaphalis* Candolle

（1587） 黄腺香青 *Anaphalis aureopunctata* Lingelsheim et Borza

（1588） 珠光香青 *Anaphalis margaritacea*（Linnaeus）Bentham et J. D. Hooker

（1589） 黄褐珠光香青 *Anaphalis margaritacea*（Candolle）Herder ex Maximowicz

（1590） 香青 *Anaphalis sinica* Hance

588. 牛蒡属 *Arctium* Linnaeus

（1591） 牛蒡 *Arctium lappa* Linnaeus

589. 蒿属 *Artemisia* Linnaeus

（1592） 黄花蒿 *Artemisia annua* Linnaeus

（1593） 奇蒿 *Artemisia anomala* S. Moore

（1594） 艾 *Artemisia argyi* H. Léveillé et Vaniot

（1595） 茵陈蒿 *Artemisia capillaris* Thunberg

（1596） 青蒿 *Artemisia carvifolia* Buchanan-Hamilton

（1597） 五月艾 *Artemisia indica* Willdenow

（1598） 牡蒿 *Artemisia japonica* Thunberg

（1599） 白苞蒿 *Artemisia lactiflora* Wallich

（1600） 矮蒿 *Artemisia lancea* Vaniot

（1601） 野艾蒿 *Artemisia lavandulaefolia* Candolle

（1602） 魁蒿 *Artemisia princeps* Pampanini

（1603） 猪毛蒿 *Artemisia scoparia* Waldstein et Kitaibel

（1604） 阴地蒿 *Artemisia sylvatica* Maximowicz

590. 紫菀属 *Aster* Linnaeus

（1605） 毛枝三脉紫菀 *Aster ageratoides* Turczaninow var. *lasiocladus*（Hayata）Handel-Mazzetti

（1606） 白舌紫菀 *Aster baccharoides*（Bentham）Steetz

（1607）狗娃花 *Aster hispidus* Thunberg

（1608）马兰 *Aster indicus* Linnaeus

（1609）琴叶紫菀 *Aster panduratus* Nees

（1610）全叶马兰 *Aster pekinensis*（Hance）F. H. Chen

（1611）东风菜 *Aster scaber* Thunberg

（1612）毡毛马兰 *Aster shimadae*（Kitamura）Nemoto

（1613）三脉紫菀 *Aster trinervius*（Turczaninow）Grierson

（1614）陀螺紫菀 *Aster turbinatus* S. Moore

（1615）秋分草 *Aster verticillatus*（Reinwardt）Brouillet

591. 苍术属 *Atractylodes* Candolle

（1616）白术 *Atractylodes macrocephala* Koidzumi

592. 鬼针草属 *Bidens* Linnaeus

（1617）金盏银盘 *Bidens biternata*（Loureiro）Merrill

（1618）鬼针草 *Bidens pilosa* Linnaeus

（1619）狼杷草 *Bidens tripartita* Linnaeus

593. 艾纳香属 *Blumea* Candolle

（1620）台北艾纳香 *Blumea formosana* Kitamura

（1621）毛毡草 *Blumea hieracifolia*（Sprengel）Candolle

（1622）东风草 *Blumea megacephala*（Randeria）C. C. Chang et Y. Q. Tseng

（1623）拟毛毡草 *Blumea sericans*（Kurz）J. D. Hooker

594. 天名精属 *Carpesium* Linnaeus

（1624）天名精 *Carpesium abrotanoides* Linnaeus

（1625）烟管头草 *Carpesium cernuum* Linnaeus

（1626）金挖耳 *Carpesium divaricatum* Siebold et Zuccarini

595. 石胡荽属 *Centipeda* Loureiro

（1627）石胡荽 *Centipeda minima*（Linnaeus）A. Braun et Ascherson

596. 菊蒿属 *Chrysanthemum* Cassini

（1628）野菊 *Chrysanthemum indicum* Linnaeus

597. 蓟属 *Cirsium* Miller

（1629）绿蓟 *Cirsium chinense* Gardner et Champion

（1630）蓟 *Cirsium japonicum* Candolle

（1631）线叶蓟 *Cirsium lineare*（Thunberg）Schultz Bipontinus

（1632）刺儿菜 *Cirsium setosum* Wimmer et Grabowski

598. 假还阳参属 *Crepidiastrum* Nakai

（1633） 黄瓜假还阳参 *Crepidiastrum denticulatum* （Houttuyn） Pak et Kawano

599. 鱼眼草属 *Dichrocephala* L'Héritier

（1634） 鱼眼草 *Dichrocephala auriculata* （Linnaeus f.） Kuntze

600. 羊耳菊属 *Duhaldea* Candolle

（1635） 羊耳菊 *Duhaldea cappa* （Buchanan-Hamilton ex D. Don） Pruski

601. 一点红属 *Emilia* Cassini

（1636） 一点红 *Emilia sonchifolia* （Linnaeus） Candolle

602. 白酒草属 *Eschenbachia* Moench

（1637） 白酒草 *Eschenbachia japonica* （Thunberg） J. Koster

603. 泽兰属 *Eupatorium* Linnaeus

（1638） 多须公 *Eupatorium chinense* Linnaeus

（1639） 佩兰 *Eupatorium fortunei* Turczaninow

（1640） 白头婆 *Eupatorium japonicum* Thunberg

（1641） 林泽兰 *Eupatorium lindleyanum* Candolle

604. 鼠麴草属 *Gnaphalium* Linnaeus

（1642） 宽叶鼠麴草 *Gnaphalium adnatum* Kitam

（1643） 细叶鼠麴草 *Gnaphalium japonicum* Thunberg

605. 菊三七属 *Gynura* Cassini

（1644） 菊三七 *Gynura japonica* （Thunberg） Juel

606. 泥胡菜属 *Hemistepta* Bunge ex Fischer et C. A. Meyer

（1645） 泥胡菜 *Hemistepta lyrata* （Bunge） Fischer et C. A. Meyer

607. 山柳菊属 *Hieracium* Linnaeus

（1646） 山柳菊 *Hieracium umbellatum* Linnaeus

608. 须弥菊属 *Himalaiella* Raab-Straube

（1647） 三角叶须弥菊 *Himalaiella deltoidea* （Candolle） Raab-Straube

609. 旋覆花属 *Inula* Linnaeus

（1648） 旋覆花 *Inula japonica* Thunberg

610. 小苦荬属 *Ixeridium* （A. Gray） Tzvelev

（1649） 小苦荬 *Ixeridium dentatum* （Thunberg） Tzvelev

611. 苦荬菜属 *Ixeris* Cassini

（1650） 中华苦荬菜 *Ixeris chinensis* （Thunberg） Kitagawa

（1651） 多色苦荬 *Ixeris chinensis* subsp. *versicolor* （Fischer ex Link） Kitamura

（1652） 苦荬菜 *Ixeris polycephala* Cassini

612. 莴苣属 *Lactuca* Linnaeus

（1653） 台湾翅果菊 *Lactuca formosana* Maximowicz

（1654） 翅果菊 *Lactuca indica* Linnaeus

（1655） 毛脉翅果菊 *Lactuca raddeana* Maximowicz

613. 六棱菊属 *Laggera* Schultz Bipontinus

（1656） 六棱菊 *Laggera alata* （D. Don） Schultz Bipontinus

614. 稻槎菜属 *Lapsana* Pak et K. Bremer

（1657） 稻槎菜 *Lapsana apogonoides* Maximowicz

615. 橐吾属 *Ligularia* Cassini

（1658） 狭苞橐吾 *Ligularia intermedia* Nakai

（1659） 大头橐吾 *Ligularia japonica* （Thunberg） Lessing

（1660） 窄头橐吾 *Ligularia stenocephala* （Maximowicz） Matsumura

（1661） 离舌橐吾 *Ligularia veitchiana* （Hemsley） Greenman

616. 紫菊属 *Notoseris* C. Shih Acta Phytotax

（1662） 光苞紫菊 *Notoseris macilenta* C. Shih Acta Phytotax

617. 假福王草属 *Paraprenanthes* C. C. Chang

（1663） 假福王草 *Paraprenanthes sororia* （Miquel） C. Shih

618. 蟹甲草属 *Parasenecio* W. W. Smith

（1664） 黄山蟹甲草 *Parasenecio hwangshanicus* （Y. Ling） C. I Peng et S. W. Chung

（1665） 矢镞叶蟹甲草 *Parasenecio rubescens* （S. Moore） Y. L. Chen

619. 帚菊属 *Pertya* Schultz

（1666） 心叶帚菊 *Pertya cordifolia* Mattfeld

620. 蜂斗菜属 *Petasites* Miller

（1667） 蜂斗菜 *Petasites japonicus* Miller

621. 拟鼠麴草属 *Pseudognaphalium* Kirpicznikov Trudy

（1668） 拟鼠麴草 *Pseudognaphalium affine* Kirpicznikov

（1669） 秋拟鼠麴草 *Pseudognaphalium hypoleucum* （Candolle） Hilliard et B. L. Burtt

622. 风毛菊属 *Saussurea* Candolle

（1670） 心叶风毛菊 *Saussurea cordifolia* Hemsley

（1671） 风毛菊 *Saussurea japonica* （Thunberg） de Candolle

623. 千里光属 *Senecio* Linnaeus

（1672） 林荫千里光 *Senecio nemorensis* Linnaeus

（1673） 千里光 *Senecio scandens* Buchanan-Hamilton

（1674） 闽粤千里光 *Senecio stauntonii* de Candolle

624. 豨莶属 *Siegesbeckia* Linnaeus

（1675）毛梗豨莶 *Siegesbeckia glabrescens* Makino

（1676）豨莶 *Siegesbeckia orientalis* Linnaeus

（1677）腺梗豨莶 *Siegesbeckia pubescens* Makino

625. 蒲儿根属 *Sinosenecio* B. Nordenstam

（1678）九华蒲儿根 *Sinosenecio jiuhuashanicus* C. Jeffrey

（1679）白背蒲儿根 *Sinosenecio latouchei*（J. F. Jeffrey）B. Nord

（1680）蒲儿根 *Sinosenecio oldhamianus*（Maximowicz）B. Nord

626. 一枝黄花属 *Solidago* Linnaeus

（1681）一枝黄花 *Solidago decurrens* Loureiro

627. 苦苣菜属 *Sonchus* Linnaeus

（1682）长裂苦苣菜 *Sonchus brachyotus* Candolle

（1683）苦苣菜 *Sonchus oleraceus* Linnaeus

（1684）苣荬菜 *Sonchus wightianus* Candolle

628. 联毛紫菀属 *Symphyotrichum* Nees

（1685）钻叶紫菀 *Symphyotrichum subulatum*（Michaux）G. L. Nesom

629. 山牛蒡属 *Synurus* Iljin

（1686）山牛蒡 *Synurus deltoides*（Ait.）Nakai

630. 斑鸠菊属 *Vernonia* Schreber

（1687）夜香牛 *Vernonia cinerea*（Linnaeus）Lessing

631. 苍耳属 *Xanthium* Linnaeus

（1688）苍耳 *Xanthium sibiricum* Patrin ex Widder

632. 黄鹌菜属 *Youngia* Cassini

（1689）黄鹌菜 *Youngia japonica*（Linnaeus）de Candolle

（1690）川西黄鹌菜 *Youngia pratti*（Babcock）Babcock et Stebbins

一百四十五、禾本科 Poaceae

633. 芨芨草属 *Achnatherum* P. Beauvois

（1691）大叶直芒草 *Achnatherum coreanum*（Honda）Ohwi

634. 獐毛属 *Aeluropus* Trinius

（1692）獐毛 *Aeluropus sinensis*（Debeaux）Tzvelev

635. 剪股颖属 *Agrostis* Linnaeus

（1693）台湾剪股颖 *Agrostis canina* Hayata

（1694）巨序剪股颖 *Agrostis gigantea* Roth

636. 看麦娘属 *Alopecurus* Linnaeus

（1695） 看麦娘 *Alopecurus aequalis* Sobolewski

（1696） 日本看麦娘 *Alopecurus japonicus* Steudel

637. 楔颖草属 *Apocopis* Nees

（1697） 瑞氏楔颖草 *Apocopis wrightii* Munro

638. 荩草属 *Arthraxon* P. Beauvois

（1698） 荩草 *Arthraxon hispidus*（Thunberg）Makino

（1699） 茅叶荩草 *Arthraxon prionodes*（Steudel）Dandy

639. 野古草属 *Arundinella* Raddi

（1700） 溪边野古草 *Arundinella fluviatilis* Handel-Mazzetti

（1701） 毛秆野古草 *Arundinella hirta*（Thunberg）Tanaka

（1702） 刺芒野古草 *Arundinella setosa* Trinius

640. 燕麦属 *Avena* Linnaeus

（1703） 野燕麦 *Avena fatua* Linnaeus

641. 簕竹属 *Bambusa* Schreber

（1704） 花竹 *Bambusa albo-lineata* L. C. Chia

642. 茵草属 *Beckmannia* Host

（1705） 茵草 *Beckmannia syzigachne*（Steudel）Fernald

643. 孔颖草属 *Bothriochloa* Kuntze

（1706） 白羊草 *Bothriochloa ischaemum*（Linnaeus）Keng

644. 臂形草属 *Brachiaria*（Trinius）Grisebach

（1707） 毛臂形草 *Brachiaria villosa*（Lamarck）A. Camus

645. 雀麦属 *Bromus* Linnaeus

（1708） 雀麦 *Bromus japonica* Thunberg

（1709） 疏花雀麦 *Bromus remotiflorus*（Steudel）Ohwi

646. 拂子茅属 *Calamagrostis* Adanson

（1710） 拂子茅 *Calamagrostis epigeios*（Linnaeus）Roth

647. 细柄草属 *Capillipedium* Stapf

（1711） 硬秆子草 *Capillipedium assimile*（Steudel）A. Camus

（1712） 细柄草 *Capillipedium parviflorum*（R. Brown）Stapf

648. 方竹属 *Chimonobambusa* Makino

（1713） 狭叶方竹 *Chimonobambusa angustifolia* C. D. Chu et C. S. Chao

（1714） 方竹 *Chimonobambusa quadrangularis*（Franceschi）Makino

649. 薏苡属 *Coix* Linnaeus

（1715）薏苡 *Coix lacrymajobi* Linnaeus

650. 香茅属 *Cymbopogon* Sprengel

（1716）橘草 *Cymbopogon goeringii*（Steudel）A. Camus

651. 狗牙根属 *Cynodon* Richard

（1717）狗牙根 *Cynodon dactylon*（Linnaeus）Persoon

652. 弓果黍属 *Cyrtococcum* Stapf

（1718）弓果黍 *Cyrtococcum patens*（Linnaeus）A. Camus

653. 野青茅属 *Deyeuxia* Clarion

（1719）野青茅 *Deyeuxia arundinacea*（Host）Veldkamp

（1720）大叶章 *Deyeuxia purpurea*（Trinius）Kunth

654. 马唐属 *Digitaria* Haller

（1721）纤毛马唐 *Digitaria ciliaris*（Retzius）Koeler

（1722）长花马唐 *Digitaria longiflora*（Retzius）Persoon

（1723）红尾翎 *Digitaria radicosa*（J. Presl）Miquel

（1724）马唐 *Digitaria sanguinalis*（Linnaeus）Scopoli

（1725）紫马唐 *Digitaria violascens* Link

655. 稗属 *Echinochloa* P. Beauvois

（1726）长芒稗 *Echinochloa caudata* Roshevitz

（1727）光头稗 *Echinochloa colona*（Linnaeus）Link

（1728）稗 *Echinochloa crusgalli*（Linnaeus）P. Beauvois

（1729）无芒稗 *Echinochloa crusgalli*（Pursh）Petermann

656. 穆属 *Eleusine* Gaertner

（1730）牛筋草 *Eleusine indica*（Linnaeus）Gaertner

657. 披碱草属 *Elymus* Linnaeus

（1731）纤毛披碱草 *Elymus ciliaris*（Trinius ex Bunge）Tzvelev

（1732）柯孟披碱草 *Elymus kamoji*（Ohwi）S. L. Chen

658. 画眉草属 *Eragrostis* Wolf

（1733）珠芽画眉草 *Eragrostis bulbillifera* Steudel

（1734）知风草 *Eragrostis ferruginea*（Thunberg）P. Beauvois

（1735）乱草 *Eragrostis japonica*（Thunberg）Trinius

（1736）画眉草 *Eragrostis pilosa*（Linnaeus）P. Beauvois

（1737）多毛知风草 *Eragrostis pilosissima* Link

659. 蜈蚣草属 *Eremochloa* Buse

（1738） 假俭草 *Eremochloa ophiuroides*（Munro）Hackel

660. 黄金茅属 *Eulalia* Kunth

（1739） 金茅 *Eulalia speciosa*（Debeaux）Kuntze

661. 牛鞭草属 *Hemarthria* R. Brown

（1740） 牛鞭草 *Hemarthria altissima*（Gandoger）Ohwi

（1741） 扁穗牛鞭草 *Hemarthria compressa*（Gandoger）Ohwi

662. 黄茅属 *Heteropogon* Persoon

（1742） 黄茅 *Heteropogon contortus*（Linnaeus）P. Beauvois ex Roemer et Schultes

663. 白茅属 *Imperata* Cirillo

（1743） 白茅 *Imperata cylindrica*（Linnaeus）Raeuschel

（1744） 大白茅 *Imperata cylindrica* var. *major*（Nees）C. E. Hubbard

664. 柳叶箬属 *Isachne* R. Brown

（1745） 柳叶箬 *Isachne globosa*（Thunberg）Kuntze

（1746） 浙江柳叶箬 *Isachne hoi* P. C. Keng

（1747） 日本柳叶箬 *Isachne nipponensis* Ohwi

665. 鸭嘴草属 *Ischaemum* Linnaeus

（1748） 有芒鸭嘴草 *Ischaemum aristatum* Linnaeus

（1749） 粗毛鸭嘴草 *Ischaemum barbatum* Retzius

（1750） 细毛鸭嘴草 *Ischaemum ciliare* Retzius

666. 假稻属 *Leersia* Solander ex Swartz

（1751） 假稻 *Leersia japonica*（Makino ex Honda）Honda

（1752） 秕壳草 *Leersia sayanuka* Ohwi

667. 千金子属 *Leptochloa* P. Beauvois

（1753） 千金子 *Leptochloa chinensis*（Linnaeus）Nees

668. 淡竹叶属 *Lophatherum* Brongniart

（1754） 淡竹叶 *Lophatherum gracile* Brongn

（1755） 中华淡竹叶 *Lophatherum sinense* Rendle

669. 莠竹属 *Microstegium* Nees

（1756） 刚莠竹 *Microstegium ciliatum*（Trinius）A. Camus

（1757） 竹叶茅 *Microstegium nudum*（Trinius）A. Camus

（1758） 柔枝莠竹 *Microstegium vimineum*（Trinius）A. Camus

670. 芒属 *Miscanthus* Andersson.

（1759） 五节芒 *Miscanthus floridulus*（Labillardière）Warburg ex K. Schumann et Lauterbach

（1760）荻 *Miscanthus sacchariflorus*（Maximowicz）Hackel

（1761）芒 *Miscanthus sinensis* Andersson

671. 乱子草属 *Muhlenbergia* Schreber

（1762）多枝乱子草 *Muhlenbergia ramosa*（Hack.）Makino

672. 类芦属 *Neyraudia* J. D. Hooker.

（1763）山类芦 *Neyraudia montana* Keng

（1764）类芦 *Neyraudia reynaudiana*（Kunth）Keng ex Hitchcock

673. 求米草属 *Oplismenus* P. Beauvois

（1765）求米草 *Oplismenus undulatifolius*（Arduino）Roemer et Schultes

（1766）日本求米草 *Oplismenus undulatifolius*（Steudel）G. Koidzumi

674. 稻属 *Oryza* Linnaeus

（1767）野生稻 *Oryza rufipogon* Griffith

675. 黍属 *Panicum* Linnaeus

（1768）糠稷 *Panicum bisulcatum* Thunberg

（1769）短叶黍 *Panicum brevifolium* Linnaeus

676. 雀稗属 *Paspalum* Linnaeus

（1770）双穗雀稗 *Paspalum distichum* Linnaeus

（1771）圆果雀稗 *Paspalum scrobiculatum* var. *Orbiculare*（G. Forster）Hackel

（1772）雀稗 *Paspalum thunbergii* Kunth ex Steudel

677. 狼尾草属 *Pennisetum* Richard

（1773）狼尾草 *Pennisetum alopecuroides*（Linnaeus）Sprengel

678. 显子草属 *Phaenosperma* Munro ex Bentham

（1774）显子草 *Phaenosperma globosa* Munro ex Bentham

679. 芦苇属 *Phragmites* Adanson

（1775）芦苇 *Phragmites australis*（Cavanilles）Trinius ex Steudel

680. 刚竹属 *Phyllostachys* Siebold et Zuccarini

（1776）桂竹 *Phyllostachys bambusoides*（Ruprecht）K. Koch

（1777）毛竹 *Phyllostachys edulis*（Carrière）J. Houzeau

（1778）水竹 *Phyllostachys heteroclada* Oliver

（1779）篌竹 *Phyllostachys nidularia* Munro

（1780）毛金竹 *Phyllostachys nigra* var. *henonis*（Mitford）Stapf ex Rendle

（1781）刚竹 *Phyllostachys sulphurea* R. A. Young

681. 苦竹属 *Pleioblastus* Nakai

（1782）苦竹 *Pleioblastus amarus*（Keng）P. C. Keng

（1783）斑苦竹 *Pleioblastus maculatus*（McClure）C. D. Chu et C. S. Chao

682. 早熟禾属 *Poa* Linnaeus

（1784）白顶早熟禾 *Poa acroleuca* Steudel

（1785）早熟禾 *Poa annua* Linnaeus

683. 金发草属 *Pogonatherum* P. Beauvois

（1786）金丝草 *Pogonatherum crinitum*（Thunberg）Kunth

（1787）金发草 *Pogonatherum paniceum*（Lamarck）Hackel

684. 棒头草属 *Polypogon* Desfontaines

（1788）棒头草 *Polypogon fugax* Nees ex Steudel

685. 筒轴茅属 *Rottboellia* Linnaeus

（1789）筒轴茅 *Rottboellia cochinchinensis*（Loureiro）Clayton

686. 甘蔗属 *Saccharum* Linnaeus

（1790）斑茅 *Saccharum arundinaceum* Retzius

687. 囊颖草属 *Sacciolepis* Nash

（1791）囊颖草 *Sacciolepis indica*（Linnaeus）Chase

688. 裂稃草属 *Schizachyrium* Nees

（1792）裂稃草 *Schizachyrium brevifolium*（Swartz）Nees ex Buse

689. 狗尾草属 *Setaria* P. Beauvois

（1793）莩草 *Setaria chondrachne*（Steudel）Honda

（1794）大狗尾草 *Setaria faberii* R. A. W. Herrmann

（1795）金色狗尾草 *Setaria glauca*（Poiret）Roemer

（1796）棕叶狗尾草 *Setaria palmifolia*（J. König）Stapf

（1797）皱叶狗尾草 *Setaria plicata*（Lamarck）T. Cooke

（1798）狗尾草 *Setaria viridis*（Linnaeus）P. Beauvois

690. 高粱属 *Sorghum* Moench

（1799）光高粱 *Sorghum nitidum*（Vahl）Persoon

691. 稗荩属 *Sphaerocaryum* Nees ex J. D. Hooker

（1800）稗荩 *Sphaerocaryum malaccense*（Trinius）Pilger

692. 大油芒属 *Spodiopogon* Trinius

（1801）油芒 *Spodiopogon cotulifer*（Thunberg）Hackel

（1802）大油芒 *Spodiopogon sibiricus* Trinius

693. 鼠尾粟属 *Sporobolus* R. Brown

（1803）鼠尾粟 *Sporobolus fertilis* R. Brown

694. 菅属 *Themeda* Forsskål

（1804）苞子草 *Themeda candata*（Nees）A. Camus

（1805）黄背草 *Themeda triandra* Forsskål

（1806）菅 *Themeda villosa*（Poiret）A. Camus

695. 锋芒草属 *Tragus* Haller

（1807）虱子草 *Tragus bertesonianus* Schultes

696. 三毛草属 *Trisetum* Persoon

（1808）三毛草 *Trisetum bifidum*（Thunberg）Ohwi

697. 鼠茅属 *Vulpia* C. C. Gmelin

（1809）鼠茅 *Vulpia myuros*（Linnaeus）C. C. Gmelin

698. 玉山竹属 *Yushania* P. C. Keng

（1810）庐山玉山竹 *Yushania varians* T. P. Yi

699. 菰属 *Zizania* Linnaeus.

（1811）菰 *Zizania latifolia*（Grisebach）Turczaninow

一百四十六、菖蒲科 Acoraceae

700. 菖蒲属 *Acorus* Linnaeus

（1812）菖蒲 *Acorus calamus* Linnaeus

（1813）金钱蒲 *Acorus gramineus* Linnaeus

一百四十七、天南星科 Araceae

701. 蘑芋属 *Amorphophallus* Blume

（1814）东亚蘑芋 *Amorphophallus kiusianus*（Makino）Makino

702. 天南星属 *Arisaema* Martius

（1815）一把伞南星 *Arisaema erubescens*（Wallich）Schott

（1816）天南星 *Arisaema heterophyllum* Blume

（1817）湘南星 *Arisaema hunanense* Handel-Mazzetti

（1818）灯台莲 *Arisaema sikokianum* Engler

703. 半夏属 *Pinellia* Tenore

（1819）滴水珠 *Pinellia cordata* N. E. Brown

（1820）湖南半夏 *Pinellia hunanensis* C. L. Long et X. J. Wu

（1821）半夏 *Pinellia ternata*（Thunberg）Tenore

704. 大漂属 *Pistia* Linnaeus

（1822）大漂 *Pistia stratiotes* Linnaeus

705. 犁头尖属 *Typhonium* Schott

（1823）犁头尖 *Typhonium blumei* Nicolson et Sivadasan

一百四十八、浮萍科 Lemnaceae

706. 浮萍属 *Lemna* Linnaeus

（1824）稀脉浮萍 *Lemna aequinoctialis* Welwitsch

707. 紫萍属 *Spirodela* Schleiden Linnaea

（1825）紫萍 *Spirodela polyrrhiza*（Linnaeus）Schleid

一百四十九、泽泻科 Alismataceae

708. 泽泻属 *Alisma* Linnaeus

（1826）窄叶泽泻 *Alisma canaliculatum* A. Braun et C. D. Bouché

（1827）东方泽泻 *Alisma orientale*（Samuelsson）Juzepczuk

709. 泽薹草属 *Caldesia* Parlatore

（1828）泽薹草 *Caldesia parnassifolia*（Bassi ex Linnaeus）Parlatore

710. 毛茛泽泻属 *Ranalisma* Stapf

（1829）长喙毛茛泽泻 *Ranalisma rostrata* Stapf

711. 慈姑属 *Sagittaria* Linnaeus

（1830）冠果草 *Sagittaria guyanensis*（D. Don）Bogin

（1831）小慈姑 *Sagittaria potamogetonifolia* Merrill

（1832）矮慈姑 *Sagittaria pygmaea* Miquel

（1833）野慈姑 *Sagittaria trifolia* Linnaeus

一百五十、水鳖科 Hydrocharitaceae

712. 水筛属 *Blyxa* Noronha

（1834）水筛 *Blyxa japonica*（Miquel）Maximowicz

713. 黑藻属 *Hydrilla* Richard

（1835）黑藻 *Hydrilla verticillata*（Linnaeus f.）Royle Ill

714. 水鳖属 *Hydrocharis* Linnaeus

（1836）水鳖 *Hydrocharis dubia*（Blume）Backer Handb

715. 茨藻属 *Najas* Linnaeus

（1837）纤细茨藻 *Najas gracillima*（A. Braun ex Engelmann）Magnus

（1838）小茨藻 *Najas minor* Allioni

716. 海菜花属 *Ottelia* Persoon

（1839）龙舌草 *Ottelia alismoides*（Linnaeus）Persoon

717. 苦草属 *Vallisneria* Linnaeus

（1840）苦草 *Vallisneria natans*（Loureiro）H. Hara

一百五十一、眼子菜科 **Potamogetonaceae**

718. 眼子菜属 *Potamogeton* Linnaeus

（1841）菹草 *Potamogeton crispus* Linnaeus

（1842）鸡冠眼子菜 *Potamogeton cristatus* Regel et Maack

（1843）眼子菜 *Potamogeton distinctus* Regel et Maack

（1844）光叶眼子菜 *Potamogeton lucens* Linnaeus

（1845）竹叶眼子菜 *Potamogeton malaianus* Morong

一百五十二、棕榈科 **Arecaceae**

719. 棕榈属 *Trachycarpus* H. Wendland

（1846）棕榈 *Trachycarpus fortunei*（Hooker）H. Wendland

一百五十三、香蒲科 **Typhaceae**

720. 黑三棱属 *Sparganium* Linnaeus

（1847）黑三棱 *Sparganium stoloniferum*（Buchanan-Hamilton ex Graebner）Buchanan-Hamilton ex Juzepczuk

721. 香蒲属 *Typha* Linnaeus

（1848）东方香蒲 *Typha orientalis* C. Presl

一百五十四、莎草科 **Cyperaceae**

722. 球柱草属 *Bulbostylis* Kunth Enum

（1849）球柱草 *Bulbostylis barbata*（Rottboll）Kunth

（1850）丝叶球柱草 *Bulbostylis densa*（Wallich）Handel-Mazzetti

723. 薹草属 *Carex* Linnaeus

（1851）浆果薹草 *Carex baccans* Nees

（1852）青绿薹草 *Carex brevicalmis* R. Brown

（1853）褐果薹草 *Carex brunnea* Thunberg

（1154）丝叶薹草 *Carex capilliformis* Franchet

（1855） 中华薹草 *Carex chinensis* Retzius

（1856） 十字薹草 *Carex cruciata* Wahlenberg

（1857） 蕨状薹草 *Carex filicina* Nees

（1858） 穿孔薹草 *Carex foraminata* C. B. Clarke

（1859） 穹隆薹草 *Carex gibba* Wahlenberg

（1860） 长梗薹草 *Carex glossostigma* Handel-Mazzetti

（1861） 长囊薹草 *Carex harlandii* Boott

（1862） 大披针薹草 *Carex lanceolata* Boott

（1863） 弯喙薹草 *Carex laticeps* C. B. Clarke

（1864） 舌叶薹草 *Carex ligulata* Nees

（1865） 条穗薹草 *Carex nemostachys* Steudel

（1866） 柄状薹草 *Carex pediformis* C. A. Meyer

（1867） 粉被薹草 *Carex pruinosa* Boott

（1868） 花葶薹草 *Carex scaposa* C. B. Clarke

（1869） 仙台薹草 *Carex sendaica* Franchet

（1870） 宽叶薹草 *Carex siderosticta* Hance

（1871） 长柱头薹草 *Carex teinogyna* Boott

（1872） 藏薹草 *Carex thibetica* Franchet

（1873） 三穗薹草 *Carex tristachya* Thunberg

（1874） 截鳞薹草 *Carex truncatigluma* C. B. Clarke

724. 莎草属 *Cyperus* Linnaeus

（1875） 阿穆尔莎草 *Cyperus amuricus* Maximowicz

（1876） 扁穗莎草 *Cyperus compressus* Linnaeus

（1877） 砖子苗 *Cyperus cyperoides* （Linnaeus） Kuntze

（1878） 异型莎草 *Cyperus difformis* Linnaeus

（1879） 高秆莎草 *Cyperus exaltatus* Retzius

（1880） 畦畔莎草 *Cyperus haspan* Linnaeus

（1881） 碎米莎草 *Cyperus iria* Linnaeus

（1882） 旋鳞莎草 *Cyperus michelianus* （Linnaeus） Link

（1883） 具芒碎米莎草 *Cyperus microiria* Steudel

（1884） 白鳞莎草 *Cyperus nipponicus* Franchet et Savatier

（1885） 三轮草 *Cyperus orthostachyus* Franchet et Savatier

（1886） 毛轴莎草 *Cyperus pilosus* Vahl

（1887） 香附子 *Cyperus rotundus* Linnaeus

（1888）水莎草 *Cyperus serotinus* Rottboll

725. 荸荠属 *Eleocharis* R. Brown

（1889）渐尖穗荸荠 *Eleocharis attenuata*（Franchet et Savatier）Palla

（1890）透明鳞荸荠 *Eleocharis pellucida* J. Presl et C. Presl

（1891）龙师草 *Eleocharis tetraquetra* Nees

（1892）牛毛毡 *Eleocharis yokoscensis*（Franchet et Savatier）Tang

726. 飘拂草属 *Fimbristylis* Vahl Enum

（1893）秋飘拂草 *Fimbristylis autumnalis*（Linnaeus）Roemer et Schultes

（1894）扁鞘飘拂草 *Fimbristylis complanata*（Retzius）Link

（1895）两歧飘拂草 *Fimbristylis dichotoma*（Linnaeus）Vahl Enum

（1896）拟二叶飘拂草 *Fimbristylis diphylloides* Makino

（1897）宜昌飘拂草 *Fimbristylis henryi* C. B. Clarke

（1898）水虱草 *Fimbristylis miliacea* Gaudichaud

（1899）结壮飘拂草 *Fimbristylis rigidula* Nees

727. 黑莎草属 *Gahnia* J. R. Forster et G. Forster

（1900）黑莎草 *Gahnia tristis* Nees

728. 水蜈蚣属 *Kyllinga* Rottboll

（1901）短叶水蜈蚣 *Kyllinga brevifolia* Rottboll

729. 庐山藨草属 *Scirpus* Ohwi

（1902）庐山藨草 *Scirpus lushanensis* Ohwi

730. 湖瓜草属 *Lipocarpha* R. Brown

（1903）湖瓜草 *Lipocarpha microcephala*（R. Brown）Kunth

731. 扁莎属 *Pycreus* P. Beauvois

（1904）球穗扁莎 *Pycreus globosus*（Retzius）T. Koyama

（1905）矮扁莎 *Pycreus pumilus*（Linnaeus）Nees

（1906）红鳞扁莎 *Pycreus sanguinolentus*（Vahl）Nees

732. 刺子莞属 *Rhynchospora* Vahl

（1907）刺子莞 *Rhynchospora rubra*（Loureiro）Makino

733. 水葱属 *Schoenoplectus*（Reichenbach）Palla

（1908）水毛花 *Schoenoplectus mucronatus*（Miquel）T. Koyama

（1909）猪毛草 *Schoenoplectus wallichii*（Nees）T. Koyama

（1910）萤蔺 *Scirpus juncoides*（Roxburgh）Palla

734. 珍珠茅属 *Scleria* P. J. Bergius

（1911）黑鳞珍珠茅 *Scleria hookeriana* Boeckeler

（1912）毛果珍珠茅 *Scleria levis* Retzius Observ

735. 针蔺属 *Trichophorum* Persoon

（1913）玉山针蔺 *Trichophorum subcapitatum*（Thwaites et Hooker）D. A. Simpson

一百五十五、谷精草科 **Eriocaulaceae**

736. 谷精草属 *Eriocaulon* Linnaeus

（1914）谷精草 *Eriocaulon buergerianum* Körnicke

（1915）白药谷精草 *Eriocaulon cinereum* R. Brown

（1916）江南谷精草 *Eriocaulon faberi* Ruhland

一百五十六、鸭跖草科 **Commelinaceae**

737. 鸭跖草属 *Commelina* Linnaeus

（1917）饭包草 *Commelina bengalensis* Linnaeus

（1918）鸭跖草 *Commelina communis* Linnaeus

（1919）节节草 *Commelina diffusa* N. L. Burman

738. 聚花草属 *Floscopa* Loureiro

（1920）聚花草 *Floscopa scandens* Loureiro

739. 水竹叶属 *Murdannia* Royle

（1921）疣草 *Murdannia keisak*（Hasskarl）Handel-Mazzetti

（1922）水竹叶 *Murdannia triquetra*（Wallich ex C. B. Clarke）Brückner

740. 杜若属 *Pollia* Thunberg

（1923）杜若 *Pollia japonica* Thunberg

741. 竹叶吉祥草属 *Spatholirion* Ridley

（1924）竹叶吉祥草 *Spatholirion longifolium*（Gagnepain）Dunn

一百五十七、雨久花科 **Pontederiaceae**

742. 雨久花属 *Monochoria* C. Presl

（1925）鸭舌草 *Monochoria vaginalis*（N. L. Burman）C. Presl

一百五十八、灯心草科 **Juncaceae**

743. 灯心草属 *Juncus* Linnaeus

（1926）翅茎灯心草 *Juncus alatus* Franchet et Savatier

（1927）灯心草 *Juncus effusus* Linnaeus

（1928）扁茎灯心草 *Juncus gracillimus*（Buchenau）V. I. Kreczetowicz et Gontscharow

（1929）野灯心草 *Juncus setchuensis* Buchenau

744. 地杨梅属 *Luzula* de Candolle

（1930）多花地杨梅 *Luzula multiflora*（Ehrhart）Lejeune

一百五十九、百部科 Stemonaceae

745. 百部属 *Stemona* Loureiro

（1931）百部 *Stemona japonica*（Blume）Miquel

（1932）大百部 *Stemona tuberosa* Loureiro

一百六十、百合科 Liliaceae

746. 粉条儿菜属 *Aletris* Linnaeus

（1933）短柄粉条儿菜 *Aletris scopulorum* Dunn

（1934）粉条儿菜 *Aletris spicata*（Thunberg）Franchet

747. 葱属 *Allium* Linnaeus

（1935）薤头 *Allium chinense*

（1936）宽叶韭 *Allium hookeri* Thwaites

（1937）薤白 *Allium macrostemon* Bunge

（1938）细叶韭 *Allium tenuissimum* Linnaeus

（1939）韭 *Allium tuberosum* Rottler

748. 天门冬属 *Asparagus* Linnaeus

（1940）天门冬 *Asparagus cochinchinensis*（Loureiro）Merrill

749. 绵枣儿属 *Barnardia* Lindley

（1941）绵枣儿 *Barnardia japonica*（Thunberg）Schultes

750. 开口箭属 *Campylandra* Baker

（1942）开口箭 *Campylandra chinensis*（Baker）M. N. Tamura

（1943）筒花开口箭 *Campylandra delavayi*（Franchet）M. N. Tamura

751. 大百合属 *Cardiocrinum*（Endlicher）Lindley

（1944）荞麦叶大百合 *Cardiocrinum cathayanum*（E. H. Wilson）Stearn

752. 竹根七属 *Disporopsis* Hance

（1945）散斑竹根七 *Disporopsis aspersa*（Hua）Engler

（1946）竹根七 *Disporopsis fuscopicta* Hance

（1947）深裂竹根七 *Disporopsis pernyi*（Hua）Diels

753. 万寿竹属 *Disporum* Salisbury

（1948）短蕊万寿竹 *Disporum bodinieri*（H. Léveillé et Vaniot）F. T. Wang et

T. Tang

（1949）长蕊万寿竹 *Disporum longistylum*（H. Léveillé et Vaniot）H. Hara

（1950）少花万寿竹 *Disporum uniflorum* Baker ex S. Moore

754. 萱草属 *Hemerocallis* Linnaeus.

（1951）黄花菜 *Hemerocallis citrina* Baroni

（1952）萱草 *Hemerocallis fulva* Linnaeus

755. 肖菝葜属 *Heterosmilax* Kunth

（1953）短柱肖菝葜 *Heterosmilax septemnervia* F. T. Wang et Tang

756. 异黄精属 *Heteropolygonatum*

（1954）武功山异黄精 *Heteropolygonatum wugongshanensis* G. X. Chen，Y. Meng et J. W. Xiao

757. 玉簪属 *Hosta* Trattinnick

（1955）紫萼 *Hosta ventricosa*（Salisbury）Stearn

758. 百合属 *Lilium* Linnaeus

（1956）百合 *Lilium brownii* Baker

（1957）药百合 *Lilium speciosum* Baker

（1958）卷丹 *Lilium tigrinum* Ker Gawler

759. 山麦冬属 *Liriope* Loureiro

（1959）阔叶山麦冬 *Liriope muscari*（Decaisne）L. H. Bailey

（1960）山麦冬 *Liriope spicata*（Thunberg）Loureiro

760. 舞鹤草属 *Maianthemum* F. H. Wiggers

（1961）鹿药 *Maianthemum japonicum*（A. Gray）LaFrankie

761. 沿阶草属 *Ophiopogon* Ker Gawler

（1962）麦冬 *Ophiopogon japonicus*（Linnaeus f.）Ker Gawler

（1963）西南沿阶草 *Ophiopogon mairei* H. Léveillé

762. 重楼属 *Paris* Linnaeus

（1964）球药隔重楼 *Paris fargesii* Franchet

（1965）七叶一枝花 *Paris polyphylla* Smith

（1966）华重楼 *Paris polyphylla* var. *chinensis*（Franchet）H. Hara

（1967）狭叶重楼 *Paris polyphylla* var. *stenophylla* Franchet

763. 黄精属 *Polygonatum* Miller

（1968）多花黄精 *Polygonatum cyrtonema* Hua

（1969）长梗黄精 *Polygonatum filipes* Merrill ex C. Jeffrey et McEwan

（1970）玉竹 *Polygonatum odoratum*（Miller）Druce

（1971） 黄精 *Polygonatum sibiricum* Redouté

（1972） 湖北黄精 *Polygonatum anlanscianense* Pampanini

764. 吉祥草属 *Reineckia* Kunth

（1973） 吉祥草 *Reineckia carnea* （Andrews）Kunth

765. 万年青属 *Rohdea* Roth

（1974） 万年青 *Rohdea japonica* （Thunberg）Roth

766. 菝葜属 *Smilax* Linnaeus

（1975） 尖叶菝葜 *Smilax arisanensis* Hayata

（1976） 菝葜 *Smilax china* Linnaeus

（1977） 柔毛菝葜 *Smilax chingii* F. T. Wang et Tang

（1978） 银叶菝葜 *Smilax cocculoides* Warburg

（1979） 光叶菝葜 *Smilax corbularia* （Merrill）T. Koyama

（1980） 小果菝葜 *Smilax davidiana* A. de Candolle

（1981） 托柄菝葜 *Smilax discotis* Warburg

（1982） 土伏苓 *Smilax glabra* Roxburgh

（1983） 黑果菝葜 *Smilax glaucochina* Warburg

（1984） 马甲菝葜 *Smilax lanceifolia* Roxburgh

（1985） 暗色菝葜 *Smilax lanceifolia* A. de Candolle

（1986） 矮菝葜 *Smilax nana* F. T. Wang

（1987） 白背牛尾菜 *Smilax nipponica* Miquel

（1988） 武当菝葜 *Smilax outanscianensis* Pampanini

（1989） 红果菝葜 *Smilax polycolea* Warburg

（1990） 尖叶牛尾菜 *Smilax riparia* （C. H. Wright）F. T. Wang et Tang

（1991） 牛尾菜 *Smilax riparia* A. de Candolle

（1992） 短梗菝葜 *Smilax scobinicaulis* C. H. Wright

（1993） 三脉菝葜 *Smilax trinervula* Miquel

767. 油点草属 *Tricyrtis* Wallich

（1994） 油点草 *Tricyrtis macropoda* Miquel

（1995） 黄花油点草 *Tricyrtis pilosa* Wallich

768. 郁金香属 *Tulipa* Linnaeus

（1996） 老鸦瓣 *Tulipa edulis* （Miquel）Baker

769. 藜芦属 *Veratrum* Linnaeus

（1997） 毛叶藜芦 *Veratrum grandiflorum* （Maximowicz ex Baker）Loesener

（1998） 藜芦 *Veratrum nigrum* Linnaeus

（1999）长梗藜芦 *Veratrum oblongum* Loesener

（2000）牯岭藜芦 *Veratrum schindleri* Loesener

770. 丫蕊花属 *Ypsilandra* Franchet

（2001）丫蕊花 *Ypsilandra thibetica* Franchet

一百六十一、石蒜科 Amaryllidaceae

771. 仙茅属 *Curculigo* Gaertner

（2002）仙茅 *Curculigo orchioides* Gaertner

772. 小金梅草属 *Hypoxis* Linnaeus

（2003）小金梅草 *Hypoxis aurea* Loureiro

773. 石蒜属 *Lycoris* Herbert

（2004）石蒜 *Lycoris radiata*（L'Héritier）Herbert

一百六十二、薯蓣科 Dioscoreaceae

774. 薯蓣属 *Dioscorea* Linnaeus

（2005）黄独 *Dioscorea bulbifera* Linnaeus

（2006）薯莨 *Dioscorea cirrhosa* Loureiro

（2007）粉背薯蓣 *Dioscorea collettii*（Palibin）C. T. Ting

（2008）纤细薯蓣 *Dioscorea gracillima* Miquel

（2009）日本薯蓣 *Dioscorea japonica* Thunberg

（2010）细叶日本薯蓣 *Dioscorea japonica* Uline ex R. Knuth

（2011）穿龙薯蓣 *Dioscorea nipponica* Makino

（2012）薯蓣 *Dioscorea polystachya* Turczaninow

（2013）细柄薯蓣 *Dioscorea tenuipes* Franchet et Savatier

（2014）山萆薢 *Dioscorea tokoro* Makino

（2015）盾叶薯蓣 *Dioscorea zingiberensis* C. H. Wright

一百六十三、鸢尾科 Iridaceae

775. 射干属 *Belamcanda* Adanson

（2016）射干 *Belamcanda chinensis*（Linnaeus）Redouté

776. 鸢尾属 *Iris* Linnaeus

（2017）蝴蝶花 *Iris japonica* Thunberg

（2018）小花鸢尾 *Iris speculatrix* Hance

一百六十四、姜科 Zingiberaceae

777. 山姜属 *Alpinia* Roxburgh

（2019）山姜 *Alpinia japonica*（Thunberg）Miquel

（2020）华山姜 *Alpinia oblongifolia* Hayata

778. 豆蔻属 *Amomum* Roxburgh

（2021）三叶豆蔻 *Amomum austrosinense* D. Fang

779. 舞花姜属 *Globba* Linnaeus

（2022）峨眉舞花姜 *Globba emeiensis* Z. Y. Zhu

（2023）舞花姜 *Globba racemosa* Smith

780. 姜属 *Zingiber* Miller.

（2024）襄荷 *Zingiber mioga*（Thunberg）Roscoe

（2025）阳荷 *Zingiber striolatum* Diels

一百六十五、兰科 Orchidaceae

781. 开唇兰属 *Anoectochilus* Blume

（2026）金线兰 *Anoectochilus roxburghii*（Wallich）Lindley

782. 白及属 *Bletilla* H. G. Reichenbach

（2027）白及 *Bletilla striata*（Thunberg）H. G. Reichenbach

783. 石豆兰属 *Bulbophyllum* Thouars

（2028）广东石豆兰 *Bulbophyllum kwangtungense* Schlechter

（2029）齿瓣石豆兰 *Bulbophyllum levinei* Schlechter

784. 虾脊兰属 *Calanthe* R. Brown

（2030）虾脊兰 *Calanthe discolor* Lindley

（2031）钩距虾脊兰 *Calanthe graciliflora* Hayata

（2032）疏花虾脊兰 *Calanthe henryi* Rolfe

785. 头蕊兰属 *Cephalanthera* Richard

（2033）金兰 *Cephalanera falcate*（Thunberg）Blume

786. 独花兰属 *Changnienia* S. S. Chien

（2034）独花兰 *Changnienia amoena* S. S. Chien

787. 吻兰属 *Collabium* Blume

（2035）吻兰 *Collabium chinense*（Rolfe）Tang et F. T. Wang

（2036）台湾吻兰 *Collabium formosanum* Hayata

788. 杜鹃兰属 *Cremastra* Lindley

（2037） 杜鹃兰 *Cremastra appendiculata* （D. Don）Makino

789. 兰属 *Cymbidium* Swartz

（2038） 建兰 *Cymbidium ensifolium* （Linnaeus）Swartz

（2039） 蕙兰 *Cymbidium faberi* Rolfe

（2040） 多花兰 *Cymbidium floribundum* Lindley

（2041） 春兰 *Cymbidium goeringii* （Rchb. f.）Rchb. f.

（2042） 寒兰 *Cymbidium kanran* Makino

790. 杓兰属 *Cypripedium* Linnaeus

（2043） 扇脉杓兰 *Cypripedium japonicum* Thunberg

791. 石斛属 *Dendrobium* Swartz

（2044） 细茎石斛 *Dendrobium moniliforme* （Linnaeus）Swartz

792. 山珊瑚属 *Galeola* Loureiro

（2045） 毛萼山珊瑚 *Galeola lindleyana* （J. D. Hooker et Thomson）H. G. Reichenbach

793. 斑叶兰属 *Goodyera* R. Brown

（2046） 多叶斑叶兰 *Goodyera foliosa* （Lindlly）Bentham

（2047） 斑叶兰 *Goodyera schlechtendaliana* H. G. Reichenbach

（2048） 绒叶斑叶兰 *Goodyera velutina* Maximowicz

794. 玉凤花属 *Habenaria* Willdenow

（2049） 毛葶玉凤花 *Habenaria ciliolaris* Kraenzlin

（2050） 线叶十字兰 *Habenaria linearifolia* Maximowicz

（2051） 裂瓣玉凤花 *Habenaria petelotii* Gagnepain

（2052） 十字兰 *Habenaria schindleri* Schlechter

795. 角盘兰属 *Herminium* Linnaeus

（2053） 叉唇角盘兰 *Herminium lanceum* （Thunberg ex Swartz）Vuijk

796. 羊耳蒜属 *Liparis* Richard

（2054） 镰翅羊耳蒜 *Liparis bootanensis* Griffith

（2055） 羊耳蒜 *Liparis campylostalix* H. G. Reichenbach

（2056） 见血青 *Liparis nervosa* （Thunberg）Lindley

（2057） 柄叶羊耳蒜 *Liparis petiolata* （D. Don）P. F. Hunt

797. 沼兰属 *Malaxis* Blume

（2058） 小沼兰 *Malaxis microtatantha* （Schlechter）Szlachetko

798. 石仙桃属 *Pholidota* Lindley

（2059） 细叶石仙桃 *Pholidota cantonensis* Rolfe

799. 舌唇兰属 *Platanthera* Richard De Orchid

（2060）密花舌唇兰 *Platanthera hologlottis* Maximowicz

（2061）尾瓣舌唇兰 *Platanthera mandarinorum* H. G. Reichenbach

（2062）小舌唇兰 *Platanthera minor*（Miquel）H. G. Reichenbac

（2063）东亚舌唇兰 *Platanthera ussuriensis*（Regel）Maximowicz

800. 独蒜兰属 *Pleione* D. Don

（2064）独蒜兰 *Pleione bulbocodioides*（Franchet）Rolfe

801. 朱兰属 *Pogonia* Jussieu

（2065）朱兰 *Pogonia japonica* H. G. Reichenbach

802. 苞舌兰属 *Spathoglottis* Blume

（2066）苞舌兰 *Spathoglottis pubescens* Lindley

803. 绶草属 *Spiranthes* Richard

（2067）绶草 *Spiranthes sinensis*（Persoon）Ames

804. 带唇兰属 *Tainia* Blume

（2068）带唇兰 *Tainia dunnii* Rolfe

参考文献

［1］ APG, 1998. An ordinal classification for the families of flowering plants ［J］. Annals of the Missouri Botanical Garden, 85: 531 – 553.

［2］ APG Ⅲ, 2009. An update of the Angiosperm Phylogeny Group classification for the orders and families of flowering plants: APG Ⅲ ［J］. Botanical Journal of the Linnean Society, 161: 105 – 121.

［3］ APG Ⅳ, 2016. An update of the Angiosperm Phylogeny Group classification for the orders and families of flowering plants: APG Ⅳ ［J］. Botanical Journal of the Linnean Society, 181 (1): 1 – 20.

［4］ Burnham K P, Anderson D R, 2002. Model selection and multimodel inference: a practical informa-tion-theoretic approach ［M］. New York: Springer, 488.

［5］ Chang H T, 1993. The intergration of the Asia tropic subtropic flora and vegetation ［J］. Acta Sci Nat UnivSunyatsen, 32 (3): 19.

［6］ Chao C T, Tseng Y H, Tzeng H Y, 2013. Heteropolygonatum altelobatum (Asparagaceae), comb. Nova ［J］. Annales Botanici Fennici, 50 (1 – 2): 91 – 94.

［7］ Chen X Q, Tamura M N. *Heteropolygonatum* M. N. Tamura & Ogisu ［M］//Wu Z Y, Raven P H. (eds.) Flora of China (Vol. 24) Science Press, Beijing & St. Louis: Science Press & Missouri Bo-tanical Garden Press, 2000: 225 – 235.

［8］ Chia L L, Kyoko N, Dong LY, 2008. Cytotoxic calanquinone a from Calanthe arisanensis and its first total synthesis ［J］. Chemistry, 18: 4275.

［9］ Colwell R K, Lees D C, 2000. The mid-domain effect: geometric con-straints on the geography of species richness ［J］. Trends in Ecology and Evolution, 15: 70 – 76.

［10］ Darlington C D, 1963. Chromosome botany and the origins of cultivated plants 2nd ed ［M］. London: George Allen & Unwin Ltd.

［11］ Deng X – Y, Wang Q, He X – J, 2009. Karyotypes of 16 populations of eight species in the genus Polygonatum (Asparagaceae) from China ［J］. Botanical Journal of the Linnean Society, 159 (2): 245 – 254.

［12］ Dressler R L, 1993. Phylogeny and classification of the orchid family ［M］. Cambridge: Cambridge University Press.

［13］ Edgar R C, 2004. Muscle: multiple sequence alignment with high accuracy and high throughput ［J］. Nucleic Acids Research, 32: 1792 – 1797.

［14］ Farris J S, Kallersjo M, Kluge A G, et al, 1994. Testing significance in incongruence ［J］. Cladis-tics, 10: 315 – 319.

［15］ Floden A J, 2014. New names in Heteropolygonatum（Asparagaceae）［J］. Phytotaxa, 188：218 –
226.

［16］ Fritsch P W, 1999. Phylogeny of Styrax based on morphological characters, with implications for bio-
geography and infrageneric classification ［J］. Systematic Botany, 24（3）：356 – 378.

［17］ Fritsch P W, 2001. Phylogeny and biogeography of the flowering plant genus Styrax（Styracaceae）
based on chloroplast DNA restriction sites and DNA sequences of the internal transcribed spacer region
［J］. Molecular Phylogenetics and Evolution, 19（3）：387 – 408.

［18］ Good R D O, 1930. Tgeography of the genus Coriaria ［J］. New Phytologist, 29（3）：170 – 198.

［19］ Guo Z T, Sun B, Zhang Z S, et al, 2008. A major recorganization of Asian climate by the early Mi-
ocene ［J］. Climate of the Past, 4（3）：153 – 174.

［20］ Hance, Henry Fletcher. *Disporopsis*, genus novum liliacearum//James Britten, F L S.（eds.）The
Journal of Botany. British and Foreign ［M］. London, 1883：278.

［21］ Handel-Mazzetti H, 1931. Die pflanzengeographische gliederung und stellung chinas ［J］. Bot Jahrb
English, 309 – 323.

［22］ Handel-Mazzetti H, 1936. Symbolicae Sinicae 7（5）［M］. Wien：J Springer, 1450.

［23］ Hayata B. Icones Plantarum Formosanarum, vol. 5// Bureau of Productive Industry（ed.）Govern-
ment of Formosa ［M］. Taihoku, 1915：358.

［24］ Heady E O. Food, climate and man：Margaret R. Biswas and Asit K. Biswas（eds）. John Wiley and
Sons, New York, NY, Chichester, Brisbane, Qld. and Toronto ［J］. Agriculture and Environ-
ment, 1980, 5（3）：267 – 268.

［25］ Heywood V H, Watson R T, et al, 1995. Global biodiversity assessment ［M］. Cambridge：Cam-
bridge University Press.

［26］ Hu H H, 1936. The characteristics and affinities of Chinese flora ［J］. Bull Chin Bot Sco, 67 – 84.

［27］ Hua H, 1892. Polygonatum et Aulisconema de la Chine ［J］. Journal of Botany（Morot）, 6：389 –
396, 420 – 428, 444 – 451, 469 – 472.

［28］ Huelsenbeck J P, Ronquist F, 2001. Mrbayes：Bayesian inference of phylogenetic trees ［J］. Bioin-
formatics, 17：754 – 755.

［29］ Iubs, Scope, Unesco, et al, 1996. Diversitas, an international programme of biodiversity Science
operational plan.

［30］ IUCN, 2017. The IUCN red list of threatened species, version 2017. 1 ［EB/OL］. ［2018 – 01 –
15］. http：//www. iucnredlist. org/.

［31］ Jaccard P, 1901. Distribution delaflore alpine dans le Bassin des Dranses et dams quelque region va-
sines ［J］. Bulletin De La Societe Vaudoise Des Sciences Naturelles, 37（140）：241 – 272.

［32］ Jacques F M B, Shi G, Wang W M, 2012. Neogene zonal vegetation of China and the evolution of
the winter monsoon ［J］. Bulletin of Geosciences, 88（1）：175 – 193.

［33］ Jia H, Jin P, Wu J, et al, 2015. Quercus（subg. Cyclobalanopsis）leaf and cupule species in the
late Miocene of eastern China and their paleoclimatic significance ［J］. Review of Palaeobotany and

Palynology, 219: 132 – 146.

[34] Kotyk M E A, Basinger J F, Mclver E E, 2003. Early teriary chamaecyparis spach from Axel Heiberg Island, Canadian High Arctic [J]. Canadian Journal of Botany, 81 (2): 113 – 130.

[35] Kou Y X, Cheng S M, Tian S, et al, 2016. The antiquity of Cyclocarya paliurus (Juglandaceae) provides new insights into the evolution of relict plants in subtropical China since the late Early Miocene [J]. Journal of Biogeography, 43: 351 – 360.

[36] Kron K A, Judd W S, 1990. Phylogenetic relationship within the Rhodoreae (Ericaeae) with specific comments on the placement of Ledum [J]. Systematic Botany, 15 (1): 57 – 68.

[37] Kron K A, 1997. Phylogenetic relationships of Rhododenndroidea (Euricaceae) [J]. American Journal of Botany, 84: 973 – 980.

[38] Kvaček Z, Rember W C, 2000. Shared Miocene conifers of the Clarkia flora and Europe [J]. Axta University Carolinae, Geologica, 44 (1): 1 – 216.

[39] Kvaček Z, 2002. A new Juniper from the Paleogene of Central Europe [J]. Feddes Repertorium, 113: 492 – 502.

[40] Lee C, Wen J, 2004. Phylogeny of Panax using chloroplast trnC-trnD intergenic region and the utility of trnC-trnD in inter specific studies of plants [J]. Molecular Phylogenetics and Evolution, 31: 894 – 903.

[41] Levan A, Fredga K, Sandberg A A, 1964. Nomenclature for centromeric position on chromosomes [J]. Hereditas, 52: 201 – 220.

[42] Léveillé H, 1909. Decades plant arum novarum XXVI [J]. Repertorium Specierum Novarum Regni Vegetabilis, 7: 383 – 385.

[43] Li H L, 1944. The phytogeographical divisions of China, with special reference to the Araliaceae [J]. Proc Acad Nat Sci Philad, 96: 249 – 277.

[44] Li H L, 1950. Floristic significance and problems ofeasrern Asia [J]. Taiwania, 1: 1 – 5.

[45] Li H L, 1953. Floristic interchanges between Formosa and Philippines [J]. Pacif Sci, 7: 179 – 186.

[46] Liu Z G, Hu X H, 1984. A new species of Polygonatum from Sichuan [J]. Acta Phytotaxonomica Sinica, 22: 426 – 427.

[47] Mai D H, 1980. Zur Bedeutung von Relikten in der Florengeschichte [C]. 100 Jahre Arboretum (1879 – 1979), 281 – 307.

[48] Manchester S R, 1988. Fruits and seeds of Tapiscia (Staphyleaceae) from the middle Eocene of Orgon, USA [J]. Tertiary Research, 9: 59 – 66.

[49] Manchester S R, Chen Z D, Lu A M, et al, 2009. Eastern Asian endemic seed plants genera and their palogeographic history throughout the Northern Hemisphere [J]. Journal of Sestematicss and E-volution, 47 (1): 1 – 42.

[50] Mao K S, Hao G, Liu J Q, et al, 2010. Diversification and biogeography of Juniperus (Cupressaceae): variable diversification rates and multiple intercontinental dispersals [J]. New Phytologist, 188

（1）：252－272.

［51］ Mao K S, Milne R I, Zhang L, et al, 2012. Distribution of living Cupressaceae reflects the breakup of Pangea. ［J］. Proceedings of the National Academy of Sciences of the United States of America, 109 （20）：7793－7798.

［52］ Meng Y, Wen J, Nie Z L, et al, 2008. Phylogeny and biogeographic diversification of Maianthemum （Ruscaceae：Polygonatae） ［J］. Phylogenetics and Evolution, 49.

［53］ Meng Y, Nie Z L, Deng T, et al, 2014. Phylogenetics and evolution of phyllotaxy in the Solomon's seal genus Polygonatum （Asparagaceae：Polygonateae） ［J］. Botanical Journal of the Linnean Society, 176：435－451.

［54］ Miller P. The gardeners dictionary：Containing the methods of cultivating and improving all sorts of trees, plants, and flowers, for the kitchen, fruit, and pleasure gardens；as also those which are used in medicine. With directions for the culture of vineyards, and making of wine in England. In which likewise are included the practical parts of husbandry （Vol. 3） . Printed for the author ［M］. London, 1754. 1109.

［55］ Muller K, Muller J, Quandt D. PhyDE－Phylogenetic Data Editor, version 0. 9971 ［EB/OL］. ［2018－01－15］. http：//www. phyde. de/index. html. 2010.

［56］ Nie Z, Wen J, Sun H, et al, 2007. Phylogeny and biogeography of Sassafras （Lauraceae） disjunct between eastern Asia and eastern North America ［J］. Plant Systematics and Evolution, 267 （1）：191－203.

［57］ Nie Z, Funk V A, Meng Y, et al, 2016. Recent assembly of the global herbaceous flora：evidence from the paper daisies （Asteraceae：Gnaphalieae） ［J］. New Phytologist, 209 （4）：1795－1806.

［58］ Nie Z L, Sun H, Beardsley P M, et al, 2006. Evolution of biogeographic disjunction between eastern Asia and Eastern North American in Phryma （Phrymaceae）［J］. American Journal of Botany, 93 （9）：1343－1356.

［59］ Nie Z L, Sun H, Meng Y, et al, 2009. Phylogenetic analysis of Toxicodendron （Anacardiaceae） and its biogeographic implications on the evolution of north temperate and tropical intercontinental disjunctions ［J］. Journal of Systematics and Evolution, 47 （5）：416－430.

［60］ Nylander JAA. MrModeltest 2. 2. Program distributed by the author ［M］ . Sweden. 2004.

［61］ Oxelman B, Liden M, Berglund D, 1997. Chloroplast rps16 intron phylogeny of the tribe Sileneae （Caryophyllaceae） ［J］. Plant Systematics and Evolution, 206：393－410.

［62］ Paszko B, 2006. A critical review and a new proposal of karyotype asymmetry indices ［J］. Plant Systematics & Evolution, 258 （1）：39－48.

［63］ Poole I, Richter H G, Francis J E, 2000. Evidence for Gondwanan origins for Sassafras （Lauraceae）？Late Cretaceous fossil wood of Antarctica ［J］. IAWA Journal, 21 （4）：463－475.

［64］ Qiu Y X, Fu C X, Comes H P, 2011. Plant molecular phylogeography in China and djacent regions：Tracing the genetic imprints of Quaternary climate and environmental change in the world's most diverse temperate flora ［J］. Molecular Phylogenetics and Evolution, 59：225－244.

［65］Radtke M, Pigg K B, Wehr W C, et al, 2015. Fossil Corylopsis and Fothergilla Leaves（Hamamelidaceae）from the Lower Eocene Flora of Republic, Washington, USA, and Their Evolutionary and Biogeographic Significance ［J］. International Journal of Plant Sciences, 166（2）: 347 – 356.

［66］Raven R H, Axelord, 1974. Angiosperm biogeography and past continental movements ［M］. Ann Miss Bot Gard.

［67］Raven R H, 1975. Summary of the biogeography symposium ［M］. Ann Miss Bot Gard.

［68］Raven R H. Plant tectenics and southern hemisphere biogeography ［M］//Larsen Kai, Hlom – Nielsen LB. Tropical botany. Academic Press, London, New York, San Francisio.

［69］Saunders D A, Hobbs R J, Margules C R, 1991. Biological consequences of ecosystem fragmentation: a review ［J］. Conserv Biol, 5: 18 – 32.

［70］Setbbins G L, 1971, Chromosomal Evolution in High Plants ［M］. London: Edward Amold Ltd.

［71］Stamatakis A, 2006. RAxML-VI-HPC: maximum likelihood-based phylogenetic analyses with thousands of taxa and mixed models ［J］. Bioinformatics, 22: 2688 – 2690.

［72］Stebbins G L, 1971. Chromosomal evolution in higher plants ［M］. London: Edward Arnold.

［73］Stern M J, Dallmeier F, Comiskey J A. 1998. Field comparisons of two rapid vegetation assessment techniques with permanent plot inventory data in Amazonian Peru ［C］// Forest biodiversity research, monitoring and modeling. Conceptual Background and Old World Case Studies. 1998. 20: 269 – 283.

［74］Sun X J, Wang P X, 2005. How old is the Asian monsoon system? Palaeobotanical records from China ［J］. Palaeogeography, Palaeoclimatology, Palaeoecology, 222（3 – 4）: 181 – 222.

［75］Tahktajan A, 1986. Floristic region of the world ［M］. University of Calfornia Press.

［76］Talchtajan A, 1969. Flowering plants origin and dispersal ［M］. Oliver and Boyd Ltd.

［77］Tamura M N, Ogisu M, Xu J, 1997a. Heteropolygonatum, a new genus of the tribe Polygonateae （Convallariaceae）from West China ［J］. Kew Bulletin, 52: 949 – 956.

［78］Tamura M N, Schwarzbach A E, Kruse S, et al, 1997b. Biosystematic studies on the genus Polygonatum（Convallariaceae）IV. Molecular phylogenetic analysis based on restriction site mapping ofthe chloroplast gene trnK ［J］. Feddes Repertorium, 108: 159 – 168.

［79］Tamura M N, Chen X, Turland N J, 2000. A new combination in Heteropolygonatum（Convallariaceae, Polygonateae）［J］. Novon, 2: 156 – 157.

［80］Tamura M N, Xu J M, 2001. Plate 415. Heteropolygonatum ogisui ［J］. Curtis's Botanical Magazine, 18（2）: 91 – 94.

［81］Templeton AR, Shaw K, Routman E, et al, 1990. The genetic consequences of habitat fragmentation ［J］. Ann MO Bot Gard, 77: 13 – 27.

［82］Wang F T, Tang Y C. Smilacina Desf//Wang F T, Tang T.（eds.）Flora Reipublicae Popularis Sinicae 15 ［M］. Beijing: Science Press, 1978: 26 – 40.

［83］Weikai B, Yafu Y, Chaolu L, et al, 1998. A new species of Heteropolygonatum（Convallariaceae-Polygonateae）from Sichuan, China ［J］. Acta Phytotax Geobot, 49（2）: 143 – 146.

［84］ Wen J, 1999. Evolution of eastern Asian and Easter North American disjunct distribution in flowering plants ［J］. Annual Review of Ecology and Systematics, 30：421 – 455.

［85］ White T J, Bruns T, Lee S J W T, et al, 1990. Amplification and direct sequencing of fungal ribosomal RNA genes for phylogenetics ［M］//Innis M, Gelfand D, Sninsky J, et al. （eds.） PCR protocols：a guide to methods and applications. San Diego：Academic Press, 315 – 322.

［86］ Wiggers F H, Weber G H, 1780. Primitiae florae holsaticae （No. 23） ［M］. Michigan：Bartschii Acad Typogr, 14.

［87］ Willis K J, McElwain J C, 2002. The Evolution of Plants ［M］. New York：Oxford University Press.

［88］ Wu Z Y, 1988. Hengduan mountain flora and her significance ［J］. Journ Jap Bot, 63 （9）：297 – 311.

［89］ Wu Z Y, Raven P H, 2008. Flora of China：Vol. 7 ［M］. Beijing：Science Press, Missouri Botanical Garden, 50, 52, 61.

［90］ Xiang Q Y, Soltis D E, Morgan D R, et al, 1993. Phylogenetic Relationships of Cornus L. Sensu Lato and Putative Relatives Inferred from rbcL Sequence Data ［J］. Annals of the Missouri Botanical Garden, 80 （3）：723 – 734.

［91］ Xiang Q Y, Manchester S R, Thomas D T, et al, 2005a. Phylogeny, biogeography, and molecular dating of cornelian cherries （Cornus, Cornaceae）：tracking Teriary plant migration ［J］. Evolution, 59 （8）：1685 – 1700.

［92］ Xaing Q Y, Boufford D E, 2005b. Cornaceae ［M］//Wu C Y, Raven P H, Hong D Y. Flora of China （Vol. 14） . Beijing：Science Press, St. Louis. Missouri：Missouri Botanical Garden, 206 – 221.

［93］ Xiang J Y, Wen J, Peng H, 2015. Evolution of the eastern Asian-North American biogeographic disjunctions in ferns and lycophytes ［J］. Journal of Systematics and Evolution, 53 （1）：2 – 32.

［94］ Xiao J W, Meng Y, Zhang D G, et al, 2017. Heteropolygonatum wugongshanensis （Asparagaceae, Polygonateae）, a new species from Jiangxi province of China ［J］. Phytotaxa, 328 （2）：189.

［95］ Yamashita J, Tamura M N, 2001. Karyotype analysis of two species of the Chinese epiphytic genus Heteropolygonatum （Convallariaceae-Polygonateae） ［J］. Acta Phytotaxonomica Geobotanica, 51 （2）：147 – 153.

［96］ Young A, Boyle Tand Brown T, 1996. The population genetic consequences of habitat fragmentation for plants ［J］. Trendsin Ecol Evol, 11 （10）：413 – 418.

［97］ Zhang M G, Ferry S J W, Ma K P, 2016. Using species distribution modeling to delineate the botanical richness patterns and phytogeographical regions of China ［J］. Scientific Reports, 6：22400.

［98］ Zhou Z, Crepet W L, Nixon K C, et al, 2001. The earliest fossil evidence of the Hamamelidaceae：Late Cretaceous （Turonian） inflorescences and fruits of Altingioideae ［J］. American Journal of Botany, 88 （5）：753 – 766.

［99］ 阿略兴 B B, 等, 1957. 植物地理学 ［M］.傅子祯, 等译. 北京：高等教育出版社.

[100] 陈宝明, 林真光, 李贞, 等, 2012. 中国井冈山生态系统多样性 [J]. 生态学报, 32 (20): 6326 – 6333.

[101] 陈功锡, 廖文波, 张宏达, 2001. 武陵山地区种子植物区系特征及植物地理学意义 [J]. 中山大学学报: 自然科学版, 4 (3): 74 – 78.

[102] 陈功锡, 廖文波, 熊利芝, 等, 2015. 湘西药用植物资源开发与可持续利用 [M]. 成都: 西南交通大学出版社: 865.

[103] 常红秀, 1988. 江西大岗山植被主要类型及植物区系特征 [J]. 南昌大学学报: 理科版, 12 (2): 40 – 47.

[104] 陈家宽, 陈中义, 1999. 不同生境内濒危植物长喙毛茛泽泻种群数量动态比较 [J]. 植物生态报 (1): 9 – 14.

[105] 陈灵芝, 马克平, 2001. 生物多样性科学 [M]. 上海: 上海科学技术出版社.

[106] 陈嵘, 1962. 中国森林植物地理学 [M]. 北京: 农业出版社.

[107] 陈征海, 唐正良, 裘宝林, 1995. 浙江海岛植物区系的研究 [J]. 云南植物研究, 17 (4): 405 – 412.

[108] 陈中义, 陈家宽, 1997. 长喙毛茛泽泻致濒机制和保护措施 [J]. 湖北农学院学报 (1): 30 – 34.

[109] 崔大方, 廖文波, 张宏达, 2000. 新疆种子植物科的区系地理成分分析 [J]. 干旱区地理, 23 (4): 326 – 330.

[110] 崔艳, 2006. 中药七叶一枝花某些活性成分化学结构研究 [D]. 北京: 北京化工大学.

[111] 邓贤兰, 2003. 井冈山自然保护区栲属群落植物区系分析 [J]. 武汉植物学研究, 21 (1): 61 – 65.

[112] 邓贤兰, 温磊, 龙婉婉, 2007a. 井冈山藤本植物区系分析 [J]. 安徽农业科学, 35 (18): 5521 – 5523.

[113] 邓贤兰, 钟金梅, 曾建忠, 2007b. 井冈山自然保护区木本植物区系分析 [J]. 福建林业科技, 34 (4): 113 – 117.

[114] 丁炳扬, 陈根荣, 程秋波, 等, 2000. 浙江凤阳山自然保护区种子植物区系的统计分析 [J]. 云南植物研究, 22 (1): 27 – 37.

[115] 杜有新, 桂忠民, 庞宏东, 2007. 江西裸子植物区系分析 [J]. 福建林业科技, 34 (1): 18 – 23.

[116] 方瑞征, 闵天禄, 1995. 杜鹃属植物区系的研究 [J]. 云南植物研究, 17 (4): 359 – 379.

[117] 冯建孟, 朱有勇, 2009. 滇西北地区种植植物地理分布及区系分化 [J]. 西北植物学报, 29 (11): 2312 – 2317.

[118] 冯建孟, 朱有勇, 2010. 云南地区种子植物区系成分的地理分布格局及其聚类分析 [J]. 生态学杂志, 29 (3): 572 – 577.

[119] 傅沛云, 李冀云, 曹伟, 等, 1995. 长白山种子植物区系研究 [J]. 植物研究, 15 (4): 492 – 500.

[120] 高贤明, 1991. 江西安福武功山木本植物区系研究 [J]. 江西农业大学学报, 13 (2): 140 –

147.

[121] 龚维，夏青，陈红锋，等，2015. 珍稀濒危植物伯乐树的潜在适生区预测 [J]. 华南农业大学学报（4）：98 – 104.

[122] 广西大瑶山自然资源综合考察队，1988. 广西大瑶山自然资源考察 [M]. 上海：学林出版社：386 – 428.

[123] 郭水良，刘鹏，1995. 模糊聚类分析在山地植物区系关系比较中的应用 [J]. 山地研究，13（3）：191 – 194.

[124] 郭英荣，江波，王英永，等，2010. 江西阳际峰自然保护区综合科学考察报告 [M]. 北京：科学出版社.

[125] 国家环境保护局，中国科学院植物研究所，1987. 中国珍稀濒危保护植物名录 [M]. 北京：科学出版社：1 – 96.

[126] 国务院，1999. 国家重点保护野生植物名录（第一批）[J]. 植物杂志（5）：4 – 11.

[127] 贺利中，龙塘生，吴清华，等，2009. 七溪岭自然保护区珍稀濒危植物研究 [J]. 安徽农业科学，37（7）：3092 – 3095.

[128] 贺利中，刘仁林，2010. 江西七溪岭自然保护区科学考察及生物多样性研究 [M]. 南昌：江西科学技术出版社.

[129] 侯伯鑫，林峰，田学洲，等，2007. 湖南永顺县落叶木莲资源考察研究 [J]. 中国野生植物资源，26（2）：18 – 22.

[130] 胡嘉琪，梁师文，1996. 黄山植物 [M]. 上海：复旦大学出版社：84 – 514.

[131] 胡先骕，1948. 中国松杉植物之分布 [J]. 思想与时代月刊，52：5 – 10.

[132] 胡先骕，1958. 植物分类学简编 [M]. 北京：科学出版社.

[133] 黄元，乔善义，2006. 繁缕挥发油化学成分的 GC/MS 分析 [C]. 2006 年世界华人质谱学术研讨会暨中国质谱学会第八届全国学术交流会论文集：91.

[134] 黄宗国，1994. 中国海洋生物种类与分布 [M]. 北京：海洋出版社.

[135] 季春峰，钱萍，杨清培，等，2010. 江西特有植物区系、地理分布及生活型研究 [J]. 武汉植物学研究，28（2）：150 – 160.

[136] 江海声，宋晓军，廖文波，等，2006. 海南吊罗山生物多样性及其保护 [M]. 广州：广东科技出版社：159 – 185.

[137] 江纪武，2005. 药用植物辞典 [M]. 天津：天津科学技术出版社：865.

[138] 江西植物志编辑委员会，1993. 江西植物志：第 1 卷 [M]. 南昌：江西科学技术出版社.

[139] 江西植物志编辑委员会，2004. 江西植物志：第 2 卷 [M]. 北京：中国科学技术出版社.

[140] 蒋志刚，2009. 江西桃红岭梅花鹿国家级自然保护区生物多样性研究 [M]. 北京：清华大学出版社.

[141] 景慧娟，凡强，王蕾，等，2014. 江西井冈山地区沟谷季雨林及其超地带性特征 [J]. 生态学报，34（21）：6265 – 6276.

[142] 君荣，2000. 中国晚白垩世至新生代植物区系发展演变 [M]. 北京：科学出版社：1 – 282.

[143] 康慕谊，朱源，2007. 秦岭山地生态分界线的论证 [J]. 生态学报，27（7）：2774 – 2784.

[144] 孔令杰, 2011. 江西省野生兰科植物区系的组成及特征 [D].南昌:南昌大学:3.

[145] 孔令杰, 陈春泉, 罗火林, 等, 2012. 井冈山自然保护区野生兰科植物资源分布及特点 [J].植物科学学报, 30 (6):584-590.

[146] 雷驰, 刘丽, 2006. 湖南野生稻原生境现状及其保护对策 [J].作物研究, 20 (2):187-189.

[147] 李恒, 1996. 从生态地理探索天南星科的起源 [J].云南植物研究, 18 (1):14-42.

[148] 李恒, 郭辉军, 刀志灵, 2000. 高黎贡山植物 [M].北京:科学出版社:453-1165.

[149] 李海静, 王兵, 李少宁, 等, 2005. 江西大岗山森林植物区系研究 [J].生物灾害科学, 28 (2):56-62.

[150] 李红清, 李迎喜, 雷阿林, 等, 2008. 长江流域珍稀濒危和国家重点保护植物综述 [J].人民长江, 39 (8):17-24.

[151] 李惠林, 1957. 东亚木本植物的特有性 [J].生物学通报 (6):58.

[152] 李仁伟, 张宏达, 2002. 四川种子植物区系组成的初步分析 [J].武汉植物学研究, 20 (5):381-386.

[153] 李嵘, 孙航, 2017. 植物系统发育区系地理学研究:以云南植物区系为例 [J].生物多样性, 25 (2):195-203.

[154] 李思锋, 王宇超, 黎斌, 2014. 秦岭种子植物区系的性质和特点及其与毗邻地区植物区系关系 [J].西北植物学报, 34 (11):2346-2353.

[155] 李桃, 崔雪仪, 袁品贤, 等, 2009. 岭南草药黄鹌菜研究概况 [J].中国中医药信息杂志, 16 (S1):100.

[156] 李锡文, 1995. 樟科木姜子属群的起源与演化 [J].云南植物研究, 17 (3):251-254.

[157] 李锡文, 1996. 中国种子植物区系统计分析 [J].云南植物研究, 18 (4):363-384.

[158] 李相传, 2007. 浙江东部晚新生代植物群及其古气候研究 [D].兰州:兰州大学:1-138.

[159] 李晓红, 徐健程, 肖宜安, 等, 2016. 武功山亚高山草甸群落优势植物野古草和芒异速生长对气候变暖的响应 [J].植物生态学报, 40 (9):871-882.

[160] 李彦连, 2005. 江西马头山自然保护区攀援植物区系研究 [J].广西植物, 25 (6):533-538.

[161] 李跃霞, 上官铁梁, 2007. 山西种子植物区系地理研究 [J].地理科学, 27 (5):724-729.

[162] 李振基, 吴小平, 等, 2009. 江西九岭山自然保护区综合科学考察报告 [M].北京:科学出版社.

[163] 李振宇, 石雷, 2007. 峨眉山植物 [M].北京:科学出版社:225-464.

[164] 梁汉兴, 1995. 论三白草科的系统演化和地理分布 [J].云南植物研究, 17 (3):255-267.

[165] 廖铅生, 刘江华, 熊美珍, 2008. 萍乡市武功山稀有濒危、特有植物的多样性及其保护 [J].萍乡高等专科学校学报, 25 (3):79-83.

[166] 廖铅生, 林燕春, 张波, 等, 2010. 萍乡武功山樟科植物资源及其利用 [J].四川林业科技, 31 (2):75-77.

[167] 廖文波, 张宏达, 1994. 广东种子植物区系地理成分研究 [J].广西植物, 14 (4):307-

320.

[168] 廖文波，王英永，李贞，等，2014. 中国井冈山地区生物多样性综合考察 ［M］. 北京：科学出版社．

[169] 廖晓尧，2015. 神农架地区自然资源综合调查报告 ［M］. 北京：中国林业出版社．

[170] 林鹏，2001. 福建梁野山自然保护区综合科学考察报告 ［M］. 厦门：厦门大学出版社：49 – 95.

[171] 林燕春，周德中，廖菲菲，等，2010. 萍乡武功山地质地貌与水旱灾害国土安全研究 ［J］. 安徽农业科学，38（7）：3657 – 3658.

[172] 刘贵华，李伟，王相磊，等，2004. 湖南茶陵湖里沼泽种子库与地表植被的关系 ［J］. 生态学报，24（3）：450 – 456.

[173] 刘贵华，刘幼平，李伟，2006. 淡水湿地种子库的小尺度空间格局 ［J］. 生态学报，26（8）：2739 – 2743.

[174] 刘仁林，1993. 井冈山稀有濒危植物区系探讨 ［J］. 武汉植物学研究，11（2）：149 – 152.

[175] 刘仁林，唐赣成，1995. 井冈山种子植物区系的研究 ［J］. 植物科学学报，13（3）：210 – 218.

[176] 刘慎谔，1934. 中国北部及西部植物地理概观 ［M］. 国立北平研究院植物研究所丛刊．

[177] 刘慎谔，1985a. 中国北部及西部植物地理概论 ［M］. 北京：科学出版社．

[178] 刘慎谔，1985b. 中国南部及西南部植物地理概要 ［M］. 北京：科学出版社．

[179] 刘细元，杨细浩，聂龙敏，等，2016. 江西武功山岩浆核杂岩基本特征 ［J］. 地质学报，90（3）：468 – 474.

[180] 刘小明，郭英荣，刘仁林，2008. 江西齐云山自然保护区综合科学考察集 ［M］. 北京：中国林业出版社．

[181] 刘信中，方福生，2001. 江西武夷山自然保护区科学考察集 ［M］. 北京：中国林业出版社：133 – 197.

[182] 刘信中，肖忠优，马建华，等，2002. 江西九连山自然保护区科学考察与森林生态系统研究 ［M］. 北京：中国林业出版社．

[183] 刘信中，傅清，2006. 江西马头山自然保护区科学考察与稀有植物群落研究 ［M］. 北京：中国林业出版社．

[184] 刘信中，王琅，等，2010. 江西省庐山自然保护区生物多样性考察与研究 ［M］. 北京：科学出版社：532 – 567.

[185] 刘正宇，谭杨梅，张含藻，等，2010. 重庆金佛山生物资源名录 ［M］. 重庆：西南师范大学出版社：37 – 137.

[186] 陆玲娣，1996. 中国蔷薇科绣线菊亚科的演化、分布——兼述世界绣线菊亚科植物的分布 ［J］. 植物分类学报，34（4）：361 – 375.

[187] 陆松年，1998. 新元古代时期 Rodilna 超大陆研究进展述评 ［J］. 地质论评，44（5）：489 – 495.

[188] 罗成凤，2014. 江西武功山山地草甸植物多样性研究 ［D］. 南昌：江西农业大学．

［189］罗艳，周浙昆，2001. 青冈亚属植物的地理分布［J］. 植物分类与资源学报，23（1）：1 – 16.

［190］马克平，高贤明，于顺利，1995. 东灵山地区植物区系的基本特征与若干山区植物区系的关系［J］. 植物研究，15（4）：501 – 515.

［191］毛康珊，2010. 广义柏科的生物地理学研究［D］. 兰州：兰州大学.

［192］闵天禄，方瑞征，1979. 杜鹃属（*Rhododendron L.*）的地理分布及其起源问题的探讨［J］. 云南植物研究，1（2）：17 – 28.

［193］聂泽龙，2008. 东亚—北美间断代表类群的分子生物地理学与进化研究［D］. 昆明：中国科学院昆明植物研究所.

［194］Peter Del Tredici，史继孔，1993. 天目山的银杏［J］. 浙江林业科技（4）：59 – 63.

［195］彭华，1995. 景东无量山种子植物区系地理学的研究［D］. 昆明：中国科学院昆明植物研究所.

［196］彭少麟，廖文波，王英永，等，2008. 中国三清山生物多样性综合科学考察［M］. 北京：科学出版社.

［197］祁承经，喻勋林，曹铁如，等，1994. 湖南八大公山的植物区系及其在植物地理学上的意义［J］. 云南植物研究，16（4）：321 – 332.

［198］钱崇澎，吴征镒，陈昌笃，1956. 中国植被区划草案［M］. 北京：科学出版社.

［199］钱迎倩，1994. 生物多样性研究的原理与方法［M］. 北京：中国科学技术出版社.

［200］《全国中草药汇编》编写组，1996. 全国中草药汇编［M］. 北京：人民卫生出版社：738.

［201］上官铁梁，2001. 恒山种子植物区系地理成分分析［J］. 西北植物学报，21（5）：958 – 965.

［202］沈茂才，2010. 中国秦岭生物多样性的研究和保护［M］. 北京：科学出版社：68 – 130.

［203］苏文君，龙波，刘飞虎，2012. 虾脊兰属植物研究现状［J］. 北方园艺（16）：190.

［204］苏志尧，张宏达，1994. 广西植物区系属的地理成分分析［J］. 广西植物，14（11）：3 – 10.

［205］孙航，2002. 北极—第三纪成分在喜马拉雅—横断山的发展及演化［J］. 云南植物研究，24（6）：671 – 688.

［206］孙航，邓涛，陈永生，等，2017a. 植物区系地理研究现状及发展趋势［J］. 生物多样性，25（2）：111 – 122.

［207］孙航，2017b. 多学科融合、多尺度探索——植物区系地理研究的新趋势［J］. 生物多样性，25（2）：109 – 110.

［208］孙建超，陈旭波，叶挺梅，2014. 中药资源繁缕属植物分类研究进展［J］. 现代农业科技（1）：136.

［209］孙克勤，崔金钟，王士俊，2016. 中国化石裸子植物（上）［M］. 北京：高等教育出版社：1 – 382.

［210］孙林，肖佳伟，陈功锡，2016a. 武功山地区蕨类植物区系研究［J］. 中南林业调查规划，35（2）：63 – 74.

［211］孙林，2016b. 武功山地区蕨类植物区系研究［D］. 吉首：吉首大学.

［212］孙儒泳，1993. 普通生态学［M］. 北京：高等教育出版社.

［213］汤加富，王希明，刘芳宇，等，1991. 江西武功山地区中浅变质岩 1/50000 区域地质调查方法研究［M］.武汉：中国地质大学出版社：1－95.

［214］汤彦承，李良千，1996. 试论东亚被子植物区系的历史成分和第三纪源头——基于省沽油科、刺参科和忍冬科植物地理的研究［J］.植物分类学报，34（5）：453－478.

［215］汤彦承，2000. 中国植物区系与其他地区区系的联系及其在世界区系中的地位和作用［J］.云南植物研究，22（1）：1－26.

［216］唐亚，诸葛仁，1996. 椴树属的地理分布［J］.植物分类学报，34（3）：254－264.

［217］田红丽，2008. 东亚—北美间断分布类群的分子生物地理学研究——以莲科和菖蒲科为例［D］.北京：中国科学院大学.

［218］万发令，温英萍，李曙我，等，2006. 江西兰科药用植物资源的利用与保护［J］.江西林业科技（4）：41.

［219］王兵，李海静，李少宁，等，2005. 大岗山中亚热带常绿阔叶林物种多样性研究［J］.江西农业大学学报，27（5）：678－699.

［220］汪松，解焱，2004. 中国红色物种名录（第一卷）［M］.北京：高等教育出版社：300－420.

［221］汪小凡，陈家宽，1994. 湖南境内珍稀、濒危水生植物产地的考察［J］.生物多样性，2（4）：193－198.

［222］王荷生，1992. 植物区系地理［M］.北京：科学出版社：1－176.

［223］王荷生，张镱锂，1994. 中国种子植物特有属的生物多样性和特征［J］.云南植物研究，16（3）：209－220.

［224］王荷生，1997. 华北植物区系地理［M］.北京：科学出版社：1－229.

［225］王荷生，2000. 中国植物区系的性质和各成分间的关系［J］.云南植物研究，22（2）：119－126.

［226］王家坚，彭智邦，孙航，等，2017. 青藏高原与横断山被子植物区系演化的细胞地理学特征［J］.生物多样性，25（2）：218－225.

［227］王蕾，施诗，廖文波，等，2013. 井冈山地区珍稀濒危植物及其生存状况［J］.生物多样性，21（2）：163－169.

［228］王士俊，崔金钟，杨永，等，2016. 中国化石裸子植物（下）［M］.北京：高等教育出版社：1－415.

［229］王文采，1992. 东亚植物区系的一些分布式样和迁移路线［J］.植物分类学报，30（2）：97－117.

［230］韦毅刚，2008. 广西植物区系的基本特征［J］.云南植物研究，30（3）：295－307.

［231］吴成军，2004. 云南野生稻资源的保护生物学与遗传性状研究［D］.上海：复旦大学.

［232］吴德邻，1994. 姜科植物地理［J］.热带亚热带植物学报，2（2）：1－14.

［233］吴鲁夫 E B，1960. 历史植物地理学引论［M］.仲崇信，等译.北京：科学出版社：1－135.

［234］吴新雄，2009. 江西年鉴 2009［M］.北京：中华书局：192.

［235］吴英豪，纪伟涛，2002. 江西鄱阳湖国家级自然保护区研究［M］.北京：中国林业出版社.

［236］吴征镒，1965. 中国种子植物区系的热带亲缘［J］.科学通报（1）：25－33.

[237] 吴征镒，1979. 论中国植物区系的分区问题 [J]. 云南植物研究，1 (1)：1 – 22.

[238] 吴征镒，1980. 中国植被 [M]. 北京：科学出版社：143 – 1037.

[239] 吴征镒，1981. 五福花科的另一个新属——兼论本科的科下进化和系统位置 [J]. 植物分类与资源学报 (4)：3 – 8，103 – 104.

[240] 吴征镒，王荷生，1983. 中国自然地理——植物地理（上册）[M]. 北京：科学出版社：1 – 104.

[241] 吴征镒，1987. 西藏植物志（第五卷）[M]. 北京：科学出版社：847 – 902.

[242] 吴征镒，1991. 中国种子植物属的分布类型 [J]. 云南植物研究，增刊Ⅳ：1 – 139.

[243] 吴征镒，庄璇，苏志云，1996. 论紫堇属的系统演化与区系发生和区系分区的关系 [J]. 云南植物研究，18 (3)：241 – 267.

[244] 吴征镒，周浙昆，李德铢，等，2003a. 世界种子植物科的分布区类型系统 [J]. 云南植物研究，25 (3)：245 – 257.

[245] 吴征镒，2003b. 《世界种子植物科的分布区类型系统》的修订 [J]. 云南植物研究 (5)：535 – 538.

[246] 吴征镒，周浙昆，孙航，等，2006. 种子植物分布区类型及其起源和分化 [M]. 昆明：昆明科技出版社：1 – 566.

[247] 吴征镒，等，2010. 中国种子植物区系地理 [M]. 北京：科学出版社：52 – 108.

[248] 武素功，杨永平，费勇，1995. 青藏高原高寒地区种子植物区系的研究 [J]. 云南植物研究，17 (3)：233 – 250.

[249] 夏念和，罗献瑞，1995. 中国无患子科的地理分布 [J]. 热带亚热带植物学报，3 (1)：13 – 28.

[250] 向应海，向碧霞，赵明水，等，2000. 浙江西天目山天然林及银杏种群考察报告 [J]. 贵州科学，18 (1 – 2)：77 – 92.

[251] 肖佳伟，孙林，谢丹，等，2017a. 江西省种子植物分布新记录 [J]. 云南农业大学学报：自然科学版，32 (1)：170 – 173.

[252] 肖佳伟，向晓媚，谢丹，等，2017b. 江西药用植物新记录 [J]. 中国中药杂志 (22)：4431 – 4435.

[253] 肖宜安，郭恺强，刘旻生，等，2009. 武功山珍稀濒危植物资源及其区系特征 [J]. 井冈山学校学报：自然科学版，30 (4)：5 – 8.

[254] 谢国文，1991. 江西木本植物区系成分及其特征的研究 [J]. Bulletin of Botanical Research，11 (1)：91 – 97.

[255] 谢国文，1993. 江西热带性植物的区系地理研究 [J]. 武汉植物学研究，11 (2)：130 – 136.

[256] 谢宗万，余友芩，1996. 全国中草药名鉴 [M]. 北京：人民卫生出版社：241.

[257] 邢福武，陈红锋，王发国，等，2011. 南岭植物物种多样性编目 [M]. 武汉：华中科技大学出版社：42 – 241

[258] 熊高明，谢宗强，熊小刚，等，2003. 神农架南坡珍稀植物独花兰的物候、繁殖及分布的群落特征 [J]. 生态学报 (1)：173 – 179.

［259］徐刚标，梁艳，蒋燚，等，2013. 伯乐树种群遗传多样性及遗传结构［J］. 生物多样性（6）：723 - 731.

［260］徐亮，陈功锡，张代贵，等，2010. 湖南小溪自然保护区种子植物区系研究［J］. 西北植物学报，30（11）：2307 - 2316.

［261］闫双喜，杨秋生，王鹏飞，等，2004. 中国部分地区种子植物区系亲缘关系的研究［J］. 武汉植物学研究，22（3）：226 - 230.

［262］闫双喜，李永华，位凤宇，2008. 中国木兰科植物的地理分布［J］. 武汉植物学研究，26（4）：379 - 384.

［263］杨汉碧，金存礼，洪德元，1984. 世界马先蒿权威——钟补求教授［J］. 植物杂志（5）：41 - 42.

［264］姚小洪，徐小彪，高浦新，等，2005. 江西猕猴桃属（Actinidia）植物的分布及其区系特征［J］. 武汉植物学研究，23（2）：257 - 261.

［265］佚名，1993. 全球生物多样性策略［M］. 北京：中国标准出版社.

［266］应俊生，1984. 中国植物区系中的特有现象［J］. 植物分类学报，22（4）：259 - 268.

［267］应俊生，1994a. 秦岭植物区系的性质特点和起源［J］. 植物分类学报，32（5）：389 - 410.

［268］应俊生，1994b. 中国种子植物特有属［M］. 北京：科学出版社：1 - 121.

［269］应俊生，陈梦玲，2011. 中国植物地理［M］. 上海：上海科学技术出版社：1 - 598.

［270］喻晓林，周德中，彭益萍，等，2002. 萍乡武功山林区的药用植物资源［J］. 江西林业科技（3）：14 - 19.

［271］袁春强，杨远庆，2010. 野扇花种子繁殖技术的研究［J］. 种子，29（2）：30 - 32.

［272］袁琳，2014. 中国亚热带特有单种属植物血水草谱系地理学与遗传资源研究［D］. 南昌：江西农业大学：1 - 41.

［273］云勇，唐清杰，严小微，等，2015. 海南野生稻资源调查收集与保护［J］. 植物遗传资源学报（4）：715 - 719.

［274］臧敏，邱筱兰，李莉萍，等，2008. 江西三清山裸子植物区系分析［J］. 福建林业科技，35（4）：80 - 86.

［275］臧敏，黄立发，2010. 江西三清山维管束植物区系分析［J］. 亚热带植物科学，39（3）：55 - 62.

［276］张冰，2001. 木兰科（Magnoliaceae）植物区系分析［J］. 广西植物，21（4）：315 - 320.

［277］张恩迪，盛和林，1991. 保护生物学［J］. 科学（2）：113 - 116.

［278］张光富，2001. 植物区系研究中值得注意的几个问题——兼与孙叶根先生商榷［J］. 植物研究，21（1）：31 - 33.

［279］张国珍，张代贵，2009. 湖南壶瓶山植物志［M］. 长沙：湖南科学技术出版社：116 - 957.

［280］张宏达，1962. 广东植物区系的特点［J］. 中山大学学报：自然科学版（1）：134.

［281］张宏达，1980. 华夏植物区系的起源与发展［J］. 中山大学学报：自然科学版，19（1）：1 - 9.

［282］张宏达，1984. 从印度板块的漂移论喜马拉雅植物区系的特点［J］. 中山大学学报：自然科

学版，23（4）：93 – 101.

[283] 张宏达，1986a. 种子植物系统分类提纲 [J]. 中山大学学报：自然科学版，25（1）：3 – 15.

[284] 张宏达，1986b. 大陆漂移和有花植物区系的发展 [J]. 中山大学学报：自然科学版，25（3）：1 – 11.

[285] 张宏达，1994a. 地球植物区系分区提纲 [J]. 中山大学学报：自然科学版，33（3）：73 – 80.

[286] 张宏达，1994b. 再论华夏植物区系的起源 [J]. 中山大学学报：自然科学版，33（2）：1 – 9.

[287] 张宏达，1998. 全球植物区系的间断分布问题 [J]. 中山大学学报：自然科学版，37（6）：73 – 78.

[288] 张宏达，1999. 华夏植物区系理论的形成与发展 [J]. 生态科学，18（1）：44 – 50.

[289] 张宏达，2001. 海南植物区系的多样性 [J]. 生态科学，20（1）：1 – 10.

[290] 张晓丽，武宇红，赵静，等，2006. 邢台西部太行山区种子植物区系及与其他山区区系的关系 [J]. 广西植物，25（5）：535 – 540.

[291] 张学忠，张志英，1979. 从秦岭北坡常绿阔叶木本植物的分布谈划分亚热带的北界线问题 [J]. 地理学报，34（4）：342 – 352.

[292] 张艳丽，2010. 绣球花的化学成分研究 [D]. 郑州：河南中医学院.

[293] 张镱理，1998. 植物区系地理研究中的重要参数——相似性系数 [J]. 地理研究，17（4）：429 – 433.

[294] 张志耘，路安民，1995. 金缕梅科：地理分布、化石历史和起源 [J]. 植物分类学报，33（4）：313 – 339.

[295] 赵晓蕊，郭晓敏，张金远，等，2013. 武功山山地草甸土壤磷元素分布格局及其与土壤酸度的关系 [J]. 江西农业大学学报，35（6）：1223 – 1228.

[296] 郑庆衍，2000. 新发现的濒危物种——落叶木莲 [J]. 植物杂志（1）：1.

[297] 中国科学院长春地理研究所，1989. 中国自然保护地图集 [M]. 北京：科学出版社：89 – 95.

[298] 中国科学院中国植物志编辑委员会，1978. 中国植物志（第15卷）[M]. 北京：科学出版社：92.

[299] 中国科学院中国植物志编辑委员会，1984. 中国植物志（第34卷第1分册）[M]. 北京：科学出版社：8.

[300] 中国科学院中国植物志编辑委员会，1992. 中国植物志（第8卷）[M]. 北京：科学出版社：136.

[301] 中国科学院中国植物志编辑委员会，1999. 中国植物志（第18卷）[M]. 北京：科学出版社：171，313.

[302] 中国科学院中国植物志编辑委员会，2002. 中国植物志（第9卷第2分册）[M]. 北京：科学出版社：5.

[303] 中国植物学会，1994. 中国植物学史 [M]. 北京：科学出版社.

［304］周浙昆，Arata Momohara，2005. 一些东亚特有种子植物的化石历史及其植物地理学意义
［J］. 植物分类与资源学报，27（5）：449 – 470.

［305］周浙昆，黄健，丁文娜，2017. 若干重要地质事件对中国植物区系形成演变的影响［J］. 生
物多样性，25（2）：123 – 135.

［306］朱华，闫丽春，2012. 云南西双版纳野生种子植物［M］. 北京：科学出版社：21 – 456.

［307］朱华，2007. 中国植物区系研究文献中存在的几个问题［J］. 云南植物研究，29（5）：489 –
491.

［308］左家哺，傅德志，彭代文，1996a. 植物区系的数值分析［M］. 合肥：中国科学出版社：1 –
100.

［309］左家哺，1996b. 中国种子植物区系定量化研究 V. 区系相似性［J］. 热带亚热带植物学报，4
（3）：18 – 25.

后　记

　　跨越 6 个年头，成书 1 年多时间的这本著作终于完稿。当浏览完最后一页、敲完最后一个标点符号时，方才感觉到心头一块石头落地。回想起几年来的研究岁月，跨越多少次山水、熬过多少个日夜，其中的酸甜苦辣，相信所有从事和了解类似科学研究的广大同行都能体会。

　　本书的基本来源是科技部国家科技基础性专项重点项目子课题"武功山地区植物多样性及植被调查"。作为基础性工作项目，虽然立项部门并未强调一定要开展理论研究，但作为生物多样性研究的重要基础，如果只调查收集一些标本、照片、名录、数据之类，而不进行植物区系地理分析，对于项目的作用发挥毕竟是很有限的，同时，也是承担项目的研究人员的一个遗憾。为此，从项目一开始我们就萌发了借开展本项目之机会，对武功山这样一个特殊生态地理单元进行区系研究的想法，并得到了项目首席科学家廖文波教授的支持。在随后几年时间内，课题组先后共 16 次赴武功山地区实地调查，采集标本 8849 号、30 000 余份，拍摄照片约 5 万张，鉴定整理得到《武功山地区植物名录》，这就是本书的原始基础资料。

　　本书的另一来源是 2017 年 6 月肖佳伟同学完成的硕士学位论文《武功山地区种子植物区系研究》文稿。该论文完成后，各方反映良好，并被认为具有进一步深入研究和出版的价值。但毕竟只是一篇硕士学位论文，要达到研究专著的水平高度和出版要求还有相当距离。有鉴于此，在以后的半年多时间内，一方面，在项目的持续支持下又 4 次深入武功山地区进行补充和重点调查、采集及观测；另一方面，对专著的章节体系进行重新设计，内容进行重新核对和改写。第一，对有关植物区系的理论问题，尤其是基本概念、研究对象、内容及方法等进行了系统阐述，一定程度上反映了作者多年从事植物区系研究的成果和认识；第二，作为单独章节增加了补充调查发现的 14 个江西省级新记录和 1 个新物种的研究内容，增加了作为生物多样性重点和热点内容——珍稀濒危保护植物的研究；第三，修正了原文中许多错误，并进一步加强论述，明确学术观点，增加 10 余幅分布区地图、8 个原色图版和大量引证文献等，这些是本书的基本构成。

与其他植物区系研究著作的创作经历一样，本书的研究撰写也是一个艰苦的过程，其中数易其稿。一方面，是基本数据的整理统计口径问题。由于植物区系是某一特定单元所有植物分类群（尤其是科属种）的总称，那么采取不同的植物分类系统就必然影响到对区系科属种组成的统计结果，就会得出不同的研究结论。在我国植物区系各类研究中，有的采用 Engler 系统（如《中国植物志》）或 Huchinson 系统，有的采用 Takthajian 系统，有的采用《Flora of China》系统，有的甚至采用最新的 APG 系统。综合各方因素，本书采用《Flora of China》系统和相应的属种范围名称。由于过去的研究大多不采用该系统，而在进行区系比较时又必须将各地的原始名录按照同一系统标准进行统一，否则就不具备可比性。为完成这件具体工作，足足花去我们 4 个人 3 个整月的时间，足见其费时费力性。另一方面，是研究方法的选择问题。长期以来，植物区系作为一门宏观的基础理论学科，所采取的研究方法基本都是经典方法。但随着现代生物学的发展，以分子手段研究植物区系成分已越来越受到重视。虽然我们也有多做一些分子实验以完善研究的想法，但限于诸多方面因素，只能留待今后再去完成。

本书的问世，离不开科技部科技基础性专项的支持，没有项目提供的原始调查基础资料，本书是不可能完成的。在本书构思、撰写、成稿、出版的过程中，得到了众多专家同仁的帮助，尤其是中山大学廖文波教授，他不仅作为项目首席专家支持本书的出版，同时还作为良师益友长期给予指导帮助，我们对植物区系理论的认识和启迪许多都是得益于他，以及我们共同的恩师——张宏达教授。

此外，还有长期从事植物区系研究的中国科学院昆明植物研究所孙航研究员、邓涛副研究员，中国科学院华南植物园杨亲二研究员、张奠湘研究员、邢福武研究员，中央民族大学龙春林教授，中南林业科技大学祁承经教授、喻勋林教授，湖南师范大学黎维平教授、刘克明教授、刘应迪教授，湖南环境生物职业技术学院左家哺教授，华南农业大学苏志尧教授、崔大方教授，广西植物研究所刘演研究员，上海辰山植物园田代科研究员、严岳鸿研究员，温州大学敖成齐副教授等，在与他们的交往和交流中每次都受益匪浅，在此一并表示衷心的感谢！

作为师生合作著作的初步尝试，尽管我们夜以继日、全力投入，但由于时间关系及作者才疏学浅，错漏和不当之处在所难免，诚望读者海涵并指正！

陈功锡　肖佳伟　向晓媚
2018 年 3 月于吉首大学风雨湖畔

武功山异黄精的生境与形态

a：生境；b：茎；c：叶；d：根状茎和根；e：花被片；f：花；g：花被片的解剖；h：幼果

落叶木莲 *Manglietia deciduas*

伯乐树 *Bretschneidera sinensis*

普通野生稻 *Qryza rufipogon*

台湾吻兰 *Collabium formosanum*

台湾吻兰 *Collabium formosanum*

台湾吻兰 *Collabium formosanum*

皱叶繁缕 *Stellaria monosperma*　　　　　峨眉繁缕 *Stellaria omeiensis*

腺鼠刺 *Itea glutinosa*　　　　　莽山绣球 *Hydrangea mangshanensis*

华西俞藤 *Yua thomsonii*　　　　　小花柳叶菜 *Epilobium parviflorum*

鄂西前胡 *Peucedanum henryi*

鄂西前胡 *Peucedanum henryi*

打铁树 *Rapanea linearis*

枝花流苏树 *Chionanthus ramiflorus*

枝花流苏树 *Chionanthus ramiflorus*

川西黄鹌菜 *Youngia pratti*

湘南星 *Arisaema hunanense*

细叶日本薯蓣 *Dioscorea japonica* var. *oldhamii*

湘南星 *Arisaema hunanense*

疏花虾脊兰 *Calanthe henryi*

疏花虾脊兰 *Calanthe henryi*